量子计算与人工智能前沿技术丛书

这就是推荐系统

核心技术原理与企业应用

胡澜涛 李玥亭 崔光范 易可欣 / 著

電子工業出版社
Publishing House of Electronics Industry
北京•BEIJING

内 容 简 介

推荐系统技术作为近年来非常热门的 AI 技术，已广泛应用于互联网各行业，从衣食住行到娱乐消费，以及无处不在的广告，背后都依赖推荐系统的决策。本书贴合工业级推荐系统，以推荐系统的整体技术框架为切入点，深入剖析推荐系统中的内容理解、用户画像、召回、排序、重排等核心模块，介绍每个模块的核心技术和业界应用，并展开介绍了推荐冷启动、推荐偏差与消偏等常见问题和解决方案。此外，还对当前推荐系统领域的热门前沿技术进行了介绍，包括强化学习、因果推断、端上智能等。

本书既适合推荐系统、计算广告及搜索领域的互联网相关从业人员，也适合高等院校人工智能、计算机技术、软件工程等专业的本科生、研究生及博士生，以及对推荐系统感兴趣的爱好者等，可以帮助他们了解工业级推荐系统的基础框架、核心技术和前沿发展。

图书在版编目（CIP）数据

这就是推荐系统：核心技术原理与企业应用 / 胡澜涛等著. —北京：电子工业出版社，2023.5
（量子计算与人工智能前沿技术丛书）
ISBN 978-7-121-45422-6

Ⅰ. ①这… Ⅱ. ①胡… Ⅲ. ①计算机算法 Ⅳ. ①TP301.6

中国国家版本馆 CIP 数据核字（2023）第 065704 号

责任编辑：董 英
印　　刷：天津图文方嘉印刷有限公司
装　　订：天津图文方嘉印刷有限公司
出版发行：电子工业出版社
　　　　　北京市海淀区万寿路 173 信箱　　邮编：100036
开　　本：720×1000　1/16　印张：16.5　字数：396 千字
版　　次：2023 年 5 月第 1 版
印　　次：2023 年 8 月第 2 次印刷
定　　价：108.00 元

凡所购买电子工业出版社图书有缺损问题，请向购买书店调换。若书店售缺，请与本社发行部联系，联系及邮购电话：（010）88254888，88258888。
质量投诉请发邮件至 zlts@phei.com.cn，盗版侵权举报请发邮件至 dbqq@phei.com.cn。
本书咨询联系方式：（010）51260888-819，faq@phei.com.cn。

推荐序

随着移动互联网的不断发展和 5G 的普及，信息的视频化呈现出了前所未有的发展速度，不仅是抖音、快手、小红书等，就连很多工具类 App 都把视频作为一种基础的信息交换格式。而推荐系统作为信息过滤的重要产品和技术手段，近十年来发展迅速，特别是深度学习与推荐系统的结合，不论是工业界还是学术界都涌现出非常多的新算法和实践。初学者接触推荐系统很容易被复杂的算法带偏，甚至以为其系统中最重要的就是模型表达能力的强弱（特征容量），而在实际的工业级推荐系统中涉及大量的在/离线系统架构、数据信号与机器学习系统的反馈链路，以及与人的经验知识的结合方式。

真实的线上推荐系统不仅涉及召回、粗排、精排、重排（在本书中，“重排”等同于“重排序”）这些阶段，而且涉及内容理解、用户画像、AB 实验平台、Session 上下文管理、创作者生态扶持、流量运营操作平台等，这些子系统在同类书中是比较少涉及的，而模型技术的演进通常是笔墨最重的部分。以内容理解为例，给每一个内容打上标签，或者通过无监督学习的方式得到一个向量表达，这两种不同的形态实际上都有用处，标签在用户冷启动方面是能够发挥比较大的作用的，而向量化也可以作用于用户和内容的冷启动方面。

AB 实验平台对于推荐算法工程师做策略迭代至关重要，如何设计一个好的实验及解读实验结果是否有显著性，这对推荐算法工程师而言是一件比较困难的事情，实验分析背后是需要统计学理论基础的，如何看置信度、P-Value 等都是需要掌握的。

本书以一个多年在工业界从事推荐系统研发工作的算法工程师的视角详细介绍了推荐体系中的各个重要组成部分，在标签体系、用户画像、多模态内容理解的特点、优化效果的实践技巧等方面，以及其他介绍推荐系统的图书中容易略过的地方，都做了很细致的阐述，并结合具体的实战场景做了清晰的讲解。该如何评估推荐系统的好坏是一个具有挑战性的难题，分为很多流派，无论是只看在线消费指标，还是构建一个复杂的多层次指标矩阵，其取舍都是很困难的，这就需要与你所做的业务场景结合起来，跟产品或运营团队紧密配合。

标签抽取曾经在推荐算法的迭代历史上发挥过重要的作用，以其白盒化、容易控制、与运营领域知识好结合等特点被广泛采用。而随着深度学习技术的应用，单从指标优化上来看，标签似乎是一个过时的技术，但推荐冷启动仍然是每个工业级推荐系统都跨不过去的难点。基于用户标签的冷启动算法与 E&E（探索与利用）策略或者与强化学习结合起来，可以在冷启动这个经典难题上取得非常不错的效果。

本书风格比较务实，非常适合希望学习推荐系统的工程师群体入门学习，也比较适合从事推荐系统研究工作的学者及学生了解工业级推荐系统的全貌，期待有更多优秀的技术人员能够推开智能化推荐系统的大门。

风笛，小红书技术 VP

前言

互联网及移动互联网的迅速发展颠覆了整个世界，层出不穷的互联网服务改变了人们获取信息的途径。为了提高信息的匹配效率，推荐系统应运而生，现在已经是互联网应用的标配。在移动互联网和互联网信息平台日益繁荣的今天，推荐系统发挥着无可替代的重要作用。就让我们顺应智能推荐的大趋势，去探索推荐技术的发展和变革吧！

本书的特色

推荐系统是一个以应用为主的领域，本书的初衷是让更多的人清晰、完整地了解推荐系统，以及各项推荐技术出现和演化的因与果。本书以从业者的视角，从推荐系统的整体框架技术出发，逐步深入各个核心技术模块和关键问题分支，介绍工业级推荐系统涉及的方方面面。

本书结合工业级推荐系统对功能模块及人员的组织分工，将推荐系统分为内容理解、用户画像、召回、粗排、精排和重排等核心模块。对于每个核心模块，阐述其在推荐系统中的作用和主流技术选型路线，详细介绍模块中的核心算法和策略，深入讨论各项技术被提出的原因和对应解决的问题。此外，本书还结合实际产品中的业务问题，给出了一些通用的优化策略和技巧。

本书的读者对象

本书的读者对象分为以下两类。

一类是互联网行业相关的从业人员，特别是推荐系统、计算广告、搜索领域的技术、产品或者运营人员等。对多数互联网公司来说，推荐系统是产品信息触达用户的主要途径之一。希望通过本书可以帮助读者熟悉推荐系统的全貌，厘清每个关键模块和核心技术，构建推荐业务的思维框架和知识体系，进而将这些内容融会贯通在实际的生产过程中。

另一类是包括高等院校人工智能、计算机技术、软件工程等专业的本科生、研究生及博士生，以及对个性化推荐、大数据应用感兴趣，希望进入推荐系统领域的爱好者等。本书尽量深入浅出，从整体出发再深入细节，介绍推荐系统技术的相关原理和应用方法，使读者可以从零开始构建实用的推荐系统知识体系。

本书的内容结构

本书的内容大体可以分为如下四个部分。

- 第 1 部分（第 1 章）：鸟瞰推荐系统全貌，阐述推荐系统的定义、价值及时代的红利，概览工业级推荐系统的整体结构和核心功能模块。
- 第 2 部分（第 2 章至第 6 章）：剖析推荐系统的核心模块。深入推荐系统中的内容理解、用户画像、召回、排序及重排模块内部，介绍每个核心模块的作用及关键技术应用。
- 第 3 部分（第 7 章至第 9 章）：讲解推荐系统中的其他关键技术和问题。介绍支撑推荐系统的特征工程、样本挖掘、推荐系统实效性、AB 实验平台等技术；探讨推荐系统都会面临的冷启动问题和推荐偏差问题，并结合业务应用给出一些通用的解决方案。
- 第 4 部分（第 10 章）：追踪推荐系统中的前沿技术。探讨目前的一些热门前沿技术在推荐系统中的应用，包括强化学习、因果推断、端上智能、动态算力分配，以及 ChatGPT 时代推荐系统的未来等。

如何使用本书

本书并不要求读者必须具备深度学习或者机器学习的背景知识。对于没有相关知识背景的读者，可以通过阅读本书来了解推荐系统的全息全貌；对于有相关知识背景的读者，也可以针对学习和工作中的实际问题翻阅相应的章节，深入每个模块的技术细节。

对于推荐系统的初学者，建议从第 1 章开始按顺序阅读本书。对于有一定推荐领域经验的读者，可以直接翻阅感兴趣的章节进行阅读。由于篇幅限制，有些内容的背景知识或细节无法全面展开，感兴趣的读者可以查阅相应的参考文献。

联系作者

推荐系统技术发展快，内容精深，书中存在错误在所难免，敬请读者谅解。如果你对本书有任何疑问或建议，都可以发送邮件至 airecsystem@gmail.com。希望你读完本书能有所收获。Enjoy！

这就是推荐系统

核心技术原理与企业应用

目录

第1章 初识推荐系统

谈起推荐系统，大家应该都不陌生，在数据爆炸的时代，推荐系统已经渗透到了互联网应用的绝大多数行业。例如电商购物、本地生活、资讯新闻、在线学习、影音娱乐，推荐系统已成为这些行业应用中的标配能力。可以说，推荐系统已经从方方面面影响着人们的学习、工作和生活，推荐系统的大时代已经到来了。在本章中，笔者将以推荐系统从业者的视角，介绍什么是推荐系统，阐述推荐系统的作用和对业务的价值，探讨推荐系统流行的原因，以及简单介绍推荐系统在业界常用的整体技术架构和核心模块。

1.1 推荐系统大时代

2015 年，此时的互联网行业正处于万众创业的热潮中，字节跳动携今日头条这款资讯阅读产品闯入公众的视线，荣获 2015 年最具影响力 App 奖。而今日头条能够从百度、腾讯及传统门户网站所擅长的信息分发业务中成功杀出一条血路并最终脱颖而出，正是凭借了推荐系统个性化分发这一颠覆性模式。而字节跳动接下来继续利用推荐系统领域的技术优势，推出以抖音为代表的短视频推荐产品，开启了新一轮的增长神话，从而奠定了 BAT（代指百度、阿里和腾讯）之后在互联网版图中的新巨头地位。

新巨头的崛起让互联网行业中的头部玩家们纷纷重视起推荐系统对产品增长和商业价值的作用并迅速跟进，大量的市场需求也促进了推荐技术的快速进步。近年来，学术界和工业界在推荐系统技术上的研究和应用发展可谓是百花齐放，推荐系统的大时代开始了。

1.1.1 推荐系统的定义

究竟什么是推荐系统呢，让我们先看一段来自维基百科的定义：推荐系统是一种信息过滤系统，用于预测用户对物品的“打分”或“偏好”。图 1-1 给出了几类常见的推荐系统示例，这些推荐系统已经深入影响了人们日常的选择和决策。

图 1-1　推荐系统示例

推荐系统利用机器学习等技术，在用户使用产品浏览交互的过程中，帮助用户过滤大量无效信息，获取可能感兴趣的信息。提到推荐系统，大家可能最先想到的就是推荐算法。但推荐系统远远不只包括推荐算法，它是一项庞大而复杂的系统工程。将推荐系统落地到产品业务上需要大量的工程开发，包括数据埋点、日志收集、分布式计算、特征工程、推荐算法建模、数据存储、接口服务、UI 展示与交互、推荐效果评估等多方面工作。

1.1.2 推荐系统的价值

推荐系统的本质是一种信息匹配系统，主要作用是在信息过载场景下提升匹配效率，即用户与目标信息之间的触达效率。任何一个信息过载的互联网信息平台都绕不过推荐系统。推荐系统一方面帮助用户发现对自己有价值的信息，另一方面让信息生产者生产的信息能够展现在对它感兴趣的用户面前，从而实现信息消费者、信息生产者和信息平台的共赢。

如图 1-2 所示，推荐系统有三种主要的参与者：信息生产者、信息消费者和互联网信息平台。信息生产者生产信息，然后上传至互联网信息平台。搭载了推荐系统的互联网信息平台，通过推荐功能将信息分发给平台用户或信息消费者。下面笔者从推荐系统的这三方参与者角度分别对推荐系统的价值进行分析。

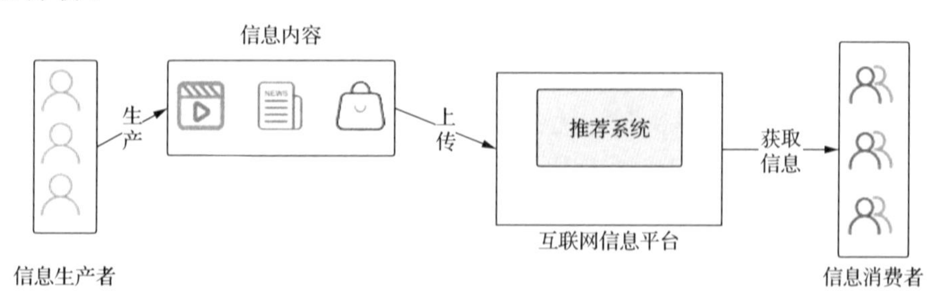

图 1-2 推荐系统三方参与者

1. 信息生产者

信息生产者是指制作和发布网络信息内容的组织或个人。信息生产者的需求链路大致为：发布信息->期待曝光->期待阅读->期待奖励，需求得到满足，持续生产，再次进入链路循环。生产者持续创作的激情和动力很大程度上依赖于生产信息发布后的反馈，有没有消费者，以及有没有得到消费者的认可等。对于信息生产者来说，推荐系统的价值就是为他们找到潜在的信息消费者，从而获得名利双收的回报。

2. 信息消费者

信息消费者的需求就是消费信息。推荐系统的价值就在于帮助信息消费者发现有价值的内容。信息消费者的需求链路大致为：想看内容->获取推荐->浏览推荐内容->满足消费需求->持续消费。满足用户的消费需求是互联网信息平台吸引用户且留住用户最重要的途径。

3. 互联网信息平台

互联网信息平台通过推荐系统有效连接信息生产者和信息消费者。通过高价值信息吸引用户、留住用户、提升平台用户规模。再通过用户的正向反馈和平台的激励反馈机制吸引优质信息生产者，进一步扩大优质内容的规模。从而形成信息生产者和信息消费者相互促进的正向循环。而互联网信息平台也随着用户规模的提升打开了巨大的商业价值空间。

1.1.3 推荐系统的天时地利

推荐系统之所以能在互联网的各领域中都得到广泛的应用，与机器学习算法近年来的高速发展息息相关，但并非所有应用机器学习算法的领域都像推荐系统一样幸运，享受到如此大的算法发展的红利。这一结果绝非偶然，接下来我们细数一下推荐系统具备哪些天时地利。

1. 机器学习技术发展红利

没有绝对完美和最优的推荐系统，每个推荐系统从诞生之初就需要不断地迭代升级和优化来提升其准确性和价值。推荐算法从早期的基于后验的统计到后来升级为协同过滤，然后从传统机器学习 LR、GBDT、FM 等一路升级到深度学习。推荐系统一路收割了机器学习技术发展的红利，只要新的算法和技术相比原先旧的方法有更高的价值和收益，就可以持续迭代升级。

尤其是深度学习在近些年有着井喷式的发展和突破。多个优秀的深度学习框架的开源使得模型的设计和实现犹如搭积木般容易上手，常用的深度学习框架有 TensorFlow、PyTorch、Keras、Caffe 等。充足的样本数据和算力使得深度学习在推荐系统领域发挥了巨大的威力，直接推动整个领域技术跃上了新台阶。

2. 丰富的数据样本

80%的数据+20%的算法=更好的人工智能。数据和算法作为智能系统最重要的元素，共同决定着一个智能系统的可行性。相比于人工智能的很多场景，推荐系统获取样本的途径、规模及可信度都有天然的优势。如语音识别或者图像识别的一些场景，样本的获取是阻碍机器学习算法落地的最大难题，需要耗费大量的人力去构造或者标注样本数据。

在推荐场景中，用户对信息的每一个操作行为都可以产生一条样本。而用户具体的操作又可以视为含义相对明确的样本标签，以点击率预估模型为例，用户对推荐信息的每个点击行为都是点击率预估模型的正样本。

3. 模型优化目标和业务目标强相关

在推荐场景中，很多时候用户行为的转化率既是模型的建模目标也是平台的业务目标。以电商平台为例，要提升用户的下单率，就可以直接建模用户的下单行为，模型的优化目标直接就是平台的业务目标。而从业务角度出发，模型收益以极大比例转化成了业务收益，通过优化模型基本就能达到业务目标。也正因为如此，在整个业务中算法占了绝对的主导地位，这使得推荐系统能够乘着算法发展的东风持续提升。

1.1.4 推荐系统架构概览

如图 1-3 所示，工业级推荐系统通常是由多个模块构成的复杂工程系统。

（1）前端 UI 模块对推荐结果进行展示，并捕捉和收集用户的交互行为。

（2）AB 实验分流模块根据实验配置等分流用户请求用于后续指导策略的迭代优化。

（3）推荐引擎模块在线执行推荐服务，从召回、排序到重排，需要经过去重等服务处理，最终返回用户推荐结果，并给前端 UI 展示。

（4）模型服务模块处理训练数据，训练产出召回、排序或者重排阶段需要的各种算法模型，并提供模型预测服务。

（5）除此之外，推荐系统还需要有日志收集、用户画像计算、特征服务、内容理解等支撑模块。

接下来的 1.2 节会对推荐系统中的核心模块做进一步的展开介绍。

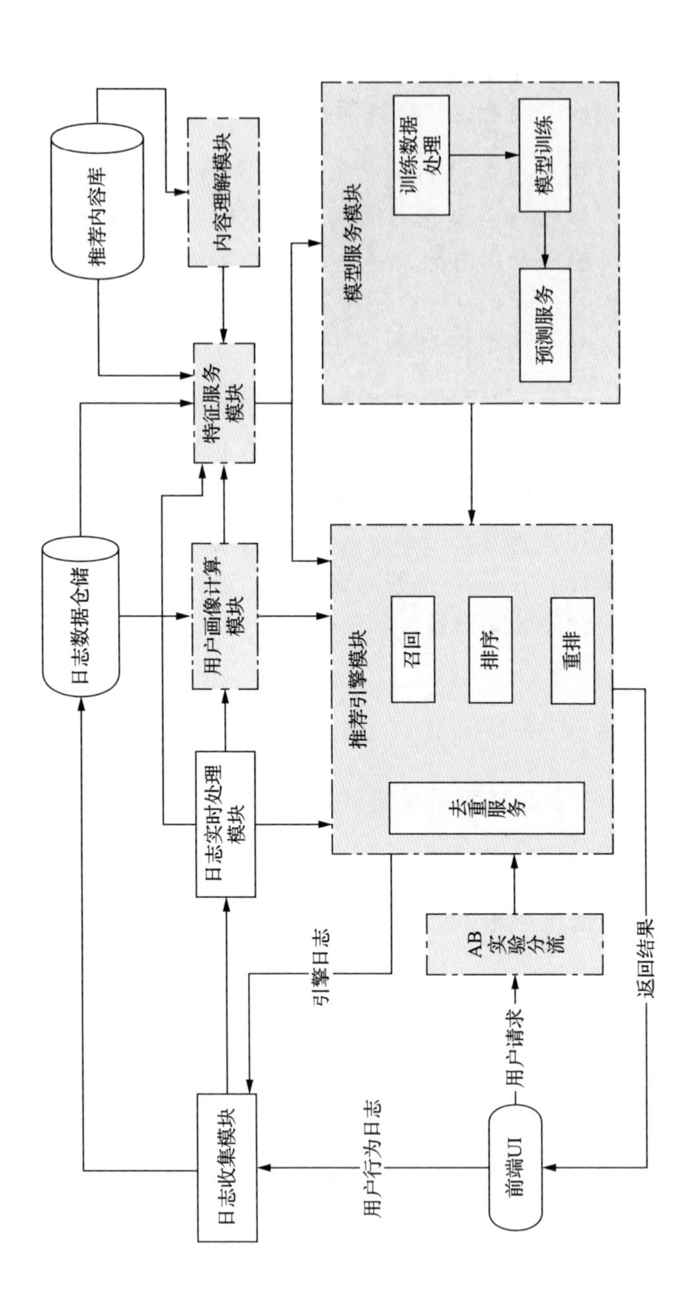

图 1-3 工业级推荐系统架构图

1.2 推荐系统的核心模块

1.1 节整体介绍了推荐系统的架构，本节将概要地介绍推荐系统内容理解、用户画像、召回、排序、重排序等核心模块的作用和价值。

1.2.1 内容理解：理解和刻画推荐内容

内容理解是一个比较抽象的概念，可以直接解释为对推荐内容所做的理解工作。内容理解是推荐系统中很重要的一个环节，可靠、全面、细致的内容理解可以使推荐质量更可控，推荐内容更精准。

如图 1-4 所示，按照内容形态的不同，内容理解可以分为文本内容理解、图片内容理解、音频内容理解和视频内容理解。视频内容其实是融合了文本、图像、音频等多种内容形态的多模态内容。按照内容理解的任务，对于给定的内容（文本/图片/视频/音频），内容理解要完成分类、标签提取、表征学习、知识图谱建设等任务。

1.2.2 用户画像：理解和刻画用户

用户画像是对用户属性、行为及需求的刻画和描述。在推荐系统中，用户画像会参与推荐的召回、排序、重排等各个重要的环节。

用户画像常规的方法是将用户信息标签化，即将用户属性、兴趣、行为等特征都抽象为标签。标签是人工抽象出来的事物代表性的特点，是我们对客观事物文字化的描述和理解。一个详尽且准确的用户画像可以帮助推荐系统更好地理解用户。如图 1-5 所示，用户画像是大数据时代基于用户数据，通过各种统计方法、机器学习、自然语言处理、文本挖掘、聚类等技术产出的全方位的特征描述。

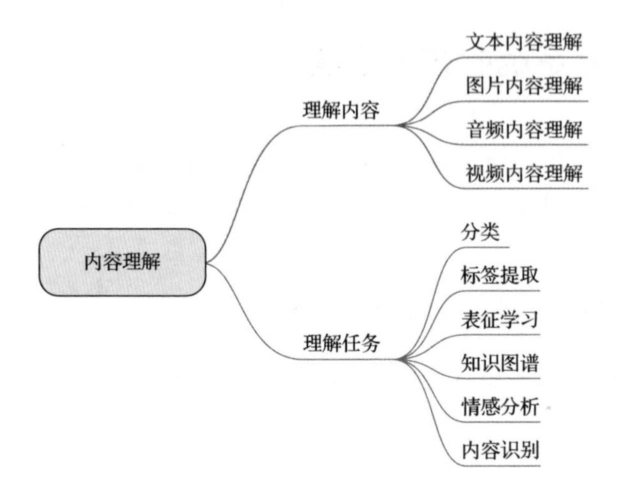

图 1-4　内容理解任务划分

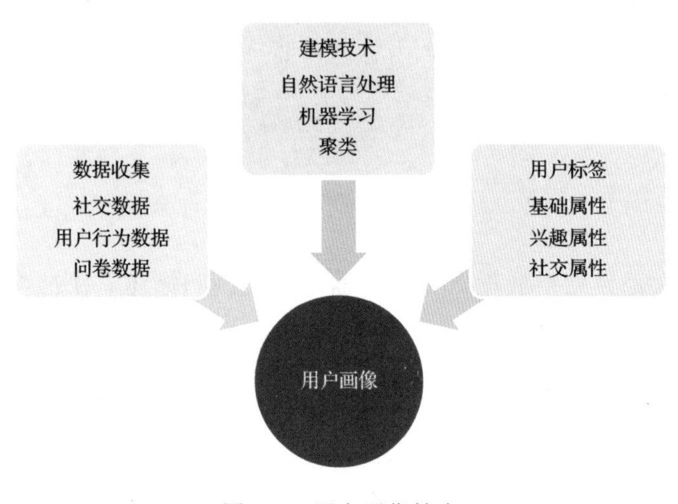

图 1-5　用户画像技术

1.2.3　召回：为用户初筛内容

推荐系统本质上是一个信息过滤系统，如图 1-6 所示，它的每个模块都犹如一个漏斗，从海量的内容库中最终过滤出若干（一般是十量级）推荐系统认为用户最感兴趣的内容展示给用户。

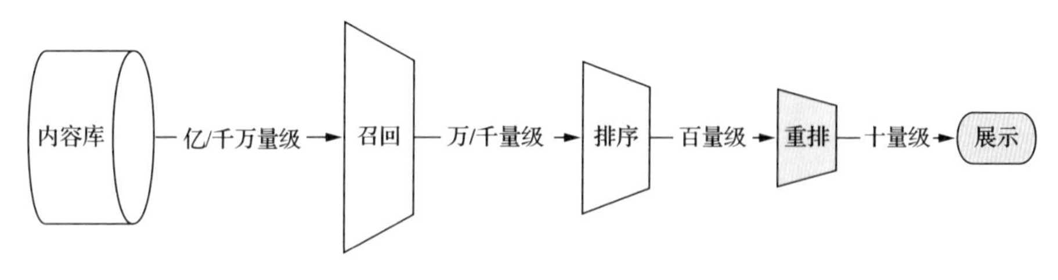

图 1-6　推荐系统流程图

召回作为推荐系统的第一个漏斗环节，主要作用是从海量的推荐内容池中，快速地过滤出较小量级用户潜在感兴趣的候选内容。而且召回初筛的内容，是推荐系统后续几个环节的输入，以及最终展示给用户的结果也是召回结果的子集，所以召回的内容需要尽可能地将用户真正感兴趣的所有内容囊括在内，从多个维度考虑如何满足用户需求，比如多样性、时效性、质量、热点、用户个性化兴趣需求等。

1.2.4　排序：为用户精选内容

排序是推荐系统的第二个漏斗环节，排序环节可以使用复杂的排序模型，融入各个维度的特征，对召回的结果做更精准的打分计算。

在召回的候选内容过多时，为了平衡算力和效果，会将排序分为粗排和精排两个环节。预先用一个简单、计算复杂度低的粗排模型对召回的结果做进一步的筛选后，再送入精排模型做更精细的计算。

如图 1-7 所示，工业界广泛使用的排序模型的发展过程大致可以分为如下三个阶段。

（1）传统模型+人工特征：这个阶段的思路是简单模型加复杂特征，这个时期经典的模型如 LR、阿里的 MLR，以及 LR+FTRL 的搭档组合。

（2）传统模型+自动特征：这个时期由模型承担了前期部分人工特征选择和特征组合的工作，经典的模型有 FM、FFM，以及 GBDT+LR 的组合。

（3）深度模型：工业界现阶段的排序模型基本上都采用了深度模型，经典的深度模型如 Google 的 Wide&Deep、DeepFM、MMoE 等。

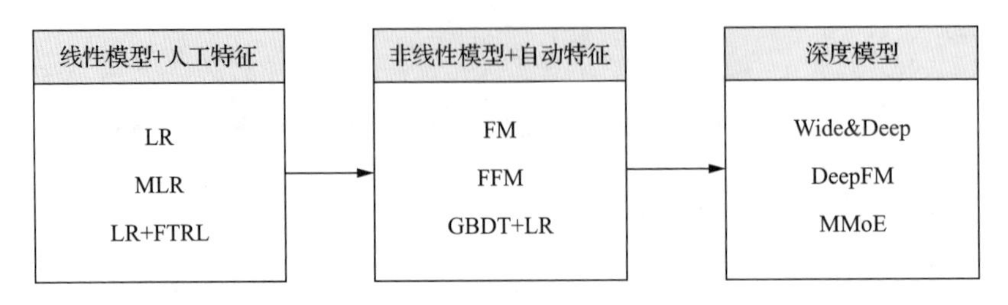

图 1-7 排序模型演化图

1.2.5 重排：从业务角度进行内容调整

重排阶段是对精排后的结果做进一步的在线调整，如图 1-8 所示，这个阶段经常需要融入各种业务规则和策略，以及兼顾用户推荐体验的约束条件，如推荐结果去重、结果打散保障推荐的多样性、运营策略强插等。

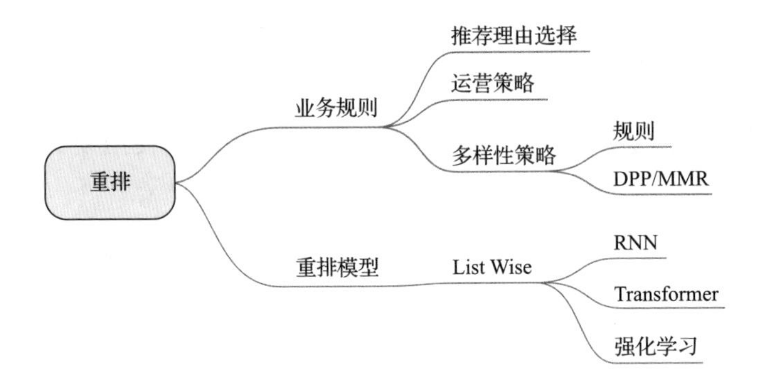

图 1-8 重排阶段常见处理逻辑

从重排阶段模型的发展趋势来看，因为重排序一般是紧接精排之后，而精排已经对推荐物品做了比较准确的打分，所以重排模型的输入就是精排模型预估排序 TopN 的物品集合。重排模型需要对 TopN 集合再做一次调整，基于精排输出的集合，重排序建模的角度一般是从中选出最优的序列组合。而能够考虑到输入的序列性的模型，自然就是重排模型的首选。最常见的考虑时序性的模型有 RNN 和 Transformer，强化学习也比较适合 List wise 的序列建模。

1.2.6 推荐系统质量评估体系

没有评价标准就无法持续迭代，推荐系统想要很好地落地到业务中并持续取得收益，需要建立一套有效的质量评估体系。如图 1-9 所示，一个好的推荐系统需要平衡用户体验、内容生态、平台转化等多方的利益。同时，推荐系统的稳定性，能否支持大规模用户请求等对推荐系统发挥自身价值同样起着关键作用。

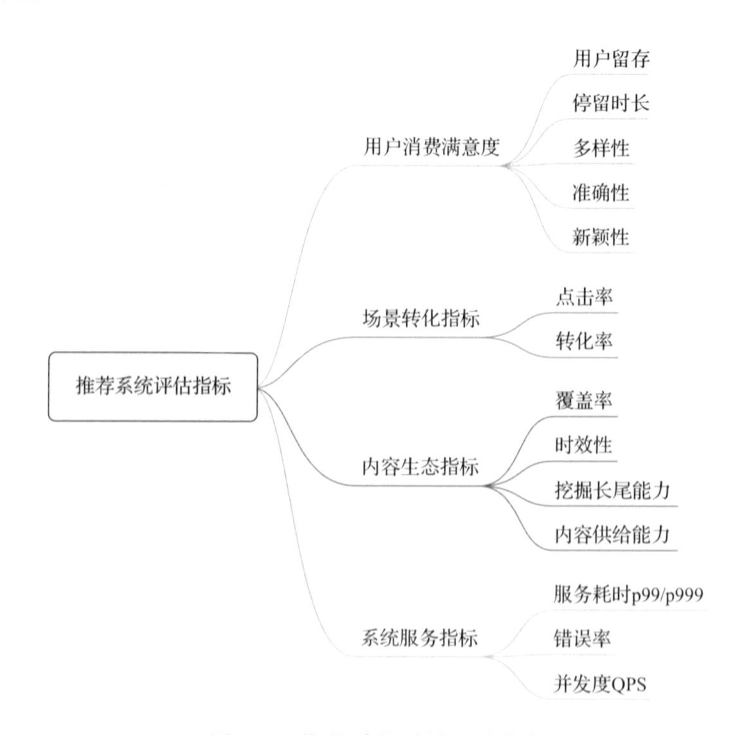

图 1-9 推荐系统质量评估指标

总结

本章我们初步认识了推荐系统，介绍了什么是推荐系统及推荐系统的价值。细数了业务和技术发展为推荐系统提供的时代红利。概览了工业推荐系统的整体架构及核心模块，并进一步介绍了推荐系统每个核心模块的作用和价值。接下来，让我们深入推荐系统内部，详细剖析内容理解、用户画像、召回、排序等核心模块的作用，以及其中关键的技术。

第 2 章 多模态时代的内容理解

内容理解，又称内容画像，与用户画像异曲同工，一个是为了更好地理解推荐内容，一个是为了更好地理解推荐用户。在前面的章节中也曾提到，推荐系统的基础原理其实就是了解待推荐的内容，了解要推荐给的用户，继而完成内容和用户之间的高效匹配。

在工业界内容理解实践中，实践者须围绕一篇内容产生的所有表征进行全面的理解工作，不论是文本、图文、音频或视频，还是标题、OCR 内容或评论等，都是内容理解工作的重点。内容理解是推荐系统中很重要的一个环节，它贯穿并作用于整个推荐系统，从内容库建设、召回、排序到用户画像及兴趣试探、运营分发等。

随着抖音、快手等全民应用的兴起，视频内容已经逐渐成为内容平台的主流形态，内容视频化已经是大势所趋。视频作为丰富的信息载体媒介，是由图像、语音、文本多种模态组成的内容载体。相比于文本、图片等单一内容形态，多模态的视频内容的理解更加复杂。此外，内容创作门槛的降低，使得内容质量良莠不齐、分布极度不均匀，内容的表征也越来越多样化，这些都给内容理解带来了很大的挑战。不过万变不离其宗，推荐内容虽然种类繁多，但展示形态其实无外乎文本、图片、视频和音频四种类型，内容理解的技术也基本围绕着文本内容理解、音频内容理解、图片内容理解或者对几种内容模态融合的理解。接下来我们围绕内容的标签体系建设、最常用的文本内容理解技术，以及多模态内容理解技术展开讨论。

2.1 内容标签体系建设

内容标签体系是内容理解的重要的基建工作，一套行之有效的标签体系可以极大地提升推荐系统的匹配效率。下面从标签体系的作用、标签体系设计和建设及标签提取和生成来展开介绍如何建立一套有效的内容标签体系。

2.1.1 标签体系的作用

如同日常人们表达事物的方式一样，“打标签”也是推荐系统提取和表达待推荐内容的通用方法。标签是一种高度概括的自然语言，可以抽象出内容具有表意性、更为显著的特点。图 2-1 展示了三种不同内容的标签体系，标签不只是算法或系统对内容的理解，借助标签也可以让人对内容有直观的认识和理解。基于内容标签可以完成内容可理解、用户可识别、算法可解释、运营可干预等任务。

前面（1.1.2 节）也提到推荐系统的根本任务是完成内容和用户之间的有效连接，而标签体系就是建立这种连接的有效媒介。标签体系的核心价值体现在相应建立起内容与内容、内容与人、人与人之间的关联。标签体系是推荐系统效果的基础保障，如何建立有效的内容标签体系，有倾向性地选择标签以实现最大化的信息匹配效率是一个高效的推荐系统十分重要的工作。

2.1.2 标签体系设计和建设

推荐系统中广泛使用的标签体系可以大致分为内容标签和类型标签两种。

内容标签是根据推荐内容生成的标签，内容标签是对内容简明扼要高度概括的描述。内容标签和内容是息息相关的，有什么样的内容就会有什么样的内容标签，所以内容标签的集合是一个开放式的标签集合。而类型标签是一个预先定义好的分类体系，是结构化的标签体系，标签之间具有明确的层级关系。类型标签是一个闭合标签集合，这也是类型标签和内容标签的本质区别。

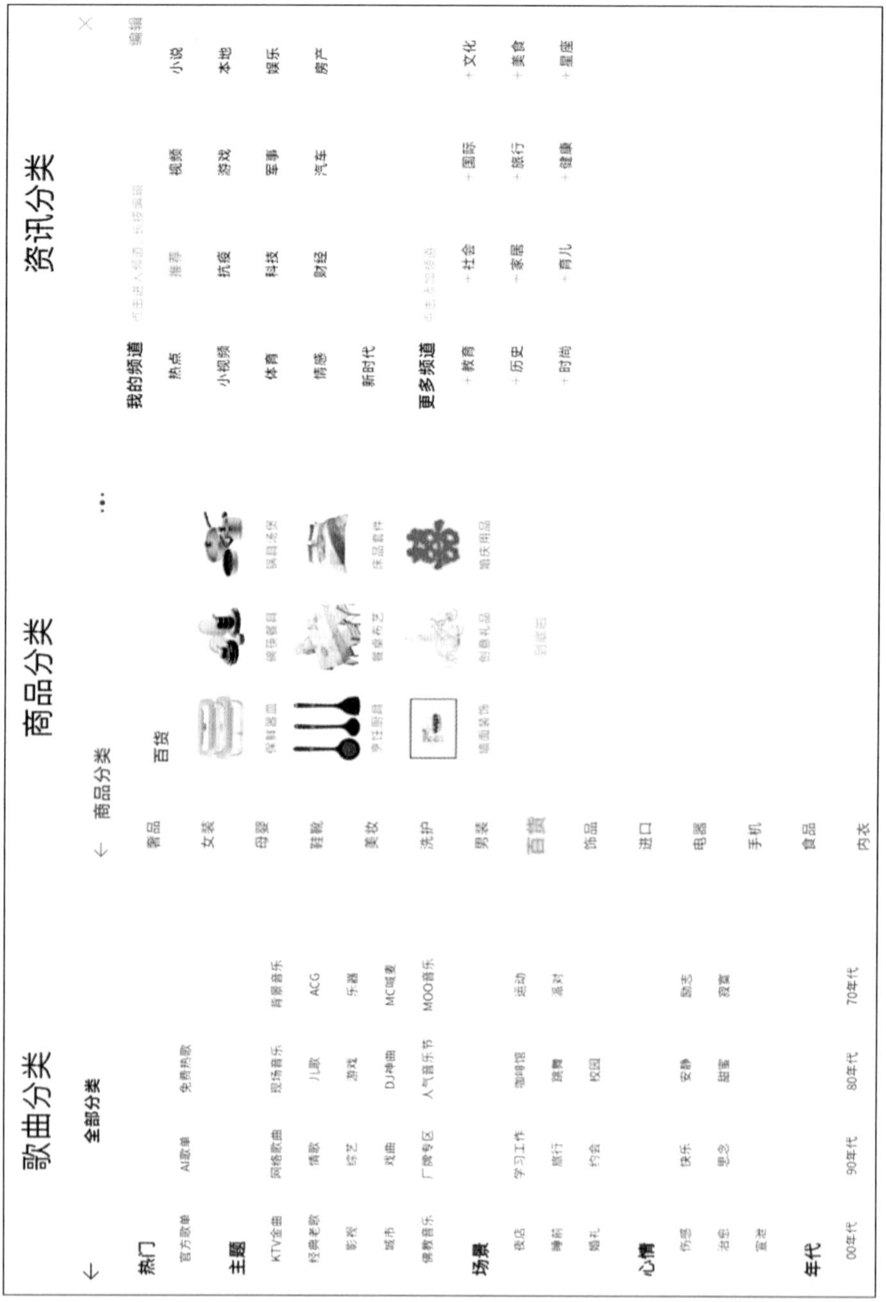

歌曲分类

全部分类

热门

官方歌单 AI歌单 免费热歌

主题

KTV金曲 网络歌曲 现场音乐 背景音乐

经典老歌 情歌 儿歌 ACG

影视 综艺 游戏 乐器

城市 戏曲 DJ神曲 MC喊麦

佛教音乐 厂牌专区 人气音乐节 MOO音乐

场景

夜店 学习工作 咖啡馆 运动

睡前 旅行 跳舞 派对

婚礼 约会 校园

心情

伤感 快乐 安静 励志

治愈 思念 甜蜜 寂寞

宣泄

年代

00年代 90年代 80年代 70年代

商品分类

商品分类

奢品 女装 母婴 鞋靴 美妆 洗护 男装 百货 饰品 进口 电器 手机 食品 内衣

百货

保鲜器皿 碗筷餐具 锅具汤煲

烹饪厨具 餐桌布艺 床品套件

墙面装饰 创意礼品 婚庆用品

资讯分类

我的频道 编辑

热点 推荐 视频 小说

小视频 抗疫 游戏 本地

体育 科技 军事 娱乐

情感 财经 汽车 房产

新时代

更多频道

+ 教育 + 社会 + 国际 + 文化

+ 历史 + 家居 + 旅行 + 美食

+ 时尚 + 育儿 + 健康 + 星座

图 2-1　不同内容的标签体系概览

在定义类型标签时，应尽量遵守 MECE（Mutually Exclusive Collectively Exhaustive）原则，大致意思是“相互独立，完全穷尽”。也就是说，一个好的类型标签体系应该不重叠、不遗漏。我们在对内容做分类时，很多时候会存在有些内容既可以划分到 A 类，又可以划分到 B 类的情况，好的分类体系应该尽量避免这样的情况发生，即不重叠。好的分类标签体系也应该能够覆盖所有的内容，避免有些内容无法划分到当前分类体系中去的情况，即不遗漏。此外，类型标签一般根据标签粒度的不同分为多个层级，不同层级的标签在设计时需要考虑的内容也不完全相同，通过对标签进行分层既能够保证标签体系的全面性，也能较好地保证代表性。

图 2-2 给出了一个短视频内容的类型标签示例，一级标签一般为较大的领域，如体育、影视等，数量级一般是几十个左右。二级标签是在该领域下进行进一步的细分，如体育可以细分为足球、篮球、田径等，影视可以细分为电影、电视剧、综艺等。二级标签能够很好地解决标签均匀性的问题，一般数量级在几百个。三级标签则是进一步对视频内容的刻画，在这个层级上一般不要求全面性，而是更为关注代表性，要覆盖到每个类别中热度较高的标签，一般数量为几千个到上万个不等。

2.1.3 标签提取或生成

根据标签体系的不同，提取或生成内容标签的方法也有所不同。如前文所述，内容标签是根据内容生成的标签，生成这类标签常用的方法和文本关键词提取技术非常相似。而对于类型标签而言，因为标签集合是已知确定的集合，所以可以使用多分类的方法给内容打上相应的标签。

如图 2-3 所示，提取内容标签的方法可以归纳为两大类：抽取式和生成式，关于不同方法的技术方案会结合具体的内容形态在后续章节里介绍。

随着内容行业的蓬勃发展，内容平台的新增内容量已经是衡量和判断平台是否良性发展的重要指标。在不断有新的内容填充进来的同时，也要有相应的标签不断补充进来。标签体系建设是一个长期的过程，并且也需要及时依据用户反馈修正算法，实时调整，并非一日之功。

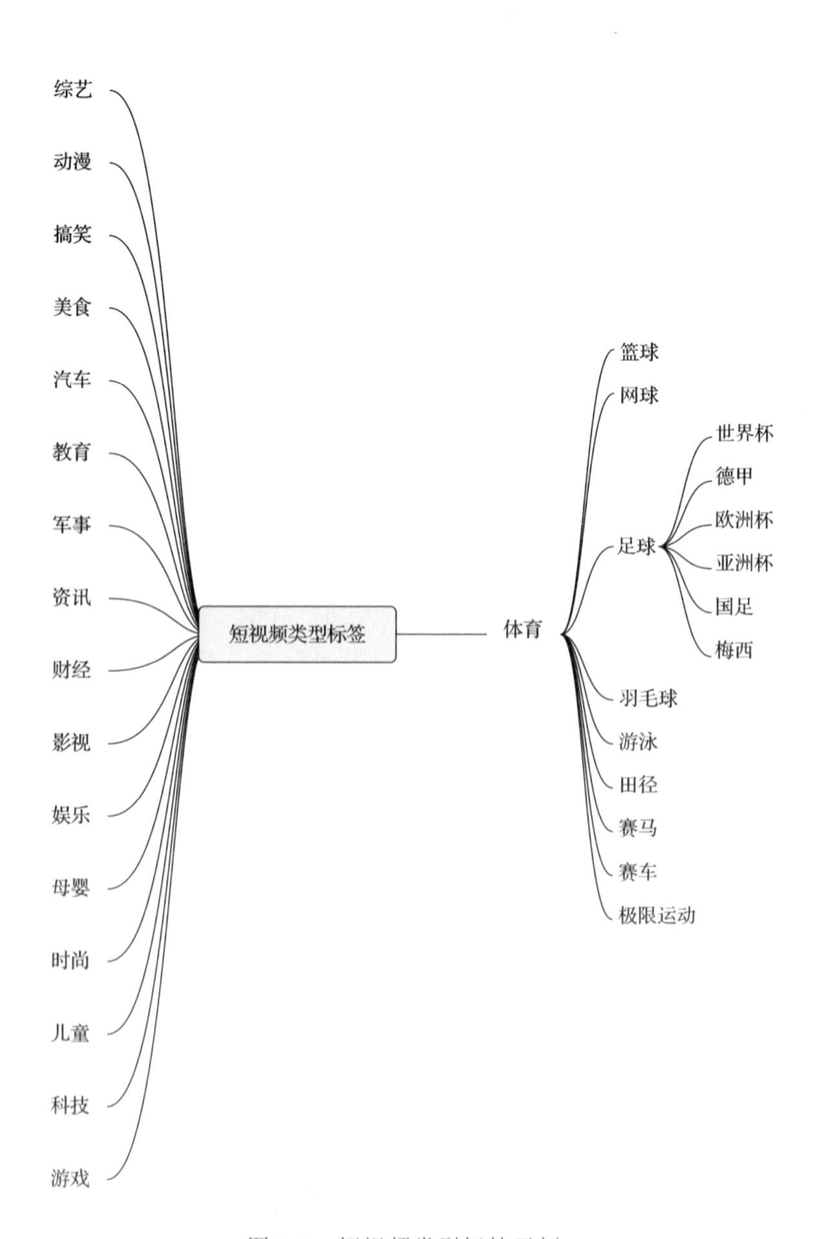

图 2-2　短视频类型标签示例

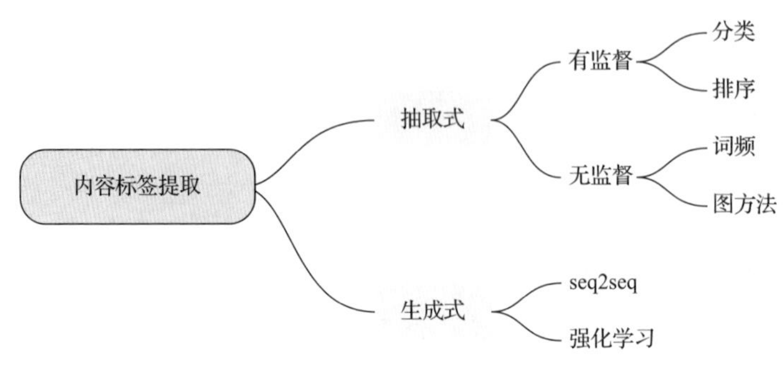

图 2-3 内容标签提取技术

2.2 文本内容理解

在内容中会包含大量文本类型的信息，如资讯类内容、内容标题、描述、OCR、评论等自然语言文本信息。文本内容理解的主要任务就是挖掘和分析内容中原本非结构化的文本信息，提取出文本的分类、关键词标签、实体词、主题（Topic）等，或者学习生成文本的低维表征向量（Embedding）。此外，还可以建立结构化的语义知识图谱，借助知识图谱的推理能力，扩展和加深文本内容的理解。

2.2.1 文本分类

文本分类是文本类内容最常见、应用最广泛的处理任务。通常来讲，文本分类任务是指在给定的分类集合中，判断文本内容应该属于某个或某几个类别。如 2.1.3 节中提及的标签提取就是一个典型的文本分类任务。既然是分类任务，那就必须要有分类模型。根据分类模型是否使用深度模型，可以将文本分类的方法大致分为传统机器学习分类法和深度学习分类法两大类，图 2-4 给出了一些不同的分类方法常用的分类模型。

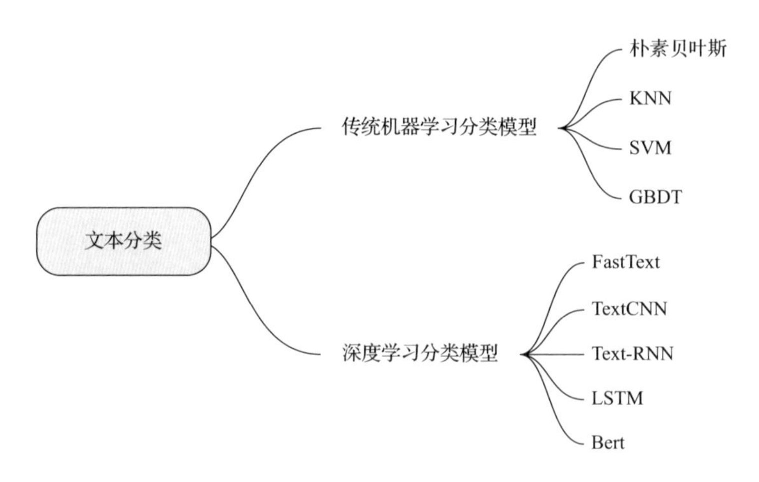

图 2-4 分类模型示例

传统机器学习分类流程大致分为文本表达和分类器选择与训练两部分，基本的套路就是人工特征工程+传统模型分类器。如图 2-5 所示，文本表达又可以分为文本预处理、文本统计和特征提取三部分。

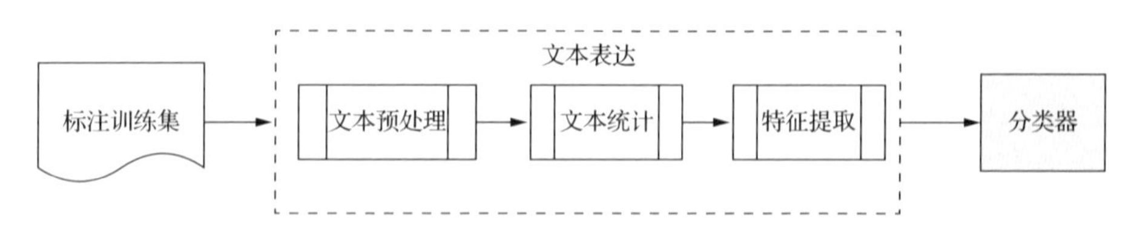

图 2-5 传统机器学习分类流程

文本预处理过程主要是提取文本关键词的过程，中文文本预处理一般包括文本分词和去停用词两个阶段。对文本进行分词处理的主要原因是很多研究表明词粒度的特征表示远优于字粒度，主要是因为很多分类模型尤其是传统分类模型没有考虑词序信息。而停用词是指一些高频的介词、代词、连接词等无意义或无价值信息的词语。

文本统计指的是对经过分词处理后的文档集合做词频统计，词项（单词、命名实体等）与分类的相关概率统计等。基于统计的结果还可以做一些特征选择的工作，如去掉高频词项（在大多数文本集合中都出现过的词）和低频词项，或者和分类相关但概率极低的词项等。

最后从文本中提取出能够表征文本主题的关键特征，结合标注标签生成最终的训练数据，然后选择合适的分类器模型进行训练。传统的分类器模型有朴素贝叶斯、SVM、KNN、决策树、GBDT 等。图 2-6 是分类器训练与预估分类的整体流程。

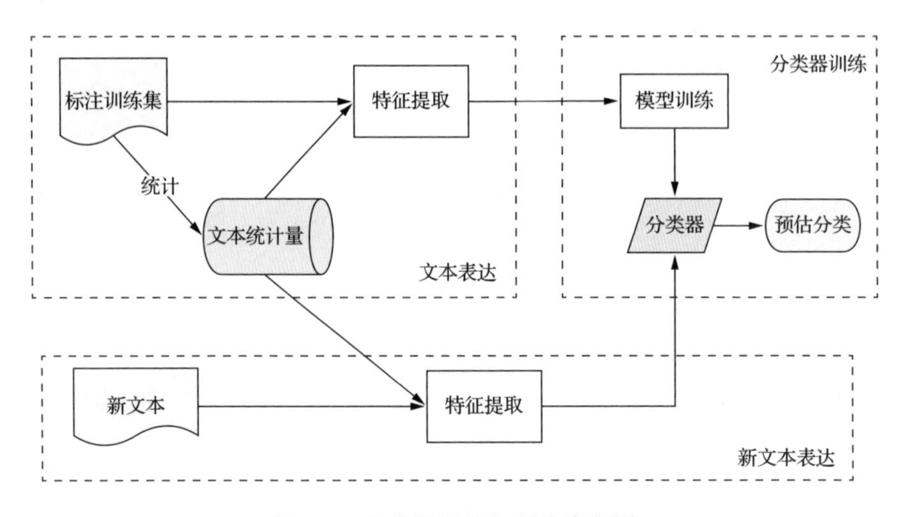

图 2-6　分类器训练与预估流程图

文本特征很多都是高维稀疏的，传统机器学习模型很不擅长处理和拟合这类数据。此外，需要大量人工特征工程的工作，成本比较高。而深度学习分类模型解决了大规模输入文本的自动化表达，同时通过网络结构的设计自动获取有效的特征表达和组合，可以有效地省去繁杂的人工特征工程环节。

在工业界文本分类实践中验证比较有效且广泛使用的深度学习分类模型有 Facebook 在 2016 年开源的文本分类器 FastText、文本卷积神经网络 Text-CNN、Text-RNN、LSTM 及 Bert 等。

深度学习模型分类器大致可以分为三部分：输入层文本表达、中间层模型结构和输出层。以 FastText 模型为例，如图 2-7 所示，FastText 模型也只有三层：输入层、隐藏层和输出层。输入是多个经向量表示的单词，输出是对应的分类表示，隐藏层是对多个词向量的叠加平均。

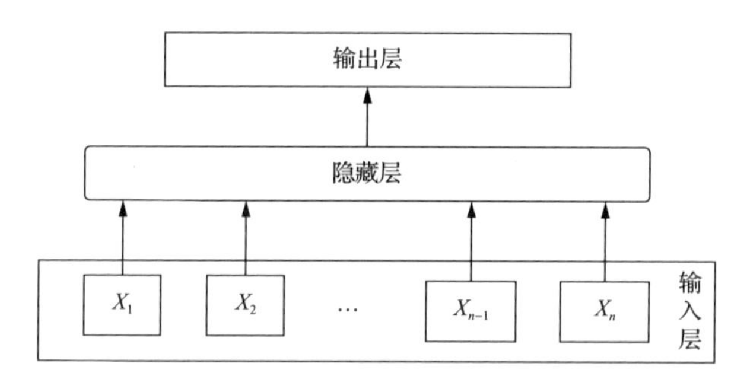

图 2-7 FastText 模型结构

2.2.2 文本标签提取

文本标签提取是获取内容标签的主要途径，内容标签是能够代表内容概要的重要关键词集合，相比于分类标签是更细粒度的语义集合。内容标签很适合用于用户兴趣的画像和内容画像的匹配项，它们像推荐系统的“血液”，存在并作用于推荐系统的内容画像、用户画像、召回模型、排序模型特征、多样性调控、运营规则分发等各个环节。文本标签的提取方法有无监督、有监督及基于深度模型的提取算法。

无监督方法使用比较广泛的方法主要有基于词频统计的方法和基于图的方法。基于词频统计最常用的方法是 TF-DF 算法，它是最简单也是使用比较广泛的一种关键词提取方法。TF-IDF 算法简单来说就是 TF 和 IDF 的乘积，其中，TF 表示词频（Term Frequency），IDF 表示逆文档频率（Inverse Document Frequency）。如式（2-1）所示，$\mathrm{TF}(t_i, d_j)$表示第 i 个词 t_i 在第 j 篇文档 d_j 中出现的次数，N 为所有文档总数，n_i 表示有 n 篇文档包含第 i 个词，也就是文档频率 DF（Document Frequency）。

$$\mathrm{TF-IDF}\left(t_i,d_i\right)=\mathrm{TF}\left(t_i,d_j\right)\times\mathrm{IDF}\left(t_i\right)=\mathrm{TF}\left(t_i,d_j\right)\times\log\left(\frac{N}{n_i+1}\right) \tag{2-1}$$

基于图的方法常用的算法是 TextRank，它是从 PageRank 算法发展而来的，它的思想是以文本中的词为节点，以词的相邻关系为边构建词图，然后使用 PageRank 算法进行迭代来计算每个节点的 rank 值，选取 rank 值较高的词作为关键词。后续基于 TextRank 又发展演化出了 ExpandRank、CiteTextRank、PositionRank 等。

有监督算法的基本套路是先提取候选标签，标签提取是一种典型的序列标注任务，可以采用经典的 CRF 条件随机场模型，再接一个分类或排序模型，选择得分最高的候选标签作为最终的标签集合。

随着深度模型的普及，也涌现出了许多文本标签提取的深度模型算法。如卷积神经网络（CNN）模型，循环神经网络（RNN）、LSTM、seq2seq 模型，以及深度强化模型和 Transformer 等。深度模型大量简化了传统机器学习模型中复杂的特征工程相关工作，可以通过 encoder 抽象文本语义，有效地替代人工特征设计，同时具有更全面的语义概括能力和别名归一化能力。

2.2.3 文本聚类

文本聚类和文本分类都是文本挖掘中常用的方法，它们的目的都是将相似的文本内容归类到一起。不同的是文本分类一般采用的是有监督学习方法，将文本归类到相应的预定义好的分类中。而文本聚类是根据相似度定义，将相似度高的文本聚到同一个类里，它是一种无监督的文本处理方法。对内容进行聚类，可以用于发现用户感兴趣的相似内容，在推荐系统中可以用于召回、排序特征或者多样性调控等环节。

聚类起源于古老的分类学，随着技术的发展和变更，聚类方法的种类越来越丰富。如图 2-8 所示，文本聚类方法一般可以分为划分法、层次法、基于密度的方法、基于网格的方法、图聚类方法和基于模型的方法六类。由于应用场景不同，不同的聚类方法侧重点不同，各有优势和缺陷。需要算法人员结合业务场景和数据分布来选择合适的聚类方法。

2.2.4 文本 Embedding

文本 Embedding，就是将文本内容向量化，用一个低维稠密向量来表示一个对象、一篇内容或一段文本。文本 Embedding 表示将高维稀疏的自然语言转化为低维稠密的数字语言，以便于后续的比较和计算。文本 Embedding 可以应用到推荐系统的特征工程、用户画像构建、召回、排序及重排阶段的多样性调整等方面。

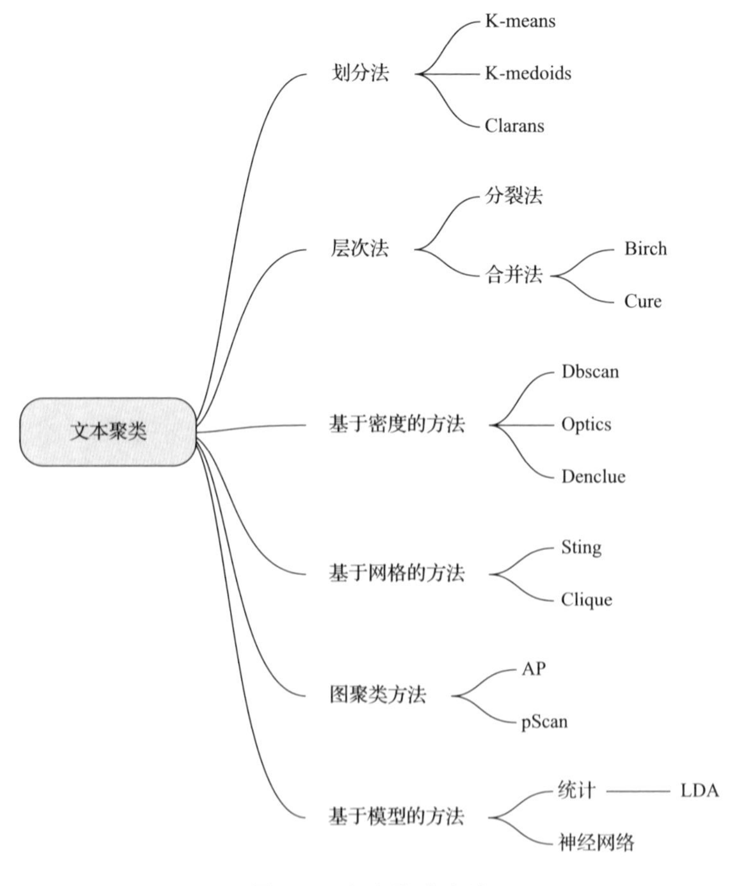

图 2-8 文本聚类方法

如图 2-9 所示文本 Embedding 技术发展历史，从 2013 年 Word2Vec 的提出，到后来的 FastText、GPT 及 Bert 等，文本 Embedding 方法不断发展优化。文本 Embedding 方法从最开始的静态方法发展为后来能够根据上下文语义实现动态向量化的方法。

静态向量的方法在模型训练完成后，对应的 Embedding 向量便不再变化。图 2-9 中的 Word2Vec、Glove 和 FastText 都属于静态向量方法。这里重点提一下 Word2Vec，Word2Vec 是 Google 在 2013 年发布的无监督词向量 Embedding

模型。Word2Vec 是 Embedding 技术里程碑式的方法，后来的文本 Embedding 方法都是基于 Word2Vec 相关理论衍生的。

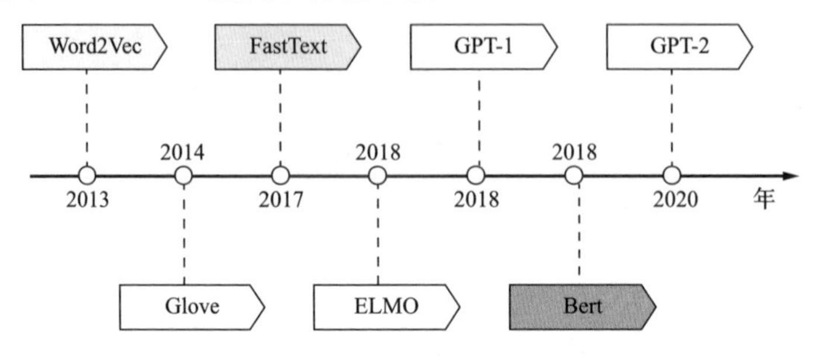

图 2-9　文本 Embedding 技术发展

Word2Vec 采用 CBOW 或 Skip-gram 模型来训练词向量，将 one-hot 编码的高维词向量映射为低维稠密向量。如图 2-10 所示，CBOW 模型和 Skip-gram 模型两者在网络结构上很相似，最主要的区别是 CBOW 采用词的上下文来预测当前词，而 Skip-gram 采用当前词去预测其上下文。两个模型通常所得到的词向量效果相差不大，但对于大型语料，Skip-gram 一般优于 CBOW。

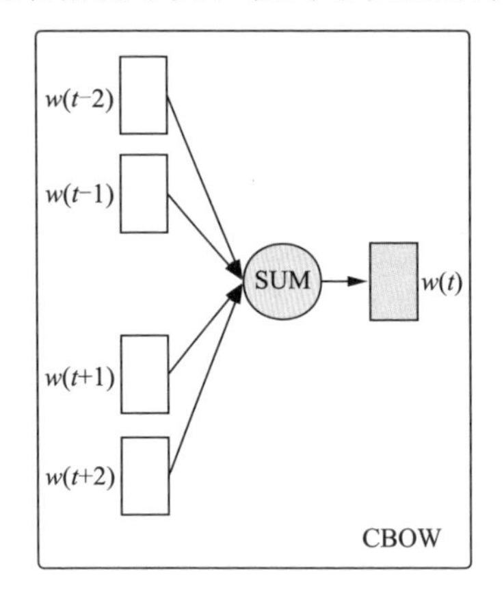

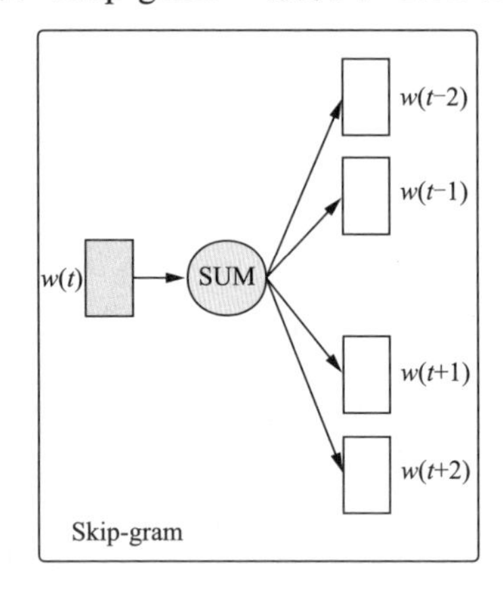

图 2-10　CBOW 模型和 Skip-gram 模型

在静态向量的方法中，每个词都被表示成为一个固定的向量，无法有效地解决一词多义的问题。在动态向量化方法中，模型的结果不再是固定的词与向量的对应关系，而是一个训练好的模型。将文本输入模型，模型会根据上下文预估文本中每个词对应的词向量。这样在生成词向量时，能结合不同的上下文语境对多义词进行预测，从而实现一词多义对应不同的 Embedding

词向量。主流的动态向量化模型有 ELMo、GPT、BERT 等。其中 ELMo 的特征提取器是多层双向 LSTM，如图 2-11 所示。低层的 LSTM 可以学习到语法方面的特征，而高层的 LSTM 可以捕捉词语意义中与语境相关的特征。

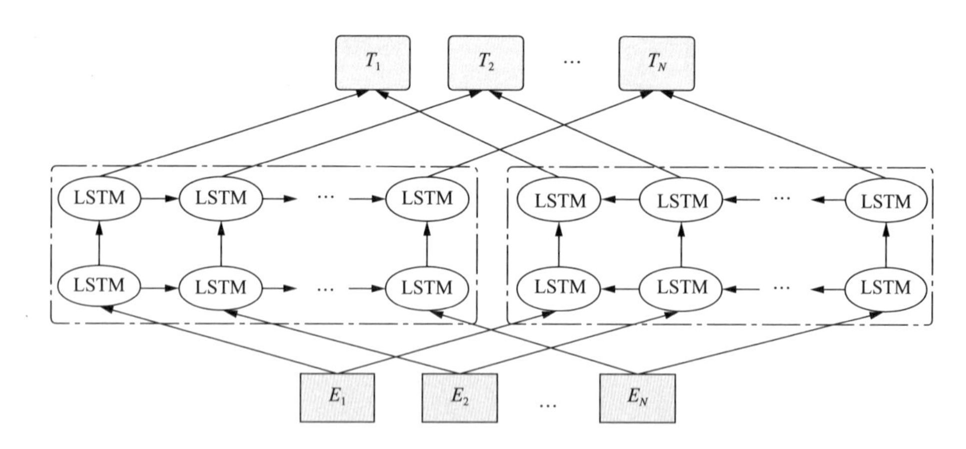

图 2-11　ELMo 网络结构

很多任务表明 Transfomer 特征提取能力要强于 LSTM，如图 2-12 所示，GPT 使用 Transformer（Trm）结构替代了 LSTM。此外，GPT 采用 pre-training 和 fine-tuning 的下游统一框架，将预训练和 fine-tune 的结构进行了统一。

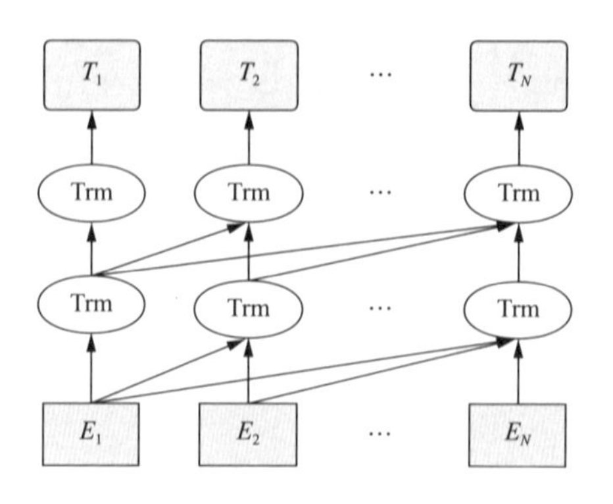

图 2-12　GPT 网络结构

目前应用最广泛的 BERT 网络结构如图 2-13 所示。相较于 ELMo，BERT 使用 Transformer 模型代替 LSTM。相较于 GPT，BERT 采用双向的 Transformer，使得模型能够挖掘左右两侧的语境。

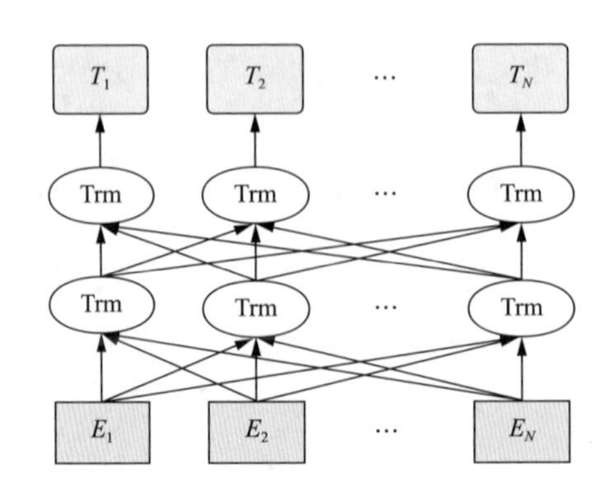

图 2-13 BERT 网络结构

2.2.5 知识图谱

知识图谱是结构化的语义知识库，利用图结构去描述和存储物理世界中的实体及其相互关系。构成知识图谱的三个基本要素包括实体、关系和属性。

实体：指客观独立存在且可以相互区别的事物，可以是具体的人、物或事，也可以是抽象的概念或定义。在知识图谱的描述框架中，以图节点的形式表示实体，实体是知识图谱中最基本的元素。图 2-14 给出了一个简单的知识图谱示例，该图中有两种类型的实体：人物和由人塑造的电影。

关系：在知识图谱中，边表示知识图谱里实体间的关系，用来表示不同实体间的某种联系。

属性：知识图谱中的实体和关系都可以带有各自的属性。

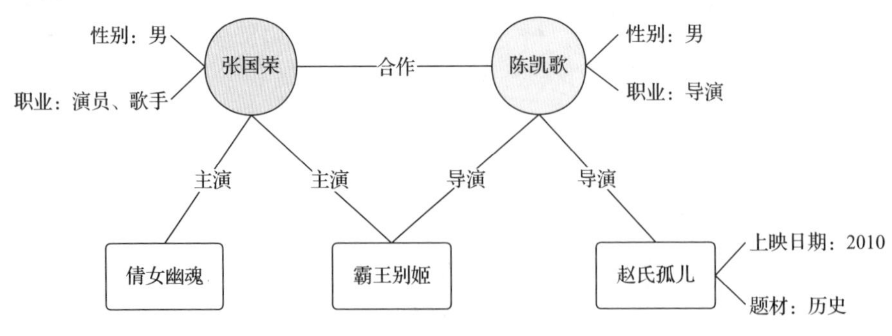

图 2-14 知识图谱示例

构建知识图谱是一项复杂的系统工程，需要涉及知识表示、知识获取、知识处理和知识利用等多方面的技术。一般情况下，知识图谱的构建流程可以分为以下几个步骤：

（1）确定知识表示模型。

（2）根据不同的数据来源选择不同的知识获取方法并导入相关的知识。

（3）利用知识推理、知识融合、知识挖掘等技术构建知识图谱。

（4）根据不同的应用场景设计知识图谱的表现方式。

在推荐系统场景中，知识图谱包含了实体之间丰富的语义关联，可以为推荐系统提供潜在的辅助信息来源。知识图谱提供的辅助信息可以丰富对推荐内容的描述、增强推荐算法的挖掘能力。简单来说，推荐系统是对用户和内容之间的交互建模，而知识图谱则提供了内容之间复杂的语义关联。在推荐系统中，引入知识图谱可以提升推荐的准确性、多样性及可解释性等。

首先，知识图谱提供了额外的内容之间的语义联系，可以更深层次发掘内容之间的联系，从而发现用户感兴趣的潜在内容。结合图 2-14，如果用户喜欢电影《霸王别姬》，可以通过知识图谱推导出由主演张国荣参演的其他电影，从而发掘用户潜在感兴趣的电影。

其次，利用知识图谱中的多种关联关系扩展用户的兴趣集合，从而提升推荐结果的多样性，图 2-14 只是一个简单的示例图，一个完整的知识图谱可以提供内容之间更深层次和更大范围内的关联。

另外，知识图谱连接了用户的历史兴趣和推荐结果，这提供了一种直观的推荐解释性来源。可以提高用户对推荐结果的满意度和接受度，增强用户对推荐系统的信任。这是将知识图谱引入推荐系统中很直观的一种方式。具体来说，就是对知识图谱中的每一个实体，通过搜索来获取其在知识图谱中的多跳关联实体而得到推荐结果。

还有一种常用的方式是为知识图谱中的每个实体和关系通过模型学习得

到一个低维向量，同时保持图中原有的结构和语义信息。这种低维向量表示可以更方便地引入推荐系统中，与推荐系统进行结合和交互。学习知识图谱向量表征的模型大致可以分为如下两类。

（1）基于距离的翻译模型：这类模型使用基于距离的打分函数评估知识图谱中每个三元组<头节点，关系，尾节点>的概率，将尾节点视为头节点和关系翻译得到的结果。这类方法的代表有 TransE、TransH、TransR 等。

（2）基于语义匹配的模型：这类模型使用基于相似度的打分函数评估三元组的概率，将实体和关系映射到隐语义空间中进行相似度度量。这类方法的代表有 SME、NTN、MLP、NAM 等。

2.3 多模态内容理解

随着抖音、快手等短视频内容平台的兴起，视频内容的消费量已经远超图文内容。视频本身及视频的封面图、文本信息、音频等不同模态的内容分别刻画了视频不同维度的信息。本章对推荐场景下视频图像等多模态的内容理解任务进行阐述和介绍。

2.3.1 图像分类

图像内容理解的目标是让计算机对图像内容进行准确完整的表述，在推荐系统应用中，图像内容理解通常是对图像进行特征提取，利用这些特征对图像内容进行描述。这里以图像内容理解最具代表性的图像分类为引子，介绍一些图像领域里经典的算法模型。

图像分类，顾名思义，就是根据图像的内容为输入图像打上对应的类别标签。图像分类研究，从提出到现在已经经历了较长时间的发展。图像分类的方法大致可以分为基于特征提取的传统算法和基于深度学习的算法。早期的基于特征提取的算法，需要大量烦琐的预处理工作，而且受限于特征的表述能力，分类效果也差强人意。近年来，随着深度学习的兴起，深度学习模型强大的特征提取能力使得图像分类算法取得了质的飞跃。

经典的图像分类模型一般是由多层 CNN（卷积神经网络）构成的，CNN 具有很强的特征提取能力，一般都会作为图像分类模型的主干网络。对于 CNN 结构的神经网络来说，不同层级的神经元学习到了不同类型的图像特征，由底向上形成层级结构。

可视化人脸识别网络中每层神经元学习到的特征如图 2-15 所示。从左向右你会看到底层的神经元学到的是线段等特征；第二层学到的是人脸五官的轮廓；第三层学到的是人脸的轮廓。通过三步形成了特征的层级结构，底层的特征是不论什么领域的图像都会具备的边角线弧线等基础特征。越往上抽取出的特征越与具体学习任务相关。

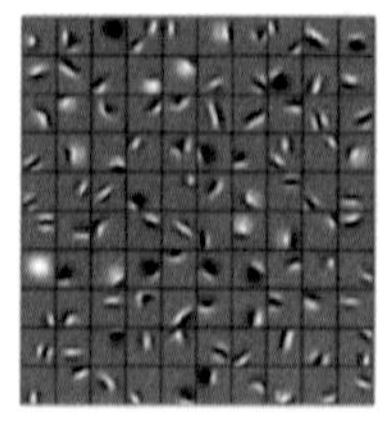
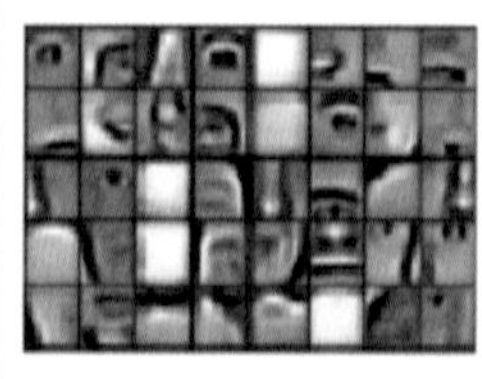
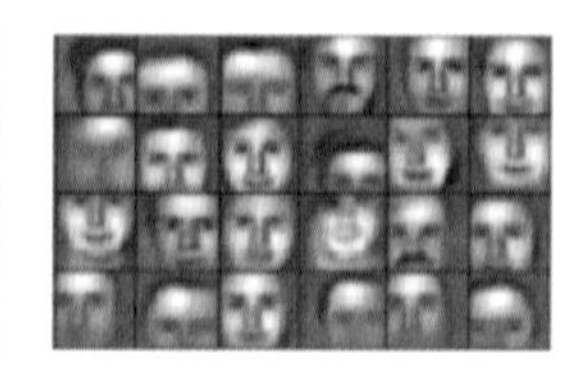

图 2-15　人脸识别网络层级特征

基于 CNN 的图像分类模型最早可以追溯到 LeNet。图 2-16 给出了部分在图像分类任务中脱颖而出的经典模型示例，有关模型的细节可以参考具体的文献，在这里不做展开介绍了。

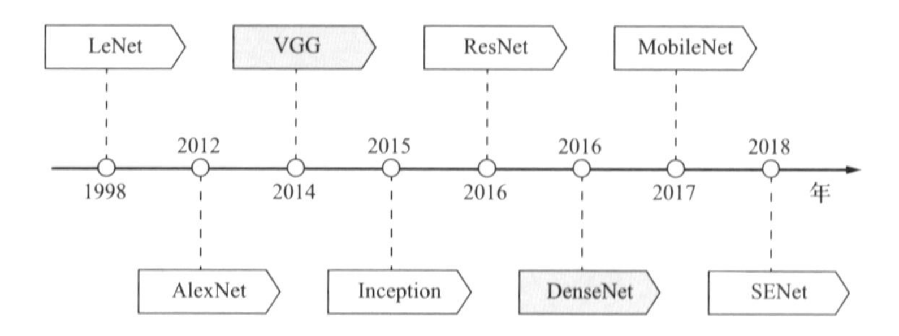

图 2-16　经典图像分类模型示例

2.3.2 视频分类

图像分类是指判断一张静态图片并选择它所属的类别。而视频是增加了时间维度的图片集合，其包含的信息量更加丰富。不过视频分类与文本分类或图片分类的性质是一样的，本质上都是分类任务。视频分类是根据视频的内容，判断视频所属的类别标签。

卷积神经网络（CNN）在图像分类任务上取得了巨大的成功，很自然地被复用到了视频分类中。视频可以看作由一系列图像帧组成的图片集合。如图 2-17 所示，将图像分类模型直接应用到视频分类中最直观的步骤是：

（1）提取视频中的图像帧。

（2）每帧图像都经过一个图像分类模型，得到每帧图像的特征。这里不同帧的图像分类模型之间可以共享网络参数。

（3）得到每帧图像的特征之后，对各帧图像特征进行汇合，得到视频级别的特征。

（4）视频特征再经过全连接层和 softmax 激活函数得到视频的预测类别。

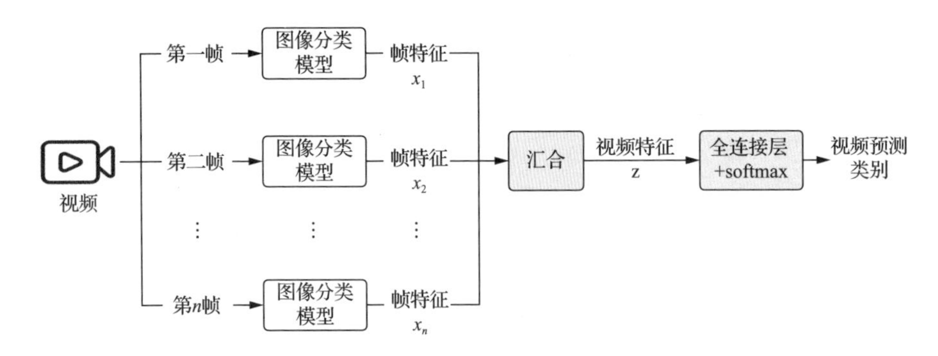

图 2-17　图像分类模型应用于视频分类示意图

在视频分类预测的过程中，如何汇合各帧图像特征是其中很关键的步骤。常见的特征汇合方法有如下。

（1）平均汇合法。该方法直接对各帧图片的特征向量取平均作为整个视频的特征向量。该方法十分简单，但准确性比较低，也没有考虑视频图像间的时序信息。

（2）VLAD/NetVLAD 汇合法。该方法首先对视频的图像帧进行聚类得到多个聚类中心，然后对每个类簇内的图像特征做平均汇合。该方法通过聚类相同或者相似的视频图像帧，减少冗余、降低参数量的同时，保留了视频更多丰富的特征。该方法的缺点是没有考虑视频图像的时序信息。

（3）RNN 汇合法。该方法利用循环神经网络（RNN）、GRU 或者 LSTM 捕捉视频图像间的时序信息，还可以将卷积操作和 LSTM/GRU 合二为一。

（4）3D 卷积汇合法。三维图像使用的是 2D 卷积，相应地，四维视频可以设计对应的 3D 卷积神经网络。2D 卷积可以学习到相邻像素间复杂的图像表示，3D 卷积可以从视频片段中学习图像特征和相邻帧之间复杂的时序特征。很多经典的 2D 卷积神经网络都有相应的 3D 版本，如 C3D-3D 版的 VGG、Res3D-3D 版的 ResNet 等。

除此之外，也可以借助一些传统算法来补充视频图像间的时序关系。如常见的双流法，利用光流显式地计算视频帧之间的运动关系从而捕捉视频帧之间的时序关系。

2.3.3 视频多模态内容 Embedding

同理文本 Embedding、视频 Embedding 就是将视频内容向量化。这个 Embedding 向量是对整个视频内容的总结和概括，Embedding 向量之间的距离反映了视频之间的相似性。不同于文本内容，视频中包含了图像、音频、文本等多种模态的内容。不同模态的内容从不同维度刻画和描述了视频的信息。

如图 2-18 所示，为了获取视频多模态 Embedding 向量内容，需要对视频相关的各个模态的内容做处理。对于视频模态的内容可以用 2.3.2 节介绍的视频分类模型算法得到视频 Embedding 向量。视频封面图是视频很重要的展示信息，可以利用 2.3.1 节介绍的图像分类模型进行处理，得到视频封面图

Embedding 向量。视频的标题描述等文本内容是用户观看视频前，了解视频的很重要信息，有关文本 Embedding 向量的生成方法可以参考 2.2.4 节。此外视频的 OCR 中有丰富的信息,可以先通过 OCR 算法识别出视频中的 OCR 文本，再通过文本模型得到 OCR 内容的 Embedding 向量。

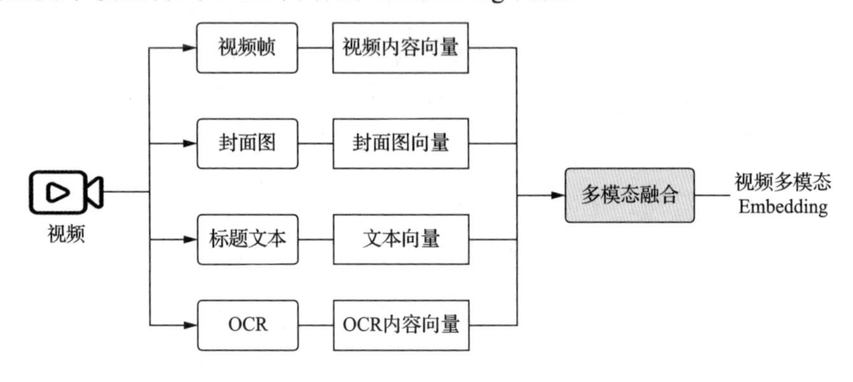

图 2-18 视频多模态 Embedding

有了视频多个模态的 Embedding 向量后，还需要对各种 Embedding 向量进行融合，以得到多模态维度的视频 Embedding。融合 Embedding 向量常用的方式有直接拼接、向量点乘、向量叉乘、加权平均、双层线性交互（Bi-Interaction）等。

2.4 内容理解在推荐系统中的应用

内容理解的产出可以作用于推荐系统中的各个环节，如图 2-19 所示。内容理解是用户兴趣画像的基础，想要了解用户，必须要了解用户感兴趣的内容。基于内容标签和内容 Embedding 也可以产出内容试探召回、属性召回、向量召回等多路基础召回候选集。内容理解也是推荐系统各环节模型特征的重要补充和来源。

内容理解还可以辅助内容试探分发，帮助推荐系统筛选优质的内容。此外，针对不同场景和人群，构建不同的优质内容库也属于内容理解的范畴。具体的筛选规则和构建方法，需要结合具体业务目标和推荐场景具体考量。

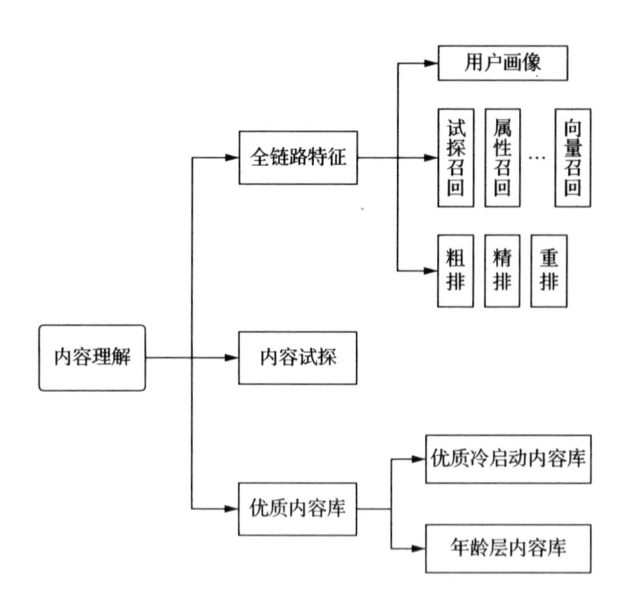

图 2-19　内容理解在推荐系统各环节的应用

总结

本章围绕内容标签体系建设、文本内容理解、多模态内容理解及内容理解在推荐系统中的应用，深入探讨了内容理解相关技术。内容理解是推荐系统的核心基础模块之一，贯穿作用于推荐系统的各个环节，极大地影响了推荐系统的分发效率。同时内容理解是一项烦琐且复杂，需要耗费大量人力长期专注优化的工作。

第3章 比你更了解自己的用户画像

第2章介绍了推荐系统的核心基础模块，也是主体之一——内容理解，本章将探讨如何构建用户画像，了解推荐系统中的另外一个主体——用户。在这个数据分析和智能推荐无处不在的时代，用户画像已广泛应用于各行各业。比如我们主动搜索了某个商品，然后就会在很多信息平台上发现该商品相关的推荐或推送。再比如我们刚入手一辆新车，很快就会收到车险、车饰等各种相关的周边信息。这一切的基础都涉及本章要介绍的用户画像。

用户画像的目的就是了解用户，从而最大限度地满足用户需求。接下来先初步认识一下用户画像，再进一步探讨用户画像中最重要的用户标签体系的设计和开发落地方案。最后辅以真实的实践案例，帮助读者进一步强化对用户画像的理解。

3.1 初识用户画像

用户画像是一个复杂的系统，它需要从一系列的真实数据中建立目标用户模型，并描述和标识真实存在的用户。下面先从用户画像的定义、作用和系统架构等方面来初步认识一下用户画像。

3.1.1 什么是用户画像

用户画像，字面意思很直白，就是为用户做画像以便更好地理解用户。描述用户的方式有很多种，可以是文字标签、Id 代号，也可以是打分矩阵或者抽象的 Embedding 向量等。用户画像最常规的定义是**用户信息标签化**。通过收集和挖掘用户各种维度的数据，产出描述用户的标签集合，图 3-1 是一个标签化用户图。用户画像通过收集用户的社会属性、行为习惯、偏好特征等各个维度的数据，进而对用户或者产品特征属性进行刻画，并对这些特征进行分析、统计，挖掘潜在的价值信息，从而抽象出用户的信息全貌。

图 3-1　标签化用户图

3.1.2 用户画像的作用

随着互联网流量红利的消失，越来越多的企业进入精细化运营的“内卷”时代，开始建立企业目标用户的人群画像。用户画像是业务相关人员分析用户、触达用户的有效产品模块。从大的层面说，通过用户画像可以构建对目标用户的具象认知，从而指导产品优化迭代的方向。根据具体的应用场景，用户画像可以用于个性化推荐、精准营销、经营分析、广告投放、数据统计与挖掘等。

1. 个性化推荐

用户画像的目的就是丰富而准确地刻画每一个用户，以便为每一个用户提供个性化的服务，个性化推荐就是个性化服务最典型的落地场景。用户画像会贯穿作用于个性化推荐系统的每一个环节，从基于用户画像的个性化召回到排序模型中的用户画像特征，以及后续基于用户画像的重排策略等。

2. 精准营销

精准营销是用户画像或标签最直接体现其价值的应用，它可以让营销变得更加高效，为企业节省成本。此外，也可以借助用户画像在用户生命周期的不同阶段使用不同的营销方式，以最大化营销的效果。

目前提到精准营销，基本上已经被大众化为短信/邮件/push 营销。借助用户画像可以个性化地定制短信、邮件或者 push 的文案和内容，以及信息的发送频率，提升营销的转化率。

3. 经营分析

用户画像系统可以帮助业务人员从多方面进行业务经营状况分析。如借助画像进行用户分析以了解平台用户的性别、年龄、地域等的分布情况。此外，在画像应用中，可以辅助分析产品目标人群的渠道来源，使得渠道投放的策略更有针对性。

4. 广告投放

做广告投放时，企业可以借助用户画像标签圈定广告的目标用户群体，进行精准的广告投放，节省投放费用的同时提升广告投放的效果。

3.1.3 用户画像系统架构

用户画像的系统架构如图 3-2 所示，包括底层的数据层、中间的计算与存储层和画像标签建模层，以及上层的应用层。后面会详细地介绍构建用户画像依赖的基础数据，以及用户标签体系建设和建模的方法。

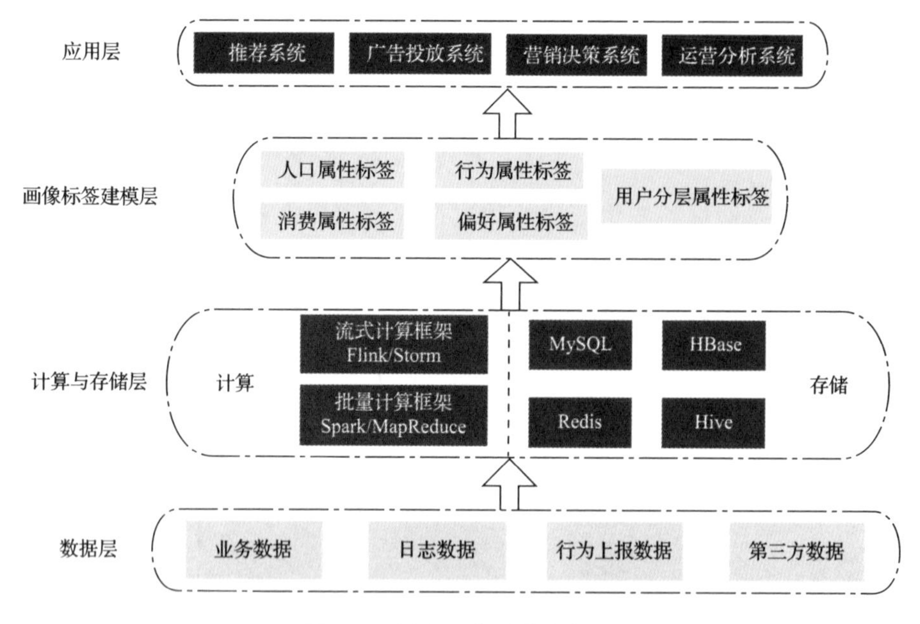

图 3-2 用户画像系统架构图

3.2 用户画像标签体系

前面也提到，构建用户画像的核心工作就是为用户“打标签”。标签是通过分析用户信息提炼出的高度概括性的特征标识，如何构建有效的用户画像标签体系，是用户画像最大的难点。

用户画像标签体系需要和具体的业务产品相结合，不同业务的画像标签体系并不相同，需要结合数据和业务目标去设计。在构建用户标签体系时，常用的标签维度可以划分为用户基础属性维度、社交属性维度、用户行为属性维度、用户兴趣偏好及用户分层维度等。对于用户标签体系的划分也不限于此，不同的业务场景会有特定的标签体系，也可以通过应用场景归类标签体系。

3.2.1 用户基础属性标签

用户基础属性标签是刻画用户的基础标签，是大部分业务都需要的通用标签体系。如图 3-3 所示，用户基础属性标签又可以分为人口属性标签、社会属性标签、地理属性标签和设备属性标签等。用户基础属性标签就是人自身所带的自然属性或社会属性，是用户最基础的信息要素，通常自成标签。

用户基础属性标签发生变化的频次很低，一般是稳定不变或者很缓慢地变化。正所谓“物以类聚，人以群分”，人是一种社会化动物，不同基础属性的用户会有不同的行为特征、内容偏好等。而相同属性的用户在习惯和偏好上也会具备一定相似性。在平台未获取相关用户行为反馈数据之前，用户的基础属性标签是推荐系统做冷启动判断和推荐非常重要的依据。

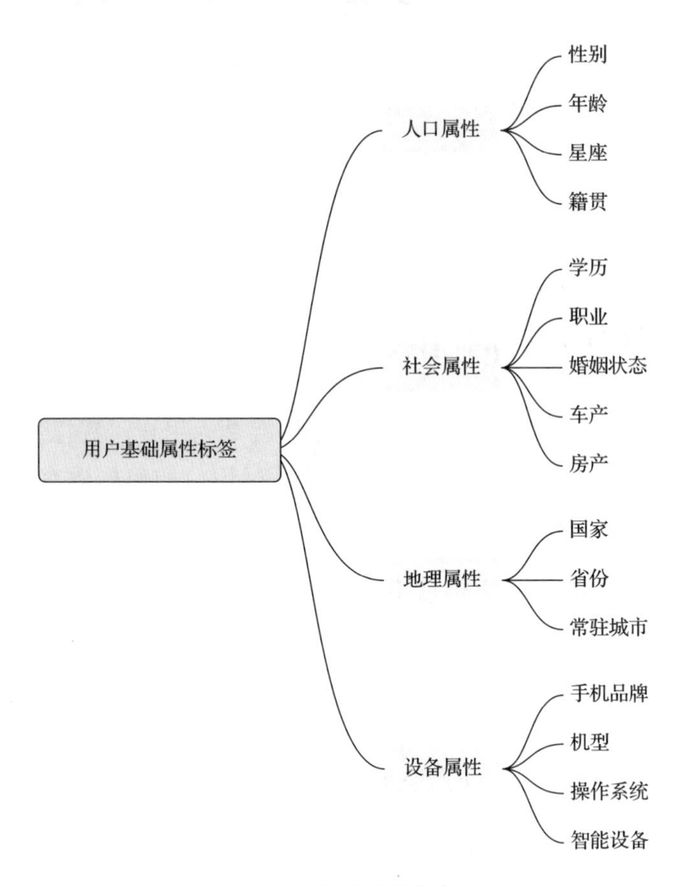

图 3-3　用户基础属性标签

3.2.2 用户社交属性标签

用户社交属性标签可以概括和描述用户的家庭关系、社交关系、社交偏好、社交活跃度等信息，利用这些信息可以更好地为用户提供个性化服务。家庭关系指用户的婚姻状态——单身或已婚、是否有孩子、家庭成员等。社交关系包括用户的学校-校友圈、公司-同事圈、好友关系、群关系等。

如图 3-4 所示，微信视频号首页有三个入口：关注、朋友♡和推荐，分别对应用户关注兴趣、社交分发和算法分发。张小龙在微信十周年的演讲中，介绍过视频号内容分发的迭代历程。基于朋友♡的社交关系分发是撬动视频号用户规模快速上涨的重要支点。

图 3-4　微信视频号入口示意图

3.2.3 用户行为属性标签

用户行为是理解和刻画用户常用且高价值的维度。行为属性标签是基于用户使用产品过程中的各种行为信息，如访问行为、浏览行为、互动行为、搜索行为、购买行为等，用于统计挖掘出用户的行为周期、习惯偏好等属性特征。

如图 3-5 所示，一个用户行为有 5 个基本信息组成：行为主体、行为对象、行为时间、行为类型及行为发生时的一些上下文信息。常见的用户行为标签如用户收藏的内容、用户点赞的内容、用户的关注，或者根据用户行为时间聚合计算得到的最近 1 天/3 天/7 天浏览的内容、最近 3 天/7 天/5 天/30 天的登录次数、最近 *N* 天的消费金额等。

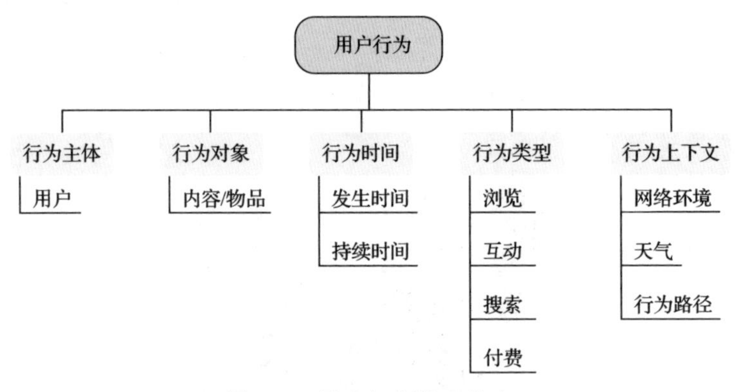

图 3-5　用户行为基本信息

3.2.4　用户兴趣标签

这里的用户兴趣主要是指用户对产品相关内容品类的兴趣偏好，电商产品主要是对商品品类的偏好，短视频产品就是指用户对不同短视频类型的偏好。2.1 节介绍了内容的标签体系，用户兴趣标签就是基于用户行为和行为对象（内容）的标签计算映射到用户身上而得到的。兴趣标签既可以是分类标签也可以是细粒度的内容标签。根据用户行为时间的跨度范围，兴趣标签又可以分为中长期兴趣标签和短期兴趣标签。

用户的行为类型或者行为深度不同，对内容的兴趣程度也不尽相同。如购买行为体现的兴趣度要大于浏览行为，一个视频用户看了 1 分钟表达的感兴趣程度也大于只看了 10 秒钟的视频。所以用户兴趣标签都是带有权重的，标签的权重体现了用户对该类标签内容的感兴趣程度，权重的计算方式可以参考式（3-1）。很多时候为了凸显用户的近期兴趣，兴趣标签权重会根据行为发生的时间进行加权。根据“时间衰减因子”对标签权重进行衰减，越早发生的行为标签权重衰减力度越大。

$$标签权重 = 行为权重 \times 行为次数 \times 时间衰减因子 \quad (3\text{-}1)$$

3.2.5 用户分层标签

所谓用户分层，是一种对用户进行群组划分的方法，通过分析用户行为、消费等各种数据，根据不同的分层定义将用户划分成不同的层级。如图 3-6 所示，常用的用户分层有 RFM 模型分层、生命周期分层、活跃度分层及消费水平分层等。

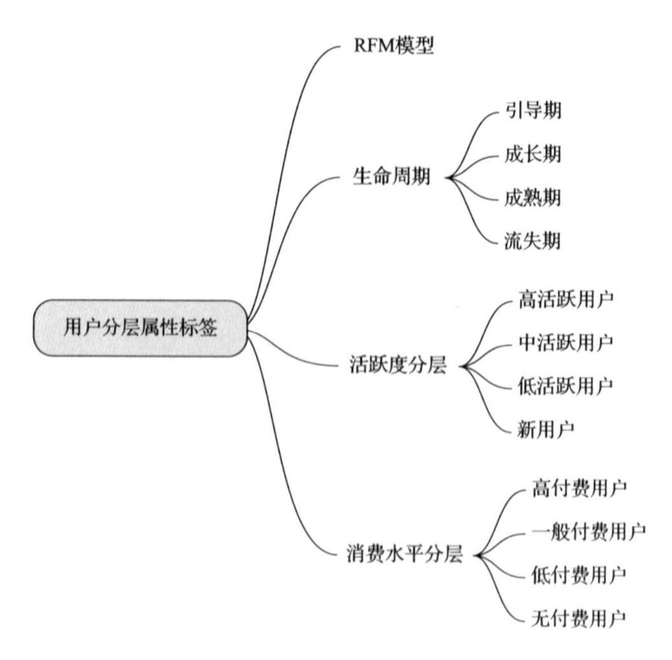

图 3-6 常用的用户分层属性标签示例

3.2.6 其他常用维度标签

前面介绍了用户画像常见的 5 类标签体系，即用户基础属性、用户社交属性、用户行为属性、用户兴趣偏好和用户分层 5 个维度。对用户标签体系的划分不限于此，根据标签的应用场景或者不同的业务场景，也会有针对性地定义和开发相应的标签体系。常见的有金融业务或者电商业务的风险控制维度标签、业务 AB 测试标签、push 系统标签等。

3.3 用户画像标签开发

3.2 节介绍了常见的标签体系划分和定义，确定了业务所需的标签维度，接下来就是最重要的开发和落地环节。下面会展开介绍标签开发所依赖的基础数据，标签计算的整体流程，以及规则类、统计类和模型类三种标签的构建方式。

3.3.1 标签的基础数据

用户数据是生成用户画像标签的基础，需要从各个维度全方位地采集用户相关的数据，越多越全越及时越好。数据的来源可以是用户访谈、用户信息填写、用户问卷调查或者是第三方数据合法获取等。不过更多的数据主要还是依赖业务方的收集和日志记录。

如图 3-7 所示，用户画像标签开发依赖的基础数据可以分为静态数据和动态数据。用户属性标签的计算依赖静态数据的采集。动态数据是产品采集的用户在使用产品时的各种行为信息，动态数据是计算用户画像标签非常重要的数据基础。

3.3.2 标签计算整体流程

在准备好原始数据的基础上，有些用户数据可以自成标签，不需要另做处理，如用户的性别、籍贯、常驻城市等。其他的按照标签构建的方式可以分为三种类型：规则类标签、统计类标签和模型类标签，如图 3-8 所示。每种方式的具体构建逻辑在后面的章节中会详细介绍。

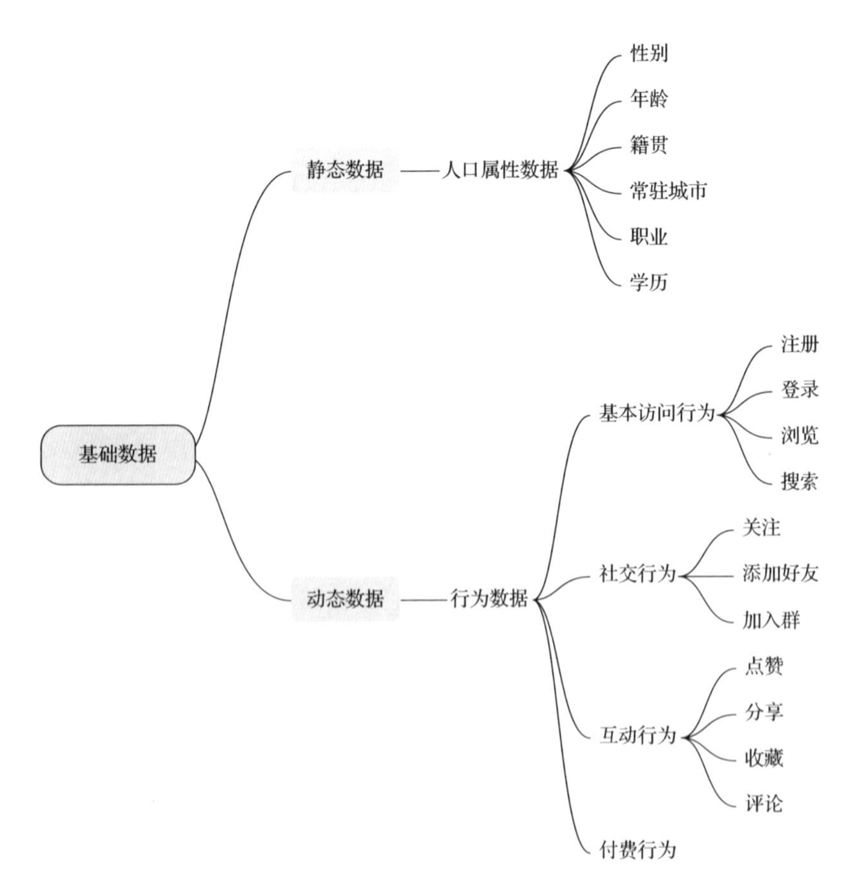

图 3-7 标签开发基础数据

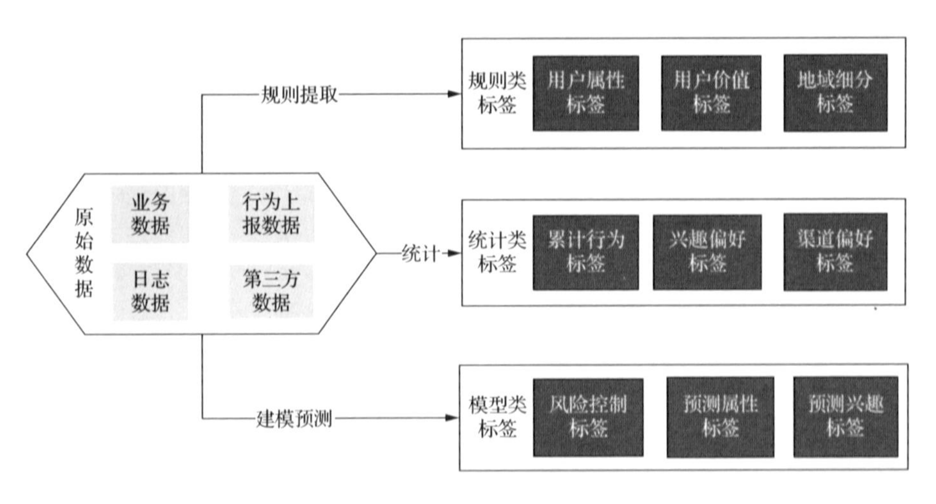

图 3-8 标签计算整体流程

3.3.3 规则类标签

规则类标签一般是根据业务需求，人工制定标签提取规则，然后结合规则和用户数据产出的标签。典型的规则类标签如用户年龄段、用户价值标签及用户活跃度分层等。

以用户价值标签常用的 RFM 模型为例，RFM 模型是衡量用户价值的重要工具和手段。该模型通过用户的近期消费（Recency）、消费频率（Frequency）和消费金额（Monetary）三项基础指标组合划分出 8 类用户群体，具体如表 3-1 所示。

规则标签在开发前需要先进行数据调研，结合数据分布和业务规则确定具体分层阈值。仍以 RFM 模型为例，需要对用户的近期消费、消费频率和消费金额进行分析，再结合业务需求来确定三个指标的数值划分界限。

表 3-1 RFM 用户价值划分规则

近期消费	消费频率	消费金额	用户价值标签
高	高	高	重要价值用户
低	高	高	重要保持用户
高	低	高	重要发展用户
低	低	高	重要挽留用户
高	高	低	一般价值用户
低	高	低	一般保持用户
高	低	低	一般发展用户
低	低	低	一般挽留用户

3.3.4 统计类标签

统计类标签是用户画像最基础的标签，主要是基于用户的行为数据，统计计算用户的行为分布。最常用的用户兴趣偏好标签就属于基于用户累计行为和内容标签计算生成的统计类标签。

如图3-9所示，一般根据依赖行为数据的实时性，又可以将标签画像分为中长期画像和短期画像。中长期画像一般是基于Spark或MapReduce等大数据计算平台的批次任务，输入为N天时间窗口的行为数据。短期画像依赖更实时的行为数据，一般是基于Flink、Storm或者Spark Streaming的流式任务。

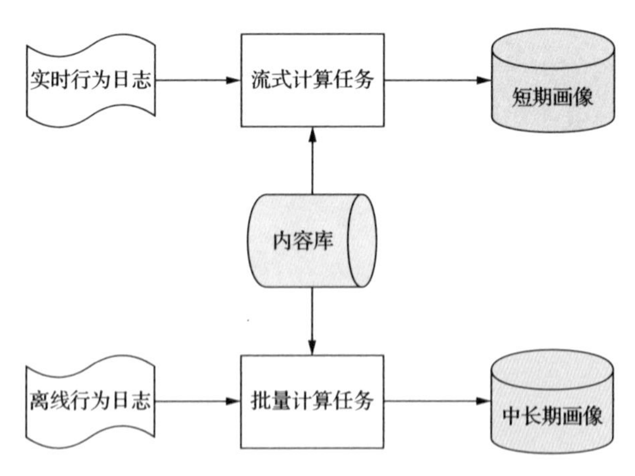

图3-9 短期画像和中长期画像计算流程

3.3.5 模型类标签

模型类标签通过机器学习建模，对于用户的某些属性或者某些行为进行预测判断。如根据用户的行为预测用户是否流失，或者判断一个用户是否是黄牛用户，又或者挖掘用户的潜在兴趣点等。

模型类标签还包括对用户缺失标签的预测和补充。如用户真实的性别或年龄标签的获取基本需要依赖用户填写，一般覆盖率都比较低。业界常见的做法就是基于有性别、年龄的这部分用户数据作为标注训练数据，训练出一个性别或年龄的分类器模型，然后通过分类器去预测和补充性别年龄缺失的用户数据。

模型预测标签的生产流程大致如图3-10所示，其中数据处理部分除了筛选出有标注标签的用户数据，还需要建立和提取用户其他维度的数据作为样本特征。不同的预测任务需要挖掘的特征维度也不尽相同，常见的特征维度有用户行为特征如用户的浏览、收藏、分享、购买等行为信息，或者用户的设备信息、安装信息等。

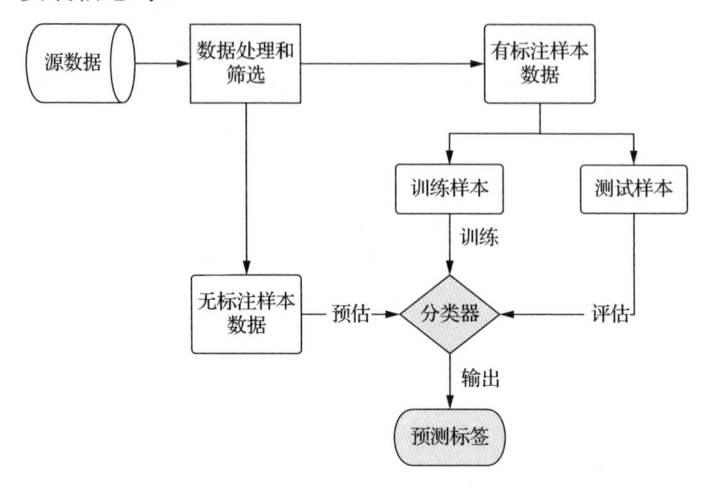

图 3-10 模型预测标签生产流程

3.4 用户画像实践案例

前面介绍了用户画像常用的标签体系和标签开发的流程，为了让读者有一个清晰的概念，本节通过在短视频推荐场景中用户画像的实践案例来强化理解前面介绍的知识点。

1. 案例应用背景和概要

该案例画像除了提供用户的人口属性、社会属性等基础属性标签外，还会收集用户对短视频的点击、观看、观看时长、点赞、收藏、关注等行为，以及用户的短视频曝光信息等，用于构建用户画像来刻画用户对短视频、短视频标签、短视频作者等维度的偏好。

2. 整体架构设计

用户画像系统的整体架构如图 3-11 所示，包括源数据、画像计算和画像数据存储三个层级。源数据层接入后续画像计算所需的各种数据源，如前文反复提到的用户行为数据、用户静态数据、第三方数据及短视频内容数据等。

画像计算层根据定义的用户画像体系计算和产出画像结果。画像数据存储层最终将计算结果更新至 Redis、HBase 等存储系统中供推荐等服务使用。

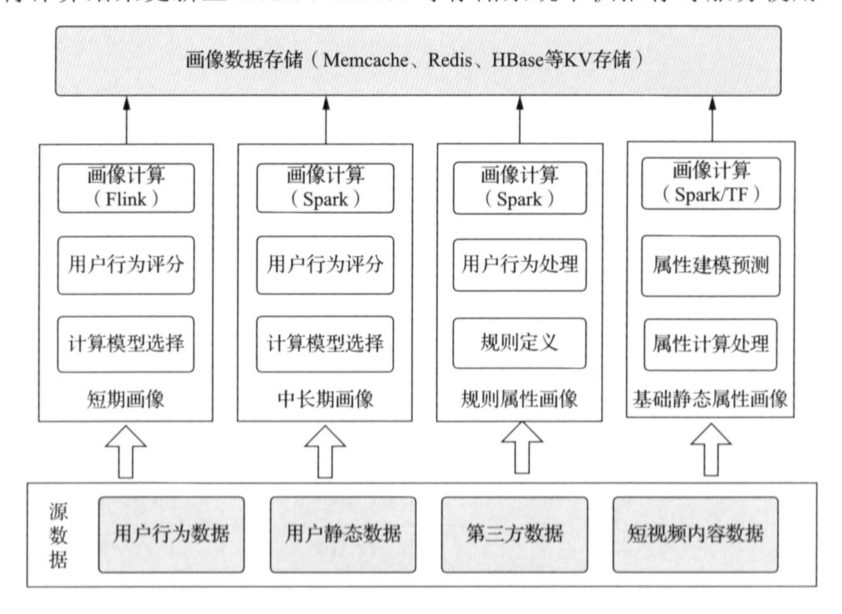

图 3-11 用户画像整体架构图

3. 画像维度细分

按照数据内容将画像分为用户基础静态属性、业务规则属性和行为画像属性。行为画像属性根据依赖用户行为数据的实时性又分为短期画像属性和长期画像属性。用户基础静态属性标签的具体内容取值如表 3-2 所示。

基础静态属性是用户的基本信息，这些信息需要在用户注册时填写或者通过调查问卷等方式收集记录。常用的有用户的性别、年龄、教育程度、常驻城市、婚姻状态、是否有孩子等。因为获取途径比较少和困难，这些属性信息很多时候是缺失的，可以通过机器学习建模的方式来预测补充。

业务规则属性在推荐场景中最常用到的是用户活跃度分层。一般是根据用户在平台有效消费的短视频内容的数目将用户分为新用户、低度活跃用户、中度活跃用户和重度活跃用户，具体的划分规则如表 3-3 所示。其中有效消费规则定义是指用户有效观看了视频，根据观看时长来判定，比如，观看一个视频的时长大于 20 秒即判定为有效观看。

表 3-2 用户基础静态属性标签示例

标签所属分类	标签名称	标签解释	标签示例
基础静态属性	性别	源数据直接获取的用户性别	1：男 2：女 3：未知
	年龄/分段	源数据获取用户年龄，根据平台数据对年龄进行分层	1：幼儿（0～4） 2：儿童（5～13） 3：少年（14～18） 4：青年（19～30） 5：中年（31～55） 6：老年（55 以上）
	预测性别	建模预测用户性别，其中分值为模型预测分值	1：0.78
	预测年龄段	同上建模预测用户年龄段	4：0.52
	教育程度	用户的学历信息	博士/研究生/本科/大专/高中/……
	常驻城市	用户常驻城市	北京/上海/杭州/……
	收入水平	用户的收入水平	高/中/低
	婚姻状态	用户的婚姻状态	是/否
	是否有孩子	用户是否有孩子	是/否

表 3-3 用户活跃度分层示例

标签类别	标签取值	有效消费规则定义
用户活跃度分层	0：新用户	当日新注册用户
	1：低度活跃用户	有效观看视频数少于 10 个的用户
	2：中度活跃用户	有效观看视频数大于或等于 10 个并且少于 50 个的用户
	3：重度活跃用户	有效观看视频数大于或等于 50 个的用户

在推荐场景中最重要、应用也最广泛的是用户行为属性画像。用户行为属性画像是基于用户在使用产品过程中产生的各种行为操作信息，包括不限于用户的点击、观看（包括时长）、点赞、搜索、分享、评论、收藏、关注等，以及一些负向反馈的用户行为如点踩、举报、快速划过等。这些行为信息显式或隐式地表达用户对内容的偏好，是推荐系统各个链路模块不可或缺的基础数据。用户行为属性也会利用用户的这些行为计算得出用户对内容实体的偏好得分，具体如表 3-4 所示。

表 3-4　用户行为属性标签示例

标签所属分类	标签名称	标签解释	标签示例
用户行为属性	用户对视频的偏好	根据用户的观看时长、互动操作等行为计算出的用户对具体视频的偏好得分	视频 Id：偏好得分 113425234：0.63 114576735：-0.21
	用户对创作者的偏好	根据用户对创作者及相关视频的行为聚合计算用户对视频创作者的偏好得分	创作者 Id：偏好得分 24513448：0.79 3156835：-0.13
	用户关注偏好	用户对创作者的关注行为，或者根据行为事件结合时间衰减的得分	创作者 Id：关注得分 35582341：0.89 1357432：0.14
	用户对视频一级分类标签的偏好	根据用户的视频操作行为聚合计算的用户对视频对应的一级分类标签的偏好	一级分类标签：偏好得分 搞笑：0.89 体育：0.27
	用户对视频内容标签的偏好	同上计算出用户对视频内容标签的偏好	内容标签：偏好得分 周星驰：0.73 大话西游：0.62

将用户对视频的观看（时长）、点赞、收藏、分享各种行为统一计算为对视频偏好的得分，这在一定程度上使用户不同行为的偏好有了可比性，但也损失了不同行为间的差异化信息。目前工业界推荐系统常见的一种做法是，保留用户原始的行为序列信息，如观看视频序列、点赞视频序列等，然后推荐系统各链路根据使用的模型或策略依需处理。

4. 行为画像计算

用户的基础属性画像或业务规则属性画像可以直接获取或者根据具体的规则定义提取。这里重点介绍用户行为属性画像标签的计算，短期行为画像和中长期行为画像除了依赖数据源的实时性和计算平台不太一样，计算逻辑大致相同。

如图 3-12 所示，用户行为画像的输入是用户标识 Id 及用户行为对应 Entity，用户行为 Entity 需要包括行为对应的视频 Id、行为类型、行为操作时间，如果是观看行为，则还需要有观看时长信息。整体的计算流程如下。

（1）根据用户 Id 获取用户历史行为画像，信息包括用户 Id、实体 Id、偏好得分、更新时间等。如果是视频偏好则实体 Id 对应的就是视频 Id，如果是视频标签偏好，则对应的就是标签内容或标签 Id。

（2）根据用户历史行为画像的更新时间对画像得分进行衰减，衰减函数常用的有牛顿冷却定律数学模型（参见式（3-2））或者艾宾浩斯遗忘曲线。

$$F(t) = \text{初始温度} \times \exp(-\lambda \times t) \tag{3-2}$$

（3）计算当前行为得分：score = actionScore × actionWeight × decayWeight，其中 actionScore 为行为分值，一般取值为 1。主要针对播放行为，根据观看时长的不同 actionScore 的得分不同，观看行为分值的计算可以参考 actionScore = ln(观看时间/(视频时长 + 1))。actionWeight 是不同行为的行为权重，权重的具体取值需要结合业务数据分析来整体设定，或者根据用户的行为偏好个性化地设定。简单举个例子，可以粗暴地将展示设置为-2，点踩为-5，点赞为 5，下载为 5 等。decayWeight 为行为衰减因子，可以参考上面的衰减函数，根据行为发生的时间计算衰减因子。

（4）最终累加当前行为得分和衰减后的历史得分，更新为新的用户画像得分和写入时间。

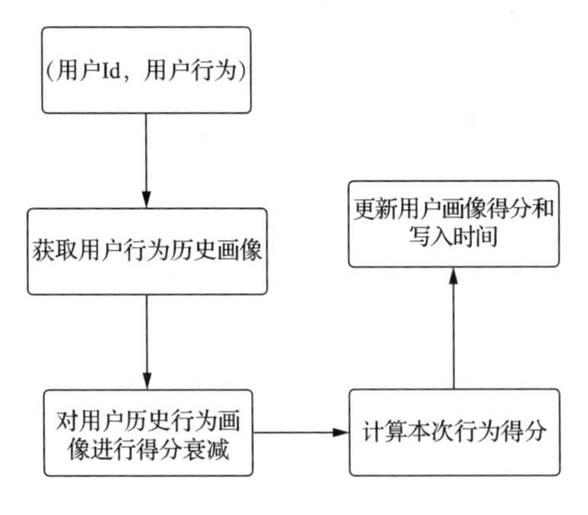

图 3-12　用户行为画像计算流程

5. 用户画像在推荐系统各环节的利用

用户画像可以作用于推荐系统的各个环节。在召回阶段有基于用户画像的召回，如基于用户年龄、性别、地域等静态画像的召回，也有基于行为画像的召回等。用户画像也可以作为各阶段模型的特征。重排阶段也可以结合画像中用户的兴趣分布设置不同的打散策略和多样性策略等。用户画像也是分析用户推荐结果、生成推荐理由的重要依据。

总结

本章带大家认识了用户画像，介绍了用户画像的作用及整体的系统架构。然后重点介绍了用户画像标签的开发。最后以短视频推荐为落地场景，介绍了该业务场景下的用户画像应用案例。用户画像是业务人员刻画目标用户、了解目标用户的有效工具，也是驱动业务增长、发挥用户数据价值的核心模块。

第 4 章 包罗万象的召回环节

本章将介绍推荐系统的第一阶段——召回环节。推荐系统的本质是信息过滤，召回阶段作为首个信息漏斗，从多个维度将海量信息中用户最有可能感兴趣的内容滤出，交给后续的相关排序技术处理，它决定着推荐系统的效果上限。

4.1 召回的基本逻辑和方法论

在第 1 章的介绍中，可以知道推荐系统流程的本质是层层的信息漏斗，而召回环节是第一层漏斗，本节将介绍召回的重要性、召回与排序阶段的区别、主要召回策略与算法概况。

4.1.1 召回的重要性

优秀的推荐系统可以精准地将信息分发给与兴趣相匹配的用户，这个过程可以类比为优秀运动员经过层层选拔最终在世界大赛成功登顶，而召回阶段则相当于运动员年少时期初次面对的市队选拔。优秀的国家队教练固然业务水平精湛，但若没有好苗子，也难以培养出世界级冠军选手；排序技术固然能够通过大量特征和精巧网络将效果提升，但若召回的所有信息本身质量不佳，那排序技术效果的上限将会提前锁死。因此，国家队教练需要多个省市的运动人才作为选拔来源，排序技术需要多个召回源作为待排序内容。

4.1.2 召回与排序的区别

召回与排序是推荐工作中的上下游拍档，两者的协同发展促进着推荐系统的正常工作与更新迭代。两者的本质均是信息过滤，区别如图 4-1 所示。

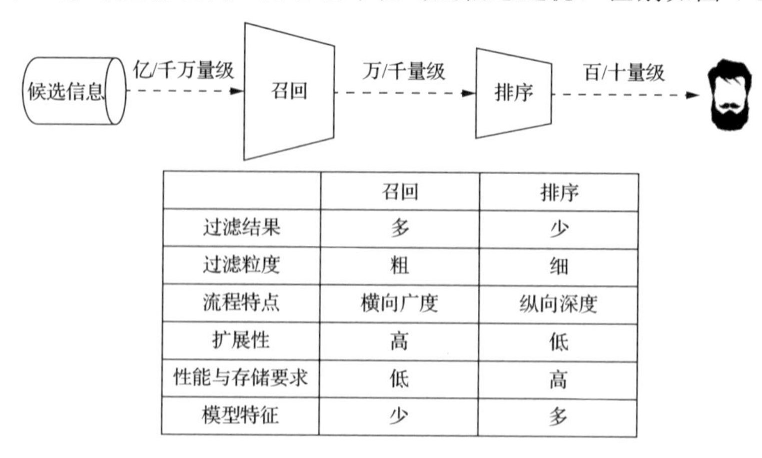

	召回	排序
过滤结果	多	少
过滤粒度	粗	细
流程特点	横向广度	纵向深度
扩展性	高	低
性能与存储要求	低	高
模型特征	少	多

图 4-1　召回与排序对比图

在过滤结果上，召回往往是从亿/千万量级的信息中抽取千百量级的信息，交给下游的排序阶段；而排序则是从千百量级的信息中进行多次信息抽取与筛选，最终结果在百/十量级。

在流程特点上，召回往往注重流程的横向广度。例如，在视频推荐上往往需要从用户兴趣、热门程度、创作作者、内容标签等方面构造多路召回源，使得召回的内容覆盖率较大，最大限度满足用户兴趣；而排序注重流程纵向深度，成熟的排序流程往往包括粗排、精排、重排等阶段，使得推荐的内容精准地击中用户的个性化需求。

在模型与特征上，由于召回需要从多个维度过滤信息，因此只需要很少特征便可形成一路召回源，模型规模较小，模型容易扩展；排序则需要视频特征、用户画像、用户行为等海量特征来对多路召回结果进行同时排序，模型规模较大，模型较难扩展。

在性能与存储要求上，召回模型较小，使用特征较少，对性能和存储要求较低；排序模型往往巨大，且同时需要用到用户和物品的海量特征，对性能和存储要求较高。

4.1.3 主要的召回策略与算法

如4.1.2节所述，召回在流程特点上主要重视横向广度，需要多路召回以覆盖用户的短期兴趣、长期兴趣、潜在兴趣。因此，有无数的策略与算法在召回阶段绽放出独特作用，构建出丰富的召回体系。本节将对主要的召回策略与算法进行整理，依次呈现给读者。大致有以下几部分内容。

传统召回算法策略：提起召回策略大部分同学都会想到协同过滤召回策略，该召回是传统召回算法策略的典型代表，传统召回算法偏重于统计学与频繁关系挖掘，对于内容静态属性和用户画像关注较少。同时传统召回算法策略也会有与业务紧密关联的内容，本章也会介绍。

向量化模型召回：2013年Google提出Word2Vec后，各个领域开始借助深度学习刮起“万物皆可 Embedding”的风暴，在推荐领域也同样如此，以Item2Vec 为代表的向量化模型召回开始盛行，将物品通过神经网络编码至低维空间中得到更深层次的相关关系在推荐领域中获得许多突破。

基于用户行为序列的召回：大部分向量化召回模型实际上也运用了用户行为序列，但其并未关注对用户本身进行低维空间上的建模，而基于用户行为序列的召回则专门针对这一点进行优化，从2016年开始的基于GRU的相关召回，到2020年风靡业界的MIND，都在这一领域进行了深入研究。

图模型相关召回：图神经网络是近年来在视觉领域取得重大突破的网络结构，图结构的表示方法与挖掘技术比传统的CNN等算法具有更强大的表示能力，因此也在近年被迁移至推荐领域中。但由于推荐领域中内容本身、内容与用户、用户与用户之间存在着更加丰富的相关关系，在平衡算力与效果的前提下，图神经网络相关召回算法做了许多优化与改进。

4.2 传统召回策略

推荐系统的历史可以追溯到上个世纪互联网兴起之时，在当时就已经出现成熟的召回策略，有一些到今天依然沿用，本节将对这些传统的召回策略做简略的介绍。

4.2.1 基于内容的召回

基于内容的召回（Content Based Recall，简称 CB），最典型的如标签召回（标签 Recall）。人们通常认为 CB 只要用标签或类别召回就可以了，似乎没什么可做的。其实，CB 不仅只有标签和类别形成召回倒排。这种召回的核心创意是基于物品本身的属性，这类属性包括标签、类别等。基于内容的召回示例如图 4-2 所示。

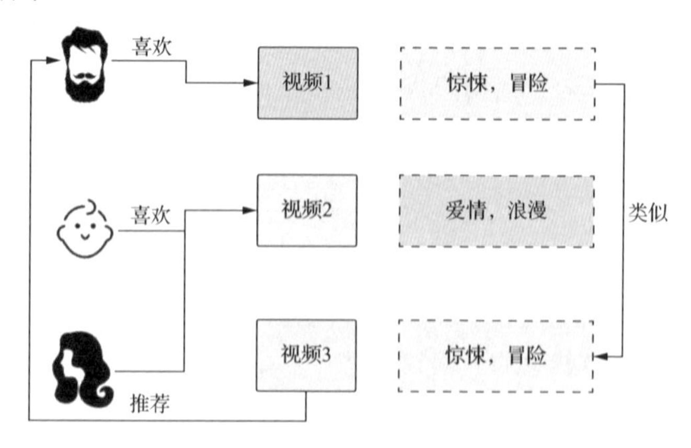

图 4-2 基于内容的召回示例

在实际的应用中，如商品推荐，首先根据用户之前的历史行为信息（如点击、评论、浏览等），CB 会使用物品相关特征来推荐给用户与之前喜欢的物品类似的物品。为了更形象地表示 CB，假设一个电商平台要推荐给用户相应的物品。图 4-3 是内容召回中的用户物品矩阵，其中每一行代表一个用户，每一列代表一个商品。为简化起见，假定此特征矩阵是布尔类型的：每一行的非零值表示该用户浏览或者购买过对应的商品。为量化商品间的相似性，首先需要选择一个相似性度量标准（如欧氏距离或余弦距离等）。然后，推荐系统会根据此相似性度量标准为每个候选物品打分。

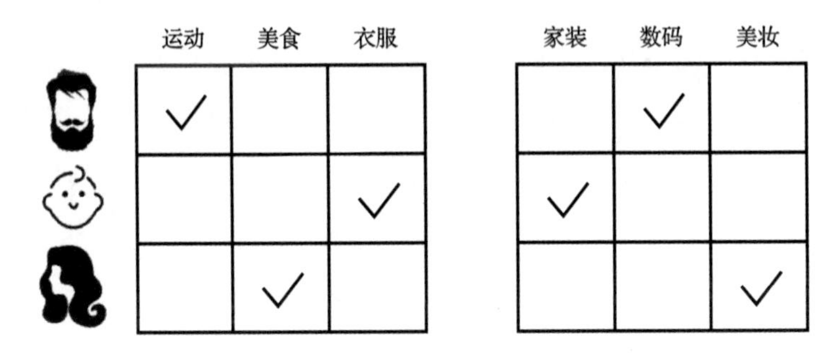

图 4-3 内容召回中的用户物品矩阵

该类召回的优点是，不需要依赖其他用户的数据，只需要有单个用户的行为数据即可。同时，该类召回比较容易捕获用户的长尾兴趣。

该类召回的缺点是，物品的特征表示依赖于人工设计，需要大量领域知识，其召回效果依赖于手工设计特征的好坏。此外，该类召回只能根据用户的现有兴趣提出建议，扩展用户兴趣的能力有限。

4.2.2 经典协同过滤召回

为了解决基于内容的召回所存在的缺陷，业界又提出了协同过滤召回（Collaborative Filtering，CF）。CF 同时使用用户和物品之间的相似性来进行推荐，这应该是大家最熟悉的召回算法之一，本书只做简略介绍。

协同过滤可以提高模型捕捉用户未知兴趣的能力，协同过滤模型可以利用相似用户的兴趣扩展用户的推荐结果。

协同过滤算法大致可以分为三种类型：第一种是**基于用户的协同过滤**；第二种是**基于内容的协同过滤**；第三种是**基于模型的协同过滤**。

基于用户的协同过滤：主要考虑用户与用户之间的相似度。如图 4-4 所示，识别相似用户的偏好物品，并预测目标用户对相应物品的打分数据，从而找到一系列用户可能感兴趣的物品。

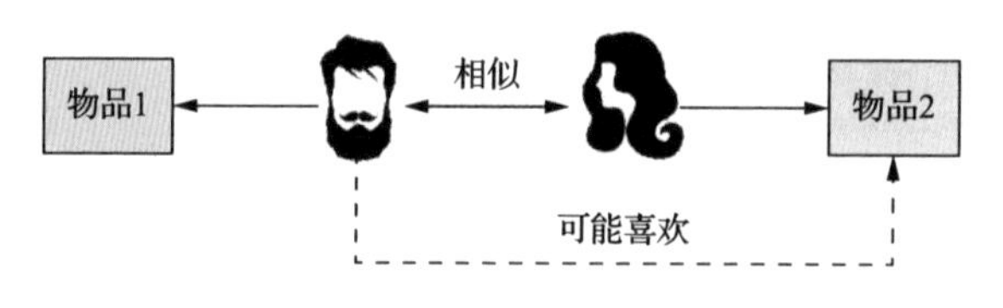

图 4-4　基于用户的协同过滤

基于内容的协同过滤：主要考虑转向找到物品和物品之间的相似度，如图 4-5 所示，只有找到目标用户对某些物品的打分数据，才可以对相似度高的类似物品进行预测，然后将若干相似物品推荐给用户。比如，你在网上买了一本自然语言处理相关的书，网站马上会推荐一堆机器学习、大数据相关的书给你，应该就有基于内容的协同过滤召回发挥的作用。

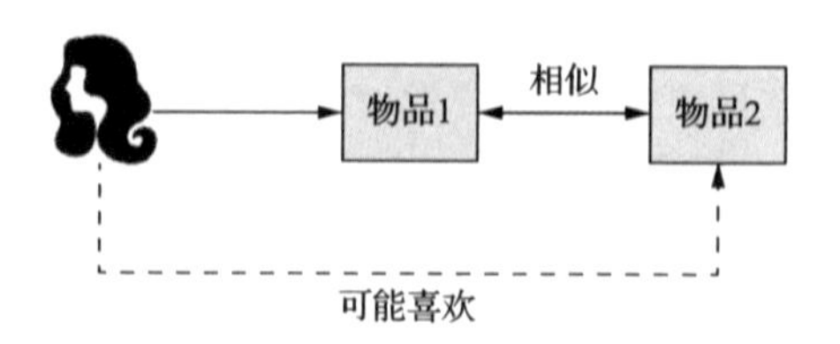

图 4-5　基于内容的协同过滤

基于模型的协同过滤：大部分协同过滤的困境是——用户和物品之间的关联是稀疏的，只有部分用户和部分物品之间是有打分数据的。业界解决此困境的主流方法有关联算法、聚类算法、分类算法、回归算法、矩阵分解、神经网络、图模型及隐语义模型等。感兴趣的读者可以参考相关文献，在此不做展开介绍。

协同过滤算法的优缺点如下。

优点：不需要相关领域知识，可以借助相似用户来挖掘用户的潜在兴趣点。在某种程度上，这类方法可以不需要上下文特征，只要有反馈矩阵就可以训练矩阵分解模型，协同过滤召回是工业界最常用的召回策略之一。

缺点：对新用户或新物品不友好，模型预测需要有用户或物品的关联行为。因此，如果训练数据中没有该用户或该物品（例如新用户或新物品），就无法得到相应的预测结果。

4.2.3 探索类召回

兴趣探索是推荐系统领域比较经典的问题之一，该问题也称为Exploit-Explore问题。Exploit能够对用户较为明显的兴趣进行迎合，Explore则需要不断探索用户的新兴趣。因为如果只选择用户已存在的兴趣，那么用户很快就会厌倦。

解决这两个问题的经典方法之一是赌徒算法（Bandit）。赌徒算法起源于老虎机赌博问题。一位赌徒走进赌场，发现老虎机正在排队，虽然外表一模一样，但每个老虎机吐钱的概率都不一样。他不知道每个老虎机吐钱概率的分布是什么。那么，每次选择什么样的老虎机才能将收益最大化呢？这就是多臂赌机问题（Multi-Armed Bandit Problem，MAB）。对赌徒来说，最好的策略就是快速试验并确定每个老虎机吐钱的概率，这种策略就是赌徒算法。用赌徒算法解决兴趣探索问题的大致思路如下：用类别或主题来表示每个用户的兴趣，也就是MAB问题中的臂（Arm），可以通过几次试验来试探出用户对每个主题的感兴趣概率。这里，如果用户对某个主题感兴趣（提供了显式反馈或隐式反馈），就表示得到了收益，如果推给了用户不感兴趣的主题，推荐系统就表示很遗憾（Regret）了。如此经历“选择—观察—更新—选择”的循环，理论上会越来越逼近用户真正感兴趣的主题或领域。

置信区间上界算法（Upper Confidence Bound，UCB）是赌徒算法在推荐场景中的经典应用之一，它的算法步骤如下。

（1）初始化：先对每一个臂都进行尝试。

（2）按照式（4-1）计算每个臂的分数，然后选择分数最大的臂。

$$\mathrm{UCB}_{i,t}=\hat{\mu}_{i,t}+\frac{\ln t}{n_{i,t}} \tag{4-1}$$

（3）观察选择结果，更新 t 和 i。其中 $\hat{\mu}_{i,t}$ 是这个臂到目前的收益均值，$\frac{\ln t}{n_{i,t}}$ 收益本质上是均值的标准差，t 是目前的试验次数，i 是这个臂的被试次数。

从上面的步骤中可以看出，均值越大，标准差越小，被选中的概率也就越大，这样有利于那些被选次数较少的臂获得试验机会。

4.3 向量化模型召回

自然语言处理领域开启了“万物皆可向量化（Embedding）”的时代，常见的单词被深度学习模型转换为低维空间中的向量后，展现出前所未有的强大性能。召回领域迅速注意到这一突破，同步开启了向量化模型召回时代，众多模型寻求将商品或视频等内容转化为向量，并为用户提供更加丰富的推荐结果。

4.3.1 向量化模型召回原理

Embedding（嵌入）技术已经被广泛应用到各个领域，推荐系统领域的工作者在见证 Embedding 给各个领域带来的提升后，逐渐萌发新的尝试冲动，并逐渐形成向量化模型召回（Embedding 召回）的构想。

关于 Embedding 的定义与产生，将在 5.2 节详细介绍。向量化模型召回的基本思想较为简单，即将物品或内容通过模型转换为低维空间中的 Embedding 向量，向量间的距离可以衡量物品或内容之间的相似性。在召回时使用近邻检索技术，以用户感兴趣的物品或内容为中心点，检索相似物品或内容作为召回结果。图 4-6 是词向量示例。

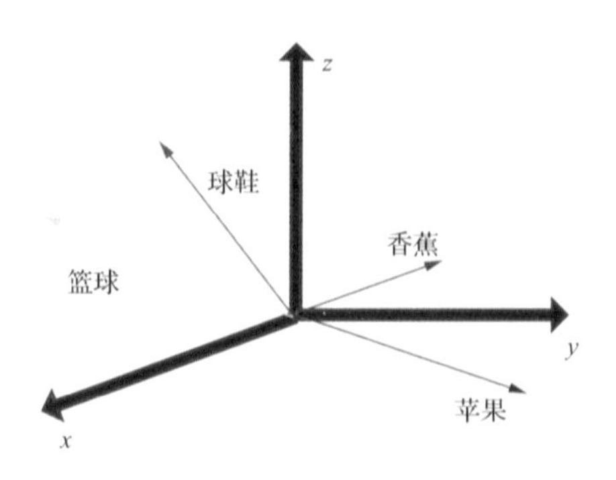

图 4-6 词向量示例

4.3.2 从 KNN 到 ANN

在向量化召回的框架中，推荐物品会通过一定的生成框架生成低维空间中的 Embedding。当进行召回时，在用户对某个物品或内容产生正向行为后，系统会通过检索 Embedding 空间中距离物品最近的若干物品作为召回结果。召回模型建立在 Embedding 空间的最近邻检索技术基础上，而最近邻检索技术也经历了从 KNN 到 ANN 的转变。

KNN（K-Nearest Neighbor）是最简单的机器学习算法之一，可以用于分类和回归，是一种监督学习算法。它的思路大致如下：如果一个样本在特征空间中的 *K* 个最相似（即特征空间中最近邻）的样本中的大多数属于某一个类别，则该样本也属于这个类别。也就是说，该方法在决策上只依据最近邻的一个或者几个样本的类别来决定待分样本所属的类别。

在实际的应用过程中，面对庞大的数据量及数据库中高维的数据信息，基于 KNN 的检索方法无法获得理想的检索效果与可接受的检索时间。这是因为当需要对海量商品或视频进行高速检索时，若使用暴力方式进行逐一比较，响应速度绝对无法满足需求，线上环境往往存在千万量级的 Embedding 等待比较。

因此，研究人员提出近似最近邻检索（Approximate Nearest Neighbor，ANN）的方法来解决上述的响应速度问题。近似最近邻检索利用了数据量增大后数据之间会形成簇状聚集分布的特性，通过对数据分析聚类的方法对数据库中的数据进行分类或编码，对于目标数据，根据其数据特征预测其所属的数据类别，并返回类别中的部分或全部作为检索结果。近似最近邻检索的核心思想是，搜索可能是近邻的数据项，而不再局限于返回最优的数据项，在可接受范围内牺牲精度来提高检索效率。

为了提升检索速度，ANN 引入了 KD-Tree 算法。KD-Tree 算法是由 Finkel 和 Bentley 共同设计提出的，该算法对二叉搜索树进行了优化和改进。利用 KD-Tree 算法可以对一个由 *K* 维数据组成的数据集合进行划分，划分时在树的每一层上根据设定好的分辨器（Discriminator）选取数据的某一维，比较待分配数据与节点数据在这一维度上数值的大小，根据结果将数据划分到左右子树中。如图 4-7 所示，如 $X=\{(2,3),(5,4),(9,6),(4,7),(8,1),(7,2)\}$这样的一个由 6 个点构成的二维点集，首先对它的第一维 X 进行划分，根据二分将（7,2）作为根节点，数据点的 x 轴小于 7 的划分到左子树，大于 7 的划分到右子树；在对第二维 Y 进行划分时，则根据数据点的 y 轴的大小进行左右划分。

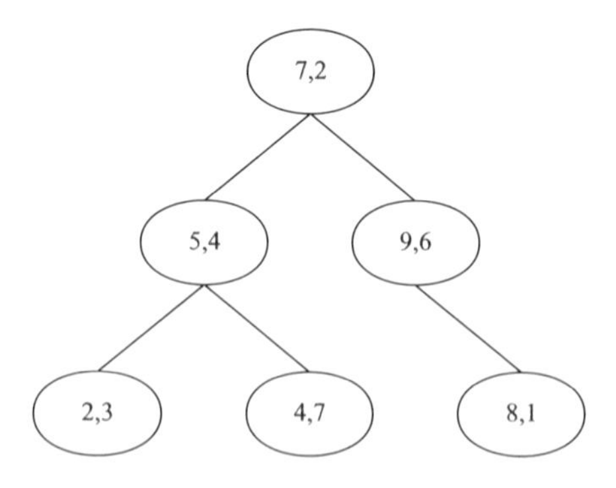

图 4-7　KD-Tree 示例

在此主要介绍 ANN 中常见的两种编码方法：一种是局部敏感散列（LSH）方法，另一种是矢量量化方法。

局部敏感散列（LSH）方法最早由 P.Indyk and R.Motwani 提出，其核心思想是：在高维空间相邻的数据经过散列函数的映射转化到低维空间后，它们落入同一个桶的概率很大，而不相邻的数据映射到同一个桶的概率则很小。在检索时将欧式空间的距离计算转化到汉明（Hamming）空间，并将全局检索转化为对映射到同一个桶中的数据进行检索，从而提高检索速度。这种方法的主要难点在于如何寻找适合的散列函数，它的散列函数必须满足以下两个条件。

（1）如果 $d(x,y)\leqslant d_1$，则 $h(x)=h(y)$的概率至少为 p_1。

（2）如果 $d(x,y)\leqslant d_2$，则 $h(x)=h(y)$的概率至多为 p_2。

其中 $d(x,y)$ 表示 x 和 y 之间的距离，$d_1<d_2$，$h(x)$和 $h(y)$ 表示对 x 和 y 进行 hash 变换。后续的研究中有许多寻找散列函数的方法。

矢量量化的代表就是乘积量化（PQ），PQ 的主要思想是将特征向量进行正交分解，在分解后的低维正交子空间上进行量化，由于低维空间可以采用较小的码本进行编码，因此可以减少数据存储空间。PQ 方法采用基于查找表的非对称距离计算（Asymmetric Distance Computation，ADC）快速求取特征向量之间的距离，在压缩比相同的情况下，与采用汉明距离的二值编码方法相比，采用 ADC 的 PQ 方法的检索精度更高。然而，PQ 方法假设各子空间的数据分布相互独立，当子空间数据的相互依赖较强时，检索精度下降严重。针对这个特点我们可以用通过旋转矩阵来调整数据空间的 OPQ（Optimized Product Quantization）算法，如图 4-8 所示，原本按照“1234”维排列的数据空间通过与正交矩阵 ***R*** 相乘，其维度排列变成了“3214”，此时就可以寻找一个合适的正交矩阵重新排列向量的维度，使其划分的各子空间之间的依赖性达到最小。

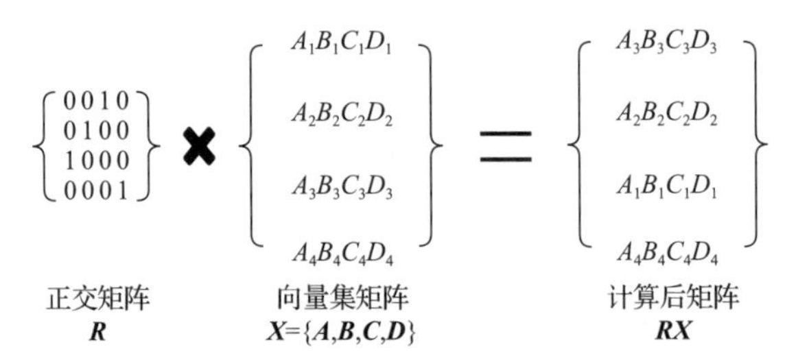

图 4-8　矢量量化示意图

4.3.3　经典向量化召回模型

在 Google 的 Word2Vec 诞生之后，Embedding 的思想迅速从 NLP 领域扩散到几乎所有机器学习的领域。2016 年微软受到 Word2Vec 的启发，提出了 Item2Vec 方法来计算物品的 Embedding 向量。

Word2Vec 利用“词序列”生成词 Embedding，Item2Vec 则利用“物品序列”构造物品 Embedding，其中物品序列是由指定用户的浏览购买等行为产生的历史行为序列。

Item2Vec 最终目的是得到物品 Embedding 和用户 Embedding。物品 Embedding 是利用用户行为序列，借鉴 Word2Vec 的思路，计算生成每个物品的 Embedding；用户 Embedding 则是由历史物品 Embedding 平均或聚类得到。利用用户向量和物品向量的相似性，可以直接在推荐系统的召回层快速得到候选集合，或在排序层直接用于最终推荐列表的排序。

如图 4-9 所示，Item2Vec 和 Word2Vec 最大的不同在于，Item2Vec 没有使用时间窗口的概念，而是假设一个序列中任意两个物品都相关，Item2Vec 的目的是得到历史较远的用户行为序列与历史较近的用户行为序列的两两之间的概率关系。

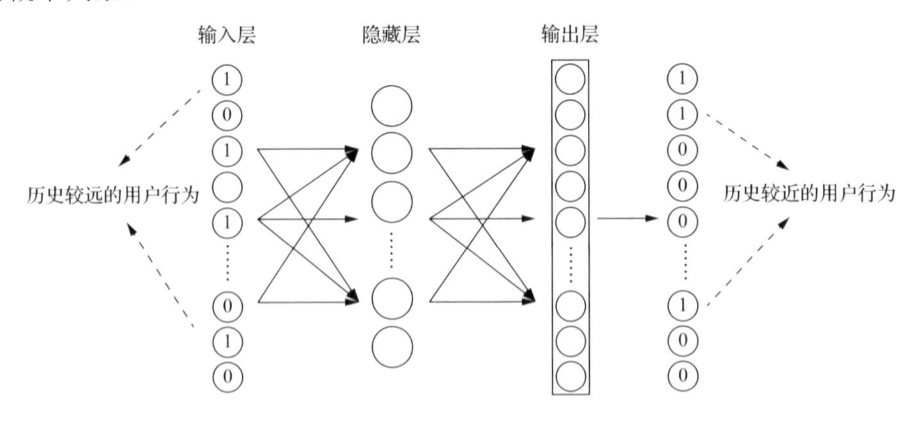

图 4-9　Item2Vec 示意图

在学习阶段，如果使用 softmax 回归，每进行一个样本的类别估计都需要计算其属于各个类别的得分并归一化为概率值。当类别数特别大时，如语言模型从海量词表中预测下一个词（词表中的词即这里的类别），根据神经网络的推导过程，每一个词的 Embedding 都会进行更新，计算量非常大。故用标准的 softmax 进行预测就会出现瓶颈。Item2Vec 沿用了 Word2Vec 里的负采样策略来解决相似的瓶颈问题。Word2Vec 中的负采样（NEG）最初由 Mikolov 首次提出，是 Noise-Contrastive Estimation（简写 NCE，噪声对比估计）的简化版本。

如图 4-10 所示，YouTubeDNN（Deep Neural Network for YouTube Recommendation）是 YouTube 用于做视频推荐的落地模型，可谓推荐系统中的经典，其大体思路为召回阶段使用多个简单模型筛除大量相关度较低的样本，排序阶段使用较为复杂的模型获取精准的推荐结果。

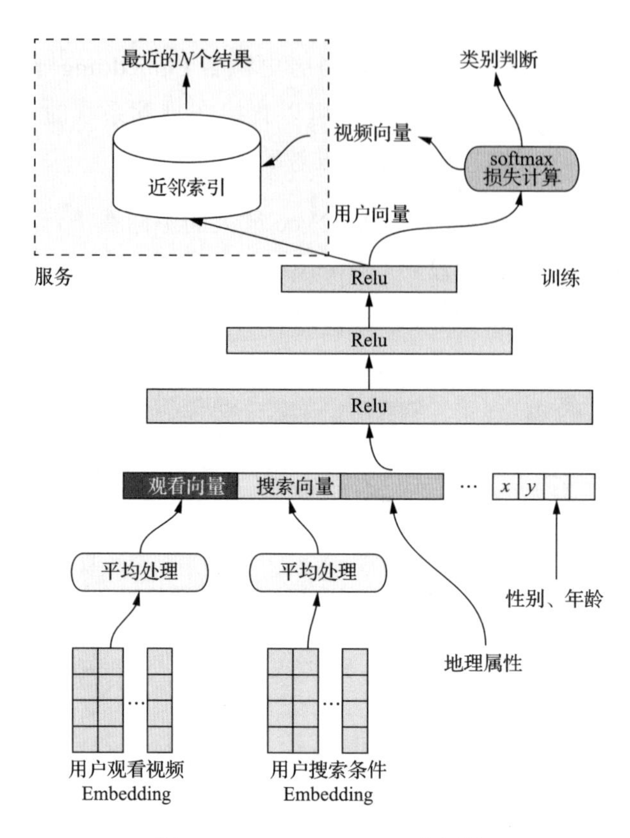

图 4-10　YouTubeDNN 示意图

YouTubeDNN 输入特征主要包含三类：

（1）多值特征：用户观看的视频 Id 序列、用户搜索的视频 Id 序列等。

（2）类别特征：人工统计学（Geographic）特征（如性别、年龄等）。

（3）稠密特征：新鲜度、性别及其平方变换等特征。

多值特征中的每个视频 Id 经过 Embedding Lookup 操作后得到其对应的 Embedding 向量，经过 Average 处理后得到多值特征对应的 Embedding 特征。然后与类别特征的 Embedding、稠密特征进行拼接，作为输入给后续的隐藏层 DNN 网络。最后一个隐藏层作为输入给最后的输出层（最终输出为用户点击下一个视频的概率分布函数），相关公式如下：

$$p=\frac{e^{wx+b}}{\sum_{0}^{k}e^{wx+b}} \tag{4-2}$$

YouTubeDNN 可以理解为一个广义的 Cbow，即用已播放视频记录列表预测下一个要播放的视频。相较于传统的召回算法，YouTubeDNN 可以在缺少用户历史行为的情况下，通过增加用户的属性、地域、设备等信息来求得用户的 Embedding。

4.4 基于用户行为序列的召回

传统的召回策略，如基于内容的召回和协同过滤召回等，以一种静态的方式建模用户和物品的交互，并且只可以捕获用户广义的喜好。然而，在现实生活中，用户的行为前后都存在极强的关联性甚至因果性。基于用户行为序列召回策略的出发点，就是将用户和物品的交互建模为一个动态的序列，并且利用序列的依赖性来捕捉用户的动态喜好。

4.4.1 SASRec——经典行为序列召回模型

Self-Attentive Sequential Recommendation（SASRec）是加州大学于 2018 年发表在 ICDM 上的序列推荐模型，是较早基于自注意力机制做序列化推荐的模型，也是大多数序列化推荐模型非常重要的基准模型。作者受到 Transformer 的启发，首先采用自注意力机制对用户的历史行为信息进行建模，提取更为有价值的用户 Embedding。然后，根据用户 Embedding 和物品 Embedding 的相关性大小进行排序、筛选，得到召回的结果。

SASRec 模型的整个结构分为三个部分，分别是 Embedding 层、自注意力层和预测层。当然，核心部分为自注意力层，这部分与 Transformer 的 Encoder 层在结构上大体是一致的，是由多个自注意力机制（残差连接、LayerNormalization、Dropout）和前馈网络组成的。SASRec 网络示意图如图 4-11 所示。

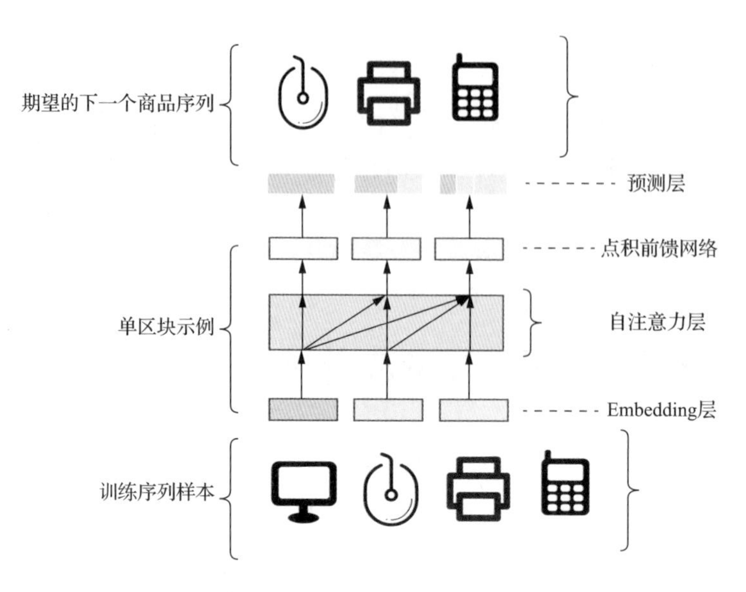

图 4-11 SASRec 网络示意图

4.4.2 BERT4Rec 与 BST——NLP 技术与用户行为序列结合

有效地利用历史行为序列来建模用户的动态偏好，对推荐系统来说是一个很大的挑战。前文中的方法是采用序列神经网络，按序将用户历史交互编码成 Embedding 向量表示，来生成推荐结果。这种方式存在一个很大的弊端，其单向结构限制了模型学习用户行为序列 Embedding 的能力。

为了解决这种限制，阿里提出了新的序列推荐模型 BERT4Rec（Sequential Recommendation with Bidirectional Encoder Representations from Transformer）。该模型采用 Deep Bidirectional Self-Attention 机制来建模用户行为序列。为避免信息泄漏，以及实现对双向模型的有效训练，BERT4Rec 采用了 Cloze Objective 方法，通过联合上下文信息来预测在序列中随机遮挡的物品，并学习出一个双向表示模型来预估推荐结果。

BERT4Rec 通过 L 个双向 Transformer 层进行拼接组成。每个层上，它会通过使用 Transformer 层并行地跨之前层的所有位置交换信息来迭代式地修正每个位置的表示。以层层推进（Step By Step）的 RNN-based 的方式来前向传播相关信息进行学习，自注意力机制会赋予 BERT4Rec 直接捕获任意距离间依赖的能力。BERT4Rec 示意图如图 4-12 所示。

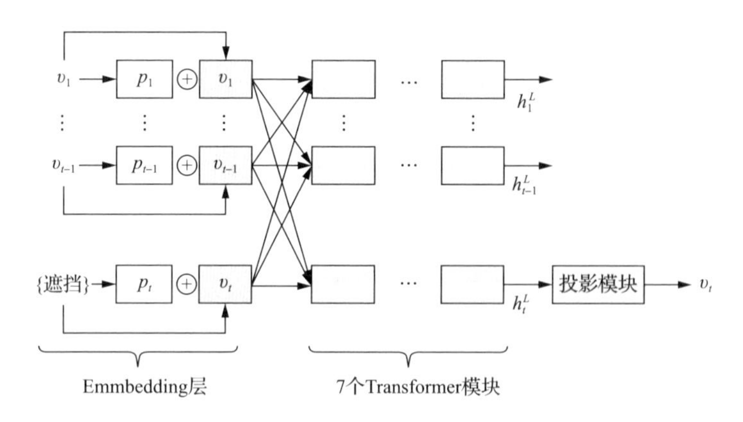

图 4-12　BERT4Rec 示意图

在 BERT4Rec 中，由于是双向模型，每一个物品的最终输出表示都包含了要预测物品的信息，因而造成了一定程度的信息泄漏。采样 Cloze 方式是将输入序列中的物品进行遮挡，然后根据上下文信息预测遮挡的物品。在训练阶段，为了提升模型的泛化能力，让模型训练到更多的东西，同时也能够创造更多的样本，人们借鉴了 BERT 中的遮挡式语言模型的训练方式，随机地把输入序列的一部分遮挡，让模型来预测这部分遮挡位置对应的物品。

以往常见的序列模型通过引入注意力机制计算用户历史行为物品序列与当前物品的相关程度，来刻画用户对物品的感兴趣程度。但是仅考虑了行为之间的相关性，没有考虑用户历史行为序列的前后顺序。比如，用户是否点击连衣裙，受近期连衣裙相关商品的行为影响较大，而受半个月用户买过鞋子的影响就微弱了。受 Transformer 在自然语言处理中取得巨大的效果启发，BERT4Rec 应用 Transformer 提取用户行为序列背后的隐藏信息，同时考虑序列的前后顺序，能够更好地表达用户兴趣。

随后，Behavior Sequence Transformer Model（BST）模型被提出。BST 输入层与其他网络类似，主要输入特征有物品特征、用户画像特征、上下文特征、交叉特征等，经过 Embedding 层后连接在一起。用户行为序列包含物品 Id 类特征及对应的位置信息，进行 Embedding 处理后输入 Transformer 层捕获用户历史行为与目标物品之间的相互关系得到用户行为兴趣表达，与其他特征 Embedding 向量连接在一起，经过三层 MLP 计算得到预测的点击率。BST 示意图如图 4-13 所示。

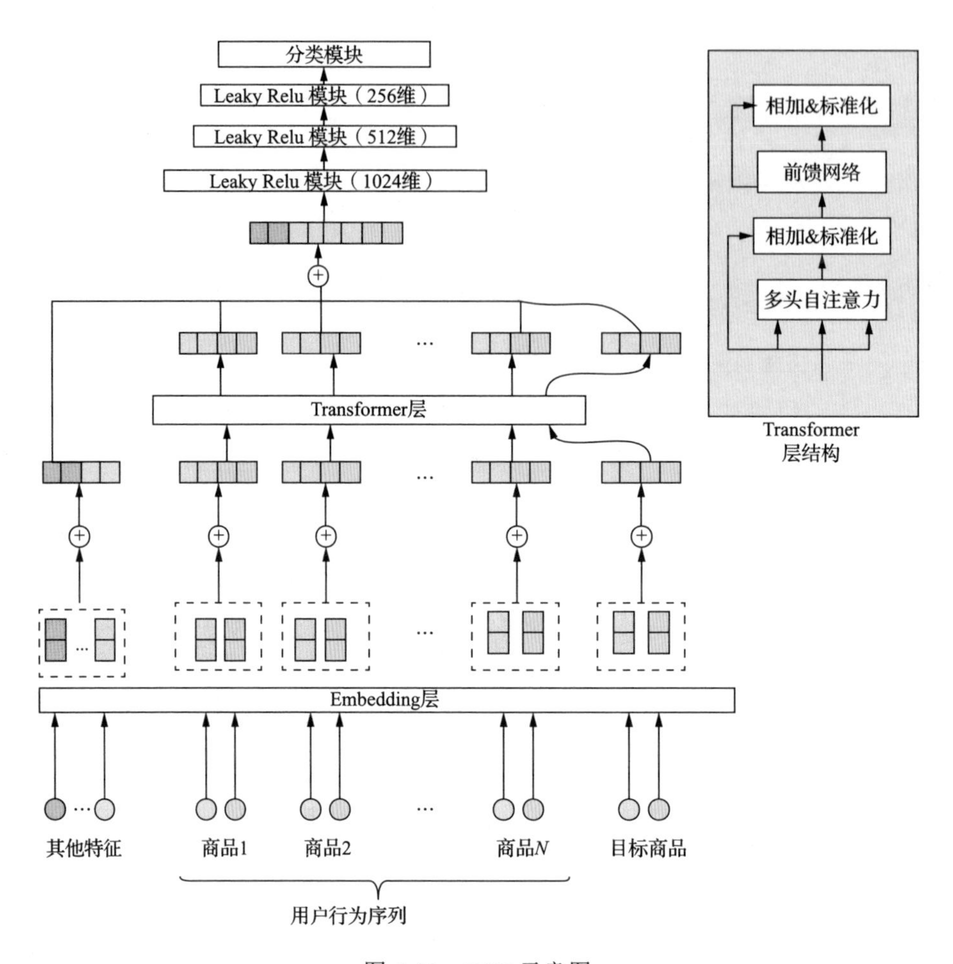

图 4-13 BST 示意图

4.4.3 MIND 及其衍生——多兴趣召回模型

基于序列的召回模型工作的成功让大家意识到，在大规模推荐系统中，在召回阶段和排序阶段建模用户兴趣的必要性。搜索、推荐和广告最为核心的功能就是精准地捕捉用户的兴趣，为用户推荐他们真正感兴趣的内容（广告也是同理，需要将最优质的广告内容推荐给真正对其感兴趣的目标群体）。从用户历史的一些行为中能够有效地获取用户的兴趣，而如何对用户行为兴趣进行有效的建模是非常值得思考的。

2019 年阿里提出了 MIND 模型（Multi-Interest Network with Dynamic Routing），对于单个用户采用多个向量表征其行为特征（Label-Aware Attention），在召回阶段使用多个向量进行召回来捕捉用户不同方面的兴趣（Capsule Routing）。

为了捕获用户行为的多样化兴趣，开发人员设计了多兴趣抽取层，它可以利用动态路由来自适应地将用户历史行为聚合成用户表示向量。通过使用由多兴趣抽取层和一个标签注意力层生成的多个用户 Embedding 向量进行召回。MIND 示意图如图 4-14 所示。

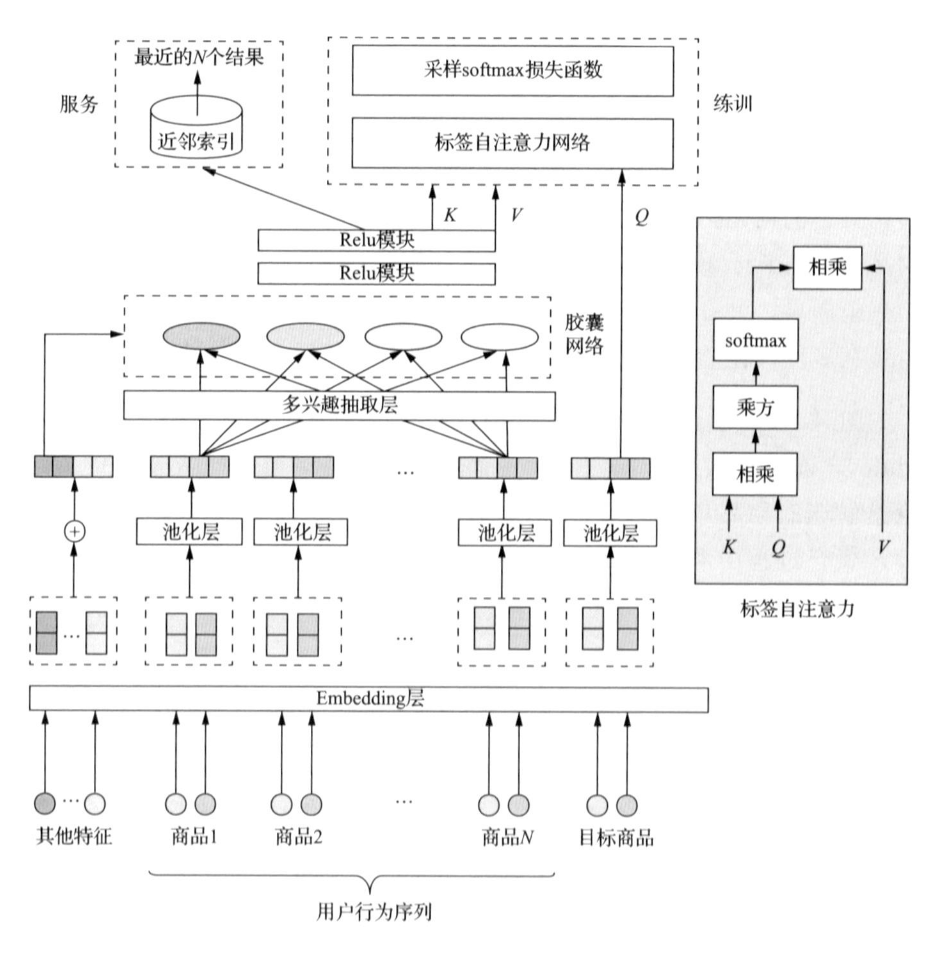

图 4-14　MIND 示意图

MIND 使用用户行为、用户画像特征作为输入，输出用户 Embedding 向量以便在召回时做物品检索。每个物品的 Embedding（物品 Id、类别、品牌等都对应有各自的 Embedding）都会进一步通过池化层进行平均。用户行为 Embedding 输入给多兴趣抽取层，会生成兴趣胶囊。通过将兴趣胶囊与用户画像 Embedding 进行拼接，并通过 ReLU 层、类别胶囊进行信息转换，可以获得多个用户兴趣向量。在训练期间，一个额外的标签自注意力层将被引入指导训练过程。

多兴趣提取层的核心是动态路由算法，这是一种胶囊表征学习方式，假设有两层胶囊，第一层为低级胶囊，第二层为高级胶囊。动态路由的作用是，给定低级胶囊参数，以迭代方式计算高级胶囊的初始值。

阿里持续改进 MIND 模型，继而在 2020 年又提出了 ComiRec（Controllable Multi-Interest Framework for Recommendation）模型。ComiRec 解决的依然是序列化推荐的问题，通过用户以往的行为序列来推荐用户接下来感兴趣的多个物品。ComiRec 模型认为，之前很多序列化推荐方法最终都会产生一个用户的兴趣向量，并在物品向量空间中检索出最相关的物品，而用户在一段时间内是有多种兴趣的，应该映射到多个兴趣向量去检索。

如图 4-15 所示，ComiRec 模型的核心为多兴趣抽取模块（Multi-Interest Module）。该模块从用户行为序列中捕捉多种兴趣，可以在大规模的物品池中检索候选的物品集。然后将这些物品聚合以获得总体最相关的 K 个物品推荐，聚合过程中利用可控因素（Controllable Factor）来平衡推荐的准确性和多样性。

4.4.4 超长序列召回——建模用户全期兴趣

推荐领域已经越来越意识到用户序列行为建模的重要性，而这些模型也只是利用了用户上百量级的短期行为，使用短期行为能够在一定程度上找到用户近期兴趣，但很容易使得用户产生审美疲劳，走入“信息茧房”。用户的长期浏览序列长度则可能达到上千甚至上万个，高效且有效利用用户的长期行为序列成为接下来的热点。

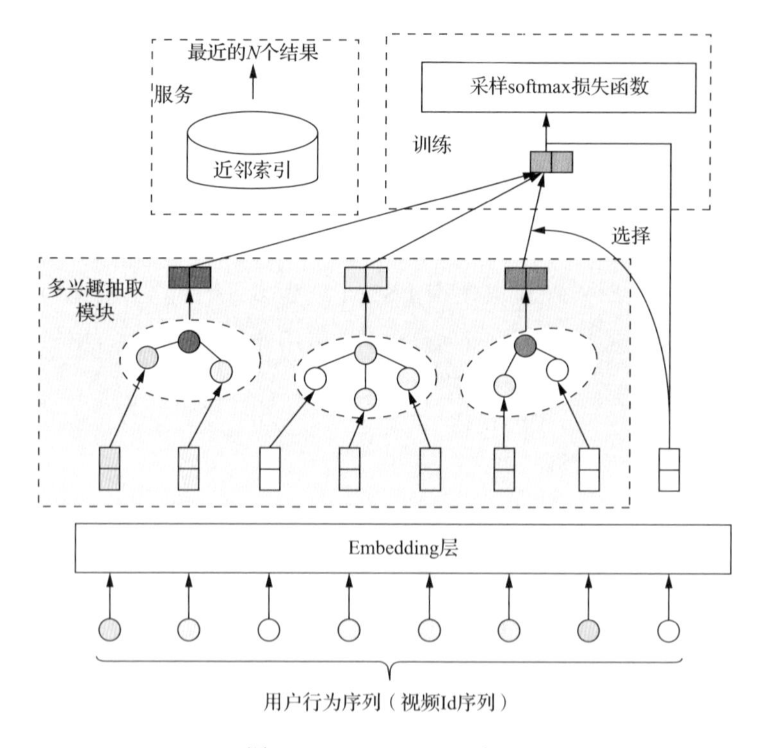

图 4-15 ComiRec 示意图

阿里提出的长期序列建模方法 SDM（Sequential Deep Matching Model for Online Large-scale Recommender System）提供了长短期兴趣相结合的方案。

SDM 认为，用户兴趣存在短期与长期之分，在一个会话中可能存在多个兴趣倾向（会话可以根据浏览时间划分，若一定时间没有浏览，再次浏览即为一个新的会话），另一方面，当前会话的兴趣可能会受长期偏好的影响。基于以上考虑，SDM 模型融合了长期与短期兴趣，分别对二者进行向量表示，然后利用融合门将长期与短期兴趣向量融合后，为用户进行推荐。

SDM 示意图如图 4-16 所示，具体步骤如下。

（1）学习用户短期兴趣 S^U 。

（2）学习用户长期兴趣 L^U 。

（3）根据用户短期行为和长期行为进行兴趣融合，预测用户 t+1 时刻的行为 o_{t+1}^U 。

（4）利用用户 t 时刻的行为 o_t^U 和商品 Embedding V 计算得分，t 时刻的正样本是 t+1 时刻点击的商品，从其他用户的行为中采样得到负样本，并根据得分选择推荐候选项。

（5）利用商品 Embedding 选取 N 个最相近的商品进行推荐。

在 SDM 中，短期兴趣抓取使用 LSTM 或者多头注意力网络，而长期兴趣抓取则使用多个注意力网络，而融合门则使用十分类似 LSTM 的门机制来控制长短兴趣的影响。

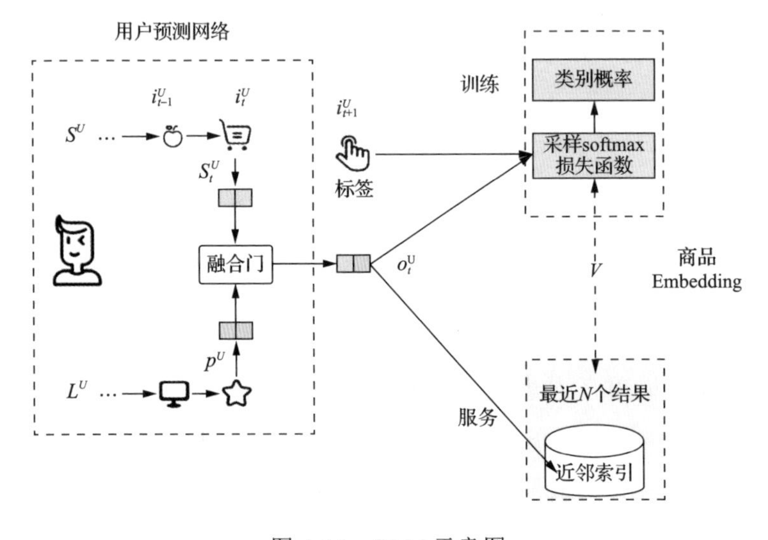

图 4-16　SDM 示意图

SDM 的提出在一定程度上引入了长期兴趣的融合，但选择哪些行为作为长期兴趣的输入又是新的问题，学术界和工业界也相应地提出了 SIM（第 5 章将详细介绍）、ETA、SDIM 等模型，通过巧妙地匹配与索引方式解决长期行为的选择问题。

4.5　图 Embedding 在召回中的应用

图结构是最贴近真实世界信息结构的一种数据表达方式，能够准确地描述事物间复杂的关联关系，也被广泛地应用于诸多领域。将图结构作为研究对象的模型也经历了很长的发展历程。在召回算法与模型的领域，同样也少不了与图相关的内容。

4.5.1 图 Embedding 技术

前面所述的召回方法大部分依托于序列化数据（例如用户浏览物品序列等），然而，真实世界的信息往往以图结构呈现。例如，在常见的社交网络中，用户之间会形成错综复杂的关联关系，或者知识图谱中各个事务均有千丝万缕的联系。面对图结构数据，基于序列数据的模型往往显得力不从心，由此，基于图表示的方法应运而生。图表示或图 Embedding 学习，便是将图中丰富的结构和语义信息转化为低维稠密的节点表示向量。

如图 4-17 所示，图结构的数据往往包含两个主要部分——节点与边，节点刻画个体特征与特性，边刻画节点之间的联系。

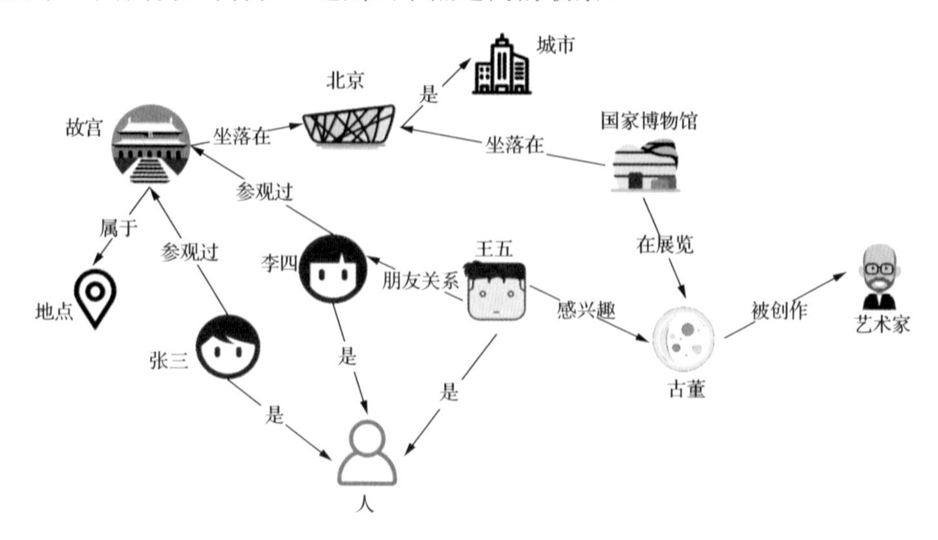

图 4-17　知识图谱

图 Embedding 学习的重要任务是对节点与边进行有效的信息提取和表示，图 Embedding 往往是图神经网络训练中的最重要部分。以下介绍几种主流的图 Embedding 方法。

4.5.2 DeepWalk——经典图 Embedding 方法

DeepWalk 主要针对同构图数据（图结构数据中只有一种节点类型），将Embedding 从物品序列推广至物品图，物品图可以学到低维空间中新的物品表示，这些表示可以应用到推荐系统中。DeepWalk 将随机游走得到的节点序列当作句子，从截断的随机游走序列中得到网络的局部信息，再通过局部信息来学习节点的 Embedding 表示。DeepWalk 示意图如图 4-18 所示。

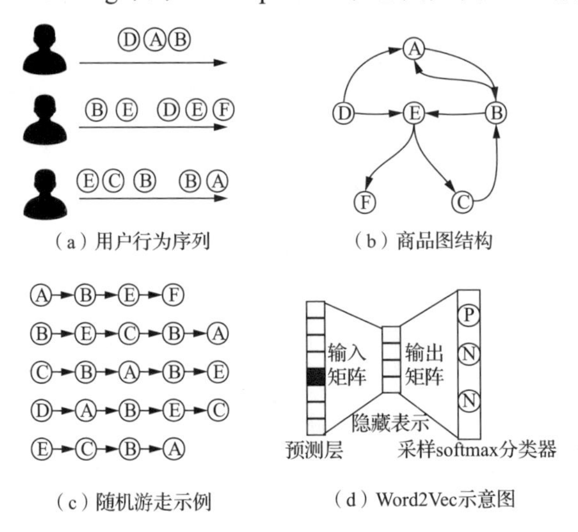

图 4-18　DeepWalk 示意图

图（a）展示了原始的用户行为序列。

图（b）基于这些用户行为序列构建了物品相关图，可以看出，物品 A、B 之间的边产生的原因就是因为用户先后购买了物品 A 和物品 B，所以产生了一条由 A 到 B 的有向边。如果后续产生了多条相同的有向边，则有向边的权重被加强。在将所有用户行为序列都转换成物品相关图中的边之后，全局的物品相关图就建立起来了。

图（c）采用随机游走的方式随机选择起始点，重新产生物品序列。

图（d）将这些物品序列输入 Word2Vec 模型，生成最终的物品 Embedding 向量。

4.5.3 Node2Vec——DeepWalk 更进一步

斯坦福大学在 DeepWalk 的基础上，通过调整随机游走权重的方法使图 Embedding 的结果在网络的同质性（Homophily）和结构性（Structural Equivalence）中进行权衡。网络的“同质性”指的是距离相近节点的 Embedding 应该尽量相似，“结构性”指的是结构上相似的节点的 Embedding 应该尽量接近。

为了使图 Embedding 的结果能够表达网络的同质性，在随机游走的过程中，需要让游走的过程更倾向于宽度优先搜索（BFS），因为 BFS 更喜欢游走到与当前节点有直接连接的节点上，因此就会有更多同质性信息包含到生成的样本序列中，从而被 Embedding 表达。此外，为了抓住网络的结构性，需要随机游走更倾向于深度优先搜索（DFS），因为 DFS 会更倾向于通过多次跳转，游走到远方的节点上，使得生成的样本序列包含更多网络的整体结构信息。

怎样控制 BFS 和 DFS 呢？主要通过节点间的跳转概率控制。图 4-19 展示了 Node2Vec 随机游走概率分布。

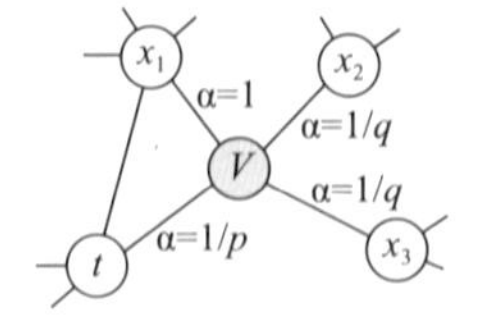

图 4-19 Node2Vec 随机游走概率分布

随机游走概率分布公式如下：

$$\pi_{vx}=\alpha_{pq}(t,x)\omega_{vx} \tag{4-3}$$

w_{vx} 是边权重，α_{pq} 是概率函数，具体含义如下：

$$\alpha_{pq}(t,x)=\begin{cases}\frac{1}{p},\text{if} \quad d_{tx}=0\\ 1,\text{if} \quad d_{tx}=1\\ \frac{1}{q},\text{if} \quad d_{tx}=2\end{cases} \tag{4-4}$$

d_{tx} 是节点间距离，参数 p 和 q 共同控制着随机游走的倾向性。

4.5.4 PinSAGE——GCN 在推荐系统领域的工业化应用

PinSAGE 是 Pinterest 和斯坦福大学 2018 年共同合作提出的基于 GCN 的召回模型，并在工业界成功落地。PinSAGE 结合了随机游走和 GCN 来生成节点的 Embedding 向量。同时考虑了图结构和节点的特征信息。此外，PinSAGE 设计了一种新颖的训练策略，该策略可以提高模型的鲁棒性并加快模型的收敛。PinSAGE 是 GCN 在大规模工业网络中的一个经典案例，为基于 GCN 结构的新一代推荐系统铺平了道路。

如图 4-20 所示，PinSAGE 使用两层局部卷积模块来生成节点的 Embedding。左侧为输入的图，节点分别为 A 到 F，各节点之间有若干条边；右侧是一个两层的神经网络，取 A 的邻居节点 B、C、D 并经过卷积来计算节点 A 的 Embedding，而 B、C、D 又由各自的邻居节点经过卷积表得到 Embedding。区别于以往 GCN 只考虑 k 跳图邻域，PinSAGE 则利用了邻居节点。具体来说，利用节点 u 开始随机游走，计算基于随机游走访问的节点次数，并将访问次数最高的 K 个节点作为邻域。这样做的优点是：第一，聚合节点的数量固定，有助于控制训练的内存；第二，在聚合邻居节点时可以进行加权聚合。

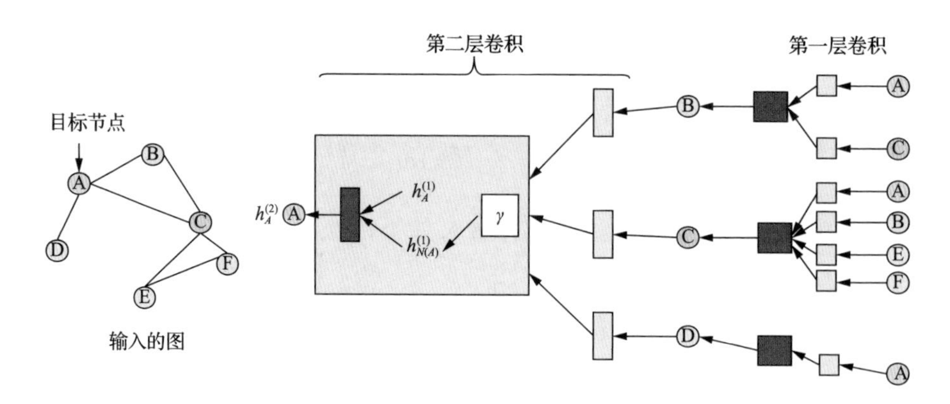

图 4-20　PinSAGE 示意图

4.5.5 MetaPath2Vec——异构图 Embedding 方法

前文所述均为图节点类型和只有一种连接关系的同构图 Embedding 方法。但多数推荐场景下的参与者（图节点）会有多种类型，参与者之间的关系（边）也多种多样。还以短视频推荐为例，节点可以是用户，也可以是视频或创作者等。用户点击了视频，可以产生点击边，也可以产生点赞边、收藏边等。这种有多种节点类型和边类型的图被称为异构图。接下来介绍一种适用于异构图的经典 Embedding 模型——MetaPath2Vec。

如图 4-21 所示，MetaPath2Vec 和 DeepWalk 很相似，相较于 DeepWalk 主要有以下改进。

（1）在随机采样时，按照预先定义好的采样节点类型序列进行采样。

（2）MetaPath2Vec 使用了异步 Skip-gram 模型，图 $G(V,E,T)$的最大化概率公式如下：

$$\underset{\theta}{\operatorname{argmax}} \sum_{v \in V} \sum_{t \in T_v} \sum_{c_t \in N_t(v)} \log p(c_t \mid v;\theta) \tag{4-5}$$

其中关键变量 $p(c_t|v;\theta)$ 的计算如公式如下：

$$p(c_t|v;\theta) = \frac{e^{X_{c_t} X_v}}{\sum e^{X_{c_t} X_v}} \tag{4-6}$$

（3）MetaPath2Vec 中引入元路径随机游走——如果在游走过程中忽略节点类型进行随机游走，那么结果会是有偏的。数目较多的节点类型出现的概率更大。元路径随机游走的方式是预先定义好一个游走类型路径。如图 4-21 所示，路径可以定为作者—文章—作者、作者—文章—会议—文章—作者等，然后按照这个路径游走，即下一个节点只对符合要求的节点类型进行采样；元路径通常是对称的。这种元路径随机游走策略可以确保不同类型的节点语义关系被恰当地并入 Skip-gram 模型中。

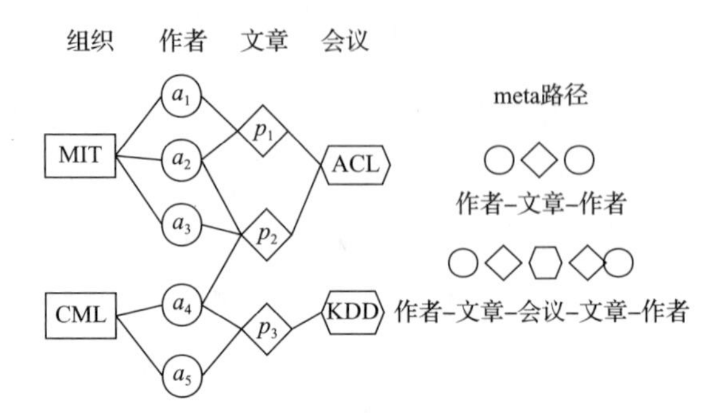

（a）学术活动图结构

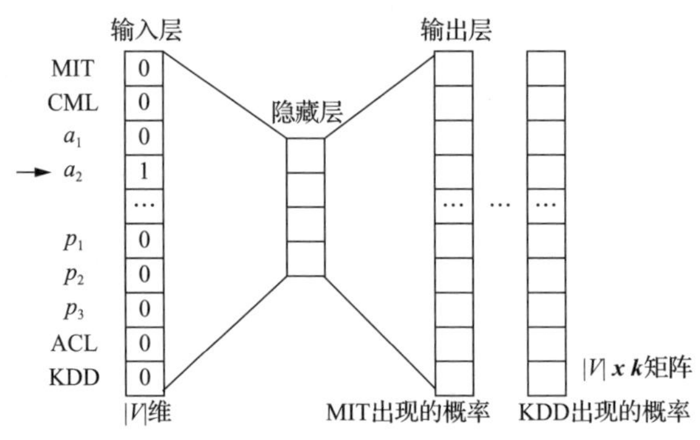

（b）Skip-gram和MetaPath2Vec结合

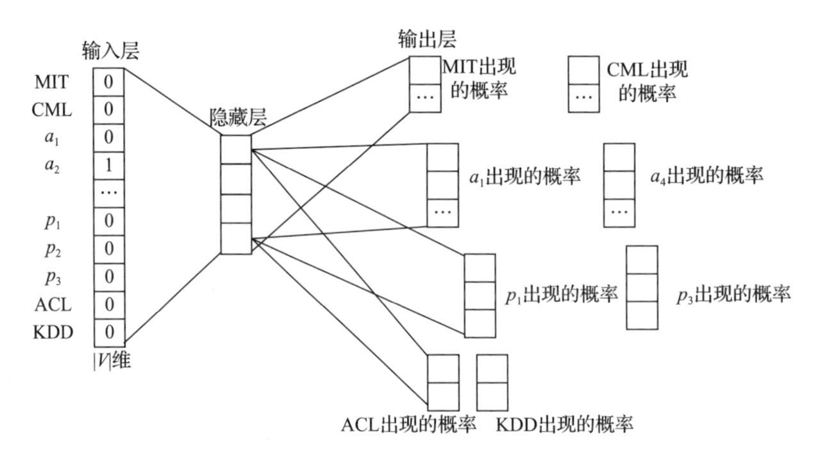

（c）Skip-gram和MetaPath2Vec++结合

图 4-21 MetaPath2Vec 示意图

4.6 前瞻性召回策略与模型

近年，一些前瞻性的召回策略与模型异军突起，尽管它们尚未在推荐系统领域大量应用，但却极具探索性和创新性，很可能成为未来召回模型的新范式。下面对这些策略与模型做简单介绍。

4.6.1 TDM——模型与索引结合的艺术

前面介绍了召回策略由启发式的协同过滤逐步发展为深度学习模型，这样的技术演变让召回技术的好坏也逐渐取决于两部分：（1）模型训练的精度；（2）检索近邻向量的速度。这就导致以下问题：（1）向量检索一般依赖内积形式，其本身的表达能力有限；（2）物料库数量一旦扩大（尤其是电商、图文、短视频场景），检索过程的时间成本就会呈指数级增加。

阿里的 TDM 模型（Tree-based Deep Model）为优化上述问题提供了新的思路。TDM 是一种基于树结构的新型召回模型。

大规模搜索召回模块一般都会包括以下几个部分：（1）索引（用于高效检索）；（2）打分规则（计算用户对于物品的喜好）；（3）检索算法（根据打分规则，利用索引筛选出合适的物品集）。TDM 示意图如图 4-22 所示。

其中索引的构建方式是右侧的树形结构，打分规则就是左侧的复杂深度网络（用于计算用户对树结构中的节点代表的物品的兴趣）。其中，树中的一个叶子节点表征一个物品，具有明确的物理意义，如叶子节点 8 代表手机，叶子节点 9 代表笔记本电脑。而非叶子节点则是对物品的进一步抽象化表征，是一种更粗粒度的表征。例如，节点 4 可能代表的是具体商品手机，当然节点 4 也可能是手机和笔记本电脑的复合定义（如数码类别）。总之，父节点相较于子节点来说是一种更粗粒度的表征。

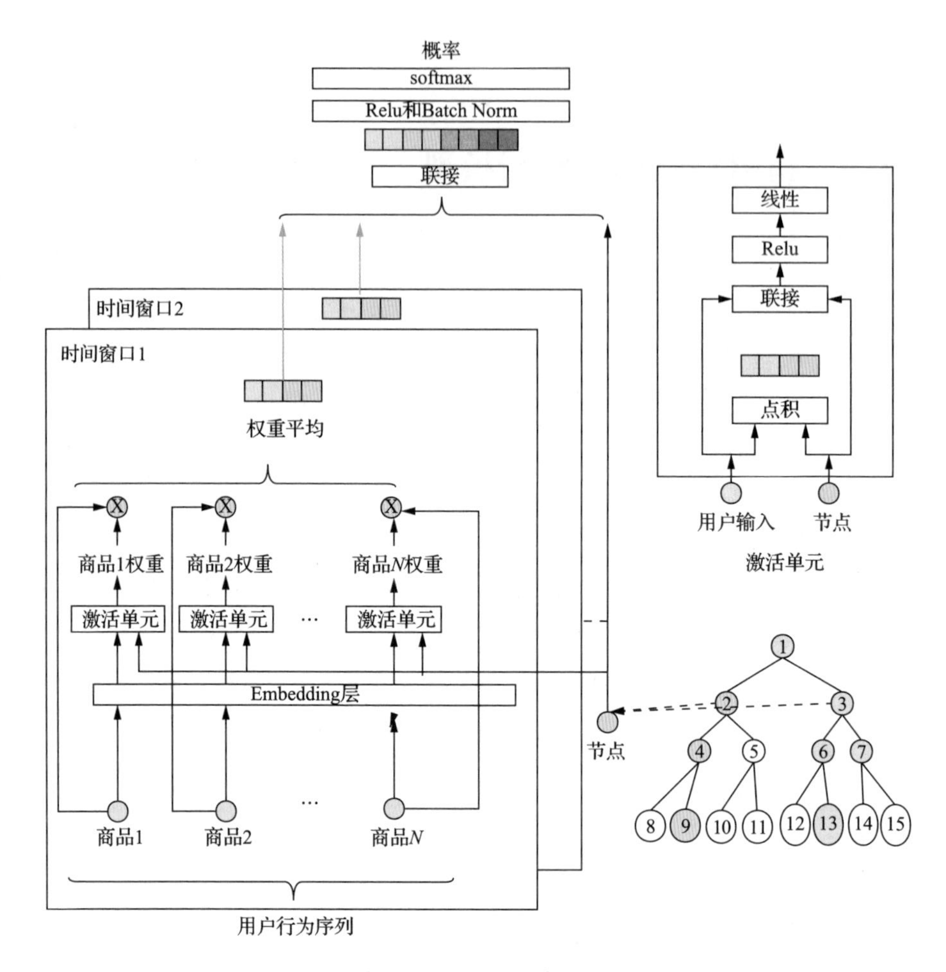

图 4-22　TDM 示意图

TDM 在检索过程中引入了 Beam Search 方法。具体举例来说，如图 4-22 中右侧的树形结构，最终要检索 Top2 商品，那么从树的第二层开始，需要进行以下操作：

（1）选取第二层的 TopK 节点（2 和 3）。

（2）在第三层的时候，可以知道该层的 Top2 一定位于节点 2 和节点 3 的子节点中，所以只需要从 4、5、6、7 节点中检索 Top2，假设检索结果是节点 5 和 6。

（3）在第四层中检索该层的 Top2，可以知道该层的 Top2 节点一定存在于节点 5 和 6 的叶子节点中，所以只需要从叶子节点 10、11、12、13 中检索出最终的 Top2 节点。

TDM 通过对索引的改进，优化了召回阶段的检索效率，且树结构使得商品的表达能力更加泛化。但由于架构实现较为复杂，所以推荐系统领域在此方向上还需要进一步探索和优化。

4.6.2 对比学习——样本的魔法

召回空间相对于排序还是要大很多的，需要在亿/千万级的物料库中过滤出用户可能感兴趣的候选物品。对从未曝光给用户的物品或内容来说，如何让它们在模型训练中与用户产生关联呢？这就涉及召回模型中的重要技术负采样，在负样本中往往需要加入一些用户未曾曝光过的样本，以求在整体训练中得到更泛化的全局样本的表示。但传统的随机负样本采样往往会使召回模型存在以下问题：

（1）召回模型推荐结果长尾效应严重，这是因为模型在训练过程中的负样本与正样本均为热门物品。

（2）召回模型的表达能力往往较弱，这是由于大部分用户的行为是稀疏的，大部分物品未进入模型的训练过程。

（3）召回模型由于严重依赖用户的历史行为序列而忽略了用户其他潜在的兴趣，容易造成推荐结果的信息茧房。

对比学习召回则可以解决上述问题。现在对比学习推荐系统主要用在协同过滤和序列推荐中，对比学习推荐系统有以下三个主要的研究点。

数据增强：通过数据增强来得到更多的正样本，通过最大化原始正样本和增强后的正样本的一致性，以及最小化原始正样本和负样本的一致性，来学习更好分类的特征。这个学习过程是不需要标签的，可以通过无监督方式学习。

采样策略：采样策略原本就是推荐任务中非常重要的研究方向，对比学习需要采集难样本加强模型的泛化性能。所谓难样本，就是与正样本的特征十分相似但是标签却不一样的样本。由于对比学习是无监督学习，并没有额外的标签信息能用来进行难样本的判断。因此，对比学习在采样策略上也有许多后续研究。

损失函数：损失函数是对比学习中最重要的存在，从度量学习中的 Triplet 损失开始，到 NCE 和 InfoNCE 损失函数，再到最近的 SupCon 损失函数，都在不同程度上影响着模型学习的方式。

对比学习技术的通用流程如图 4-23 所示，原始数据 D 通过多种数据增强方法得到数据增强的结果 $\bar{D}$，然后将 $\bar{D}$ 送到一个编码器中学习特征，这个编码器可以是任意流行的推荐模型，例如前文所述的 SASRec、MIND 等。这个特征可以表示为 f_θ，这个特征通过头 g_{ϕ_s} 可以进行对比学习。头 g_ϕ 一般为 MLP 层，可以通过将结果与多个增强数据计算来对比学习的损失，这个损失的核心思想就是让结果与多个 $\bar{D}_1$ 的特征相近，与其他不相关数据的特征远离。

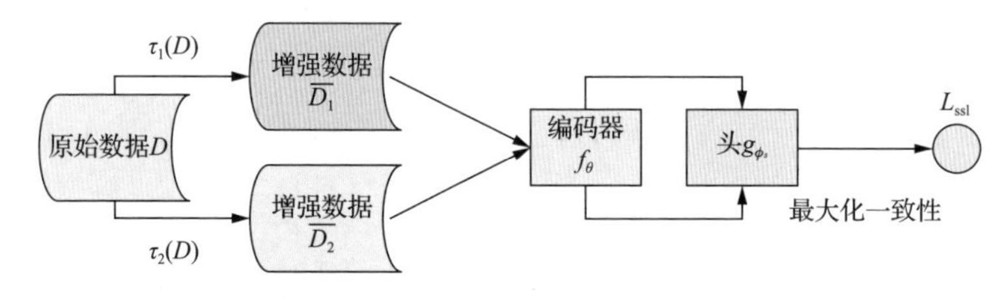

图 4-23　对比学习技术的通用流程

对比学习能够通过样本的增强部分解决召回模型中的问题，例如最近提出的基于对比学习的召回方法 ICL（Intent Contrastive Learning for Sequential），使用 K-means 聚类找到增强样本的方式就颇有突破性。

对比学习的未来充满着无限可能性。

4.7　召回质量评估方法

前几节主要介绍了召回策略与模型，在实际生产过程中需要召回质量评估方法来大致判断召回策略与算法的好坏，从而继续推进到 AB 实验进行进一步验证，本节主要介绍相关内容。

4.7.1 召回评估方法概述

如 4.1 节所述，召回作为推荐系统的第一道筛选漏斗，往往需要从千万级的信息中得到用户可能感兴趣的多个候选物品或内容，而推荐系统往往需要多种召回方法，从多个角度进行用户兴趣的探寻，从而丰富召回结果，保障召回的多样性。这时，往往需要一些指标来评估这些召回的效果，评估推荐系统最有效的方法就是采用线上 AB 实验来评估各个模型的效果。但是由于线上 AB 实验的成本高、效率低等原因，通常在模型上线前会对其进行离线评估。在确定模型的离线效果足够好后，才会对其进行线上评估。推荐系统中常用的离线评估指标有如下三个。

（1）打分评估指标：用于对预测的打分进行评估，适用于打分推荐任务。

（2）集合评估指标：用于对推荐的物品集合进行评估，适用于 TopN 任务。

（3）排名评估指标：按排名列表对推荐效果进行加权评估，既适用于打分推荐任务也可用于 TopN 任务。

召回层通常返回的是物品集合，而最终呈现给用户的物品是经过精排、重排层处理后的最终结果。由于召回层不直接作用于用户，在对召回算法进行离线评估时一般采用集合评估指标。

4.7.2 召回率、精确率、F1 值——基准评估指标

F1 是综合衡量召回模型区分正样本与负样本能力的重要指标，计算公式如下：

$$\text{F1} = \frac{1}{\frac{1}{2}\left(\frac{1}{\text{Precision}} + \frac{1}{\text{Recall}}\right)} = \frac{2 \times \text{Precision} \times \text{Recall}}{\text{Precision} + \text{Recall}} \tag{4-7}$$

如图 4-24 所示，准确率（Precision）即正确预测为正的占全部预测为正的比例（模型可以漏检，但不能让现有的预测有错）；召回率（Recall）即正确预测为正的占全部实际为正的比例（模型不准遗漏，宁可预测出大量的错误结果）。

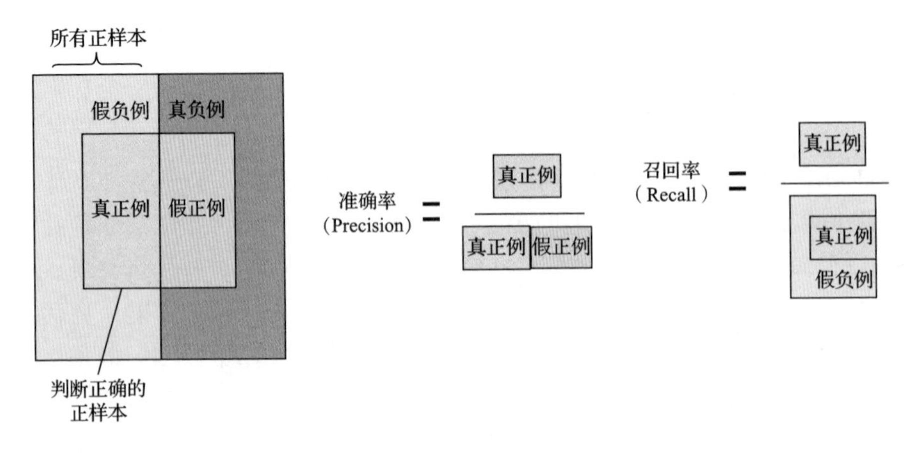

图 4-24 召回率（Recall）和精确率（Precision）示意图

4.7.3 HR、ARHR——TopN 推荐评价指标

HR（Hit Rate）是 TopN 推荐常用的评价指标，计算公式如下：

$$\mathrm{HR}=\frac{\mathrm{Hit}}{\mathrm{User}} \tag{4-8}$$

其中，测试集上会发生事件——在测试集中预测的物品召回结果命中用户真实行为中的物品，Hit 表示这一事件发生的用户数；User 表示测试集的总用户数。

ARHR（Average Reciprocal Hit Rank）是一种加权的 HR，用来衡量一个物品被推荐的强度，计算公式如下：

$$\mathrm{ARHR}=\frac{\mathrm{Hit}}{\mathrm{User}}\times\sum_{i}^{\mathrm{Hit}}\frac{1}{p_i} \tag{4-9}$$

其中 p_i 表示物品在推荐列表中的位置。

4.7.4 CG、DCG、NDCG——信息增益维度的评估指标

CG、DCG、NDCG 是利用信息增益进行召回离线效果评估的方式。

（1）累计增益 CG 的计算公式如下：

$$\mathrm{CG}_k=\sum_{i=1}^{k}\mathrm{rel}_k \tag{4-10}$$

k 表示用户最喜欢的物品结果数量。rel_i 表示相似度分数（以下简称“分数”），这个分数到底是什么，取决于你用的数据集是什么。如果用的是推荐的显式反馈，也就是打分数据集（1-5 分），那么这个 1-5 的打分就是计算时要用的分数。如果用的是隐式反馈，也就是用户点击数据集，那么这个分数就是 0 或 1。1 表示用户点击过，0 表示未点击过。

（2）折损累计增益 DCG 的计算公式如下：

$$\text{DCG}_k = \sum_{i=1}^{k} \frac{\text{rel}_i}{i+1} \tag{4-11}$$

DCG 等于每个推荐物品的相似度 rel_i 除以它所在的位置 i，也就是说一个物品推荐的排名越靠后，它的折损越严重。这里的顺序是预测的顺序，而用到的相似度是数据集中的用户和物品的真实相似度。所以 DCG 的计算方法是：计算出某个用户对所有候选项目的相似度后，根据相似度对项目进行排序，返回前 k 个最相似的项目作为推荐结果。这 k 个项目维持推荐的顺序，为它们标注上它们在数据集中真实的打分，然后拿来计算 DCG。DCG 还有另一种计算方式，是用指数计算的，公式稍有差别，但是计算思想相同。

（3）归一化折损累计增益 DCG 的计算公式如下：

$$\text{NDCG}_k = \frac{\text{DCG}_k}{i\text{DCG}_k} \tag{4-12}$$

NDCG 等于折损累计增益 DCG 除以最大累计增益 iDCG。最大累计增益 iDCG 的计算方法是：模型返回了 k 个推荐的项目，将这 k 个项目标注上它们在原始数据集上的分数，再根据分数进行重排序，然后计算 DCG，就得到 iDCG。NDCG 整体的计算过程是：模型根据用户和候选物品的相似度对候选项目进行排序，返回 k 个最相似的项目作为推荐结果；保持模型的推荐顺序，给每个项目标注它在原始数据集中的分数，计算 DCG；然后对标注的分数从大到小重排，再计算一次 DCG，这一次计算出的 DCG 就是 iDCG，让二者相除得到的结果就是 NDCG。

4.7.5 长尾覆盖评估

在推荐系统中，一个十分常见的现象是长尾效应，如图 4-25 所示，流量集中在少数的头部物品中。显然，上述指标容易受头部数据的干扰，此外大部分召回算法对长尾物品的学习效果不如头部好。因此，为了评估召回方法对长尾物品的覆盖效果，可以单独增加长尾指标。

一个简单的做法是：将头部（如 1%）的物品剔除，仅保留剩下的（如 99%）的物品，然后用上述（4.7.2 节～4.7.4 节）指标进行评估。

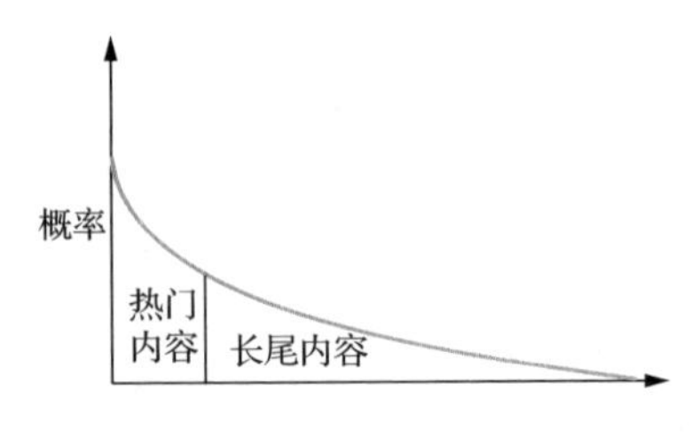

图 4-25 长尾效应

总结

本章主要介绍了推荐系统中重要的召回环节，首先介绍召回的基本逻辑和方法论，而后回顾召回领域中传统召回、向量化召回、序列召回、图召回的发展，同时展望召回领域的前沿范式，最后对召回质量评估方法进行讨论，供读者进行全面的参考。召回阶段是推荐系统的第一阶段，决定着排序等后续流程的效果上限，让这一阶段的过滤结果更好地涵盖与探索用户的兴趣需要长期的探索。

第5章 投你所好的排序环节

本章将介绍推荐系统的第二阶段排序环节。如第1章图1-6所示，排序环节作为召回环节的下游，起到聚合多路召回源和全局统一打分的作用。本章将会首先介绍排序阶段的基本逻辑和方法，然后分别从三部分阐述业界主要的排序模型迭代优化方向：从 Embedding 使用角度看特征组合和用户行为利用的算法演进过程，排序中的细分过程—粗排阶段及其发展历程，多目标排序建模方法。最后介绍排序阶段的评估方法。

5.1 排序环节的意义和优化方向

排序在推荐系统中承担着精准预估的作用，相比于召回阶段，排序阶段要求高效且准确地反馈结果。根据业务需求和规模，排序可细分为粗排和精排。

5.1.1 排序环节的意义

召回阶段中各类召回算法会产生多个用户可能感兴趣的物品集合，例如热门物品、基于内容理解、物品协同过滤、矩阵分解、图模型等深度学习模型。直接合并所有召回集合返回给用户是行不通的，原因有两个：首先是召回机制不同，不同召回机制之间难以进行相互比较，例如基于热度计算的分数和基于协同过滤计算的分数，两者的量纲不统一，如果强制归一化或者对分数变换后进行合并，则难以保证公平性，影响最终的效果；其次是召回物品的数量级太大，无法在前端一次性展示出来。

因此，需要增加一个阶段，如图 5-1 所示，对所有召回产出的集合进行统一打分，降序排列后截断再返回给用户，这个阶段即排序阶段。由于需要打分的物品数量远少于召回阶段，因此，可以利用各类挖掘出的特征和复杂模型结构更加精准地学习用户偏好与待推荐物品之间的关系，从而提升匹配的精准度。

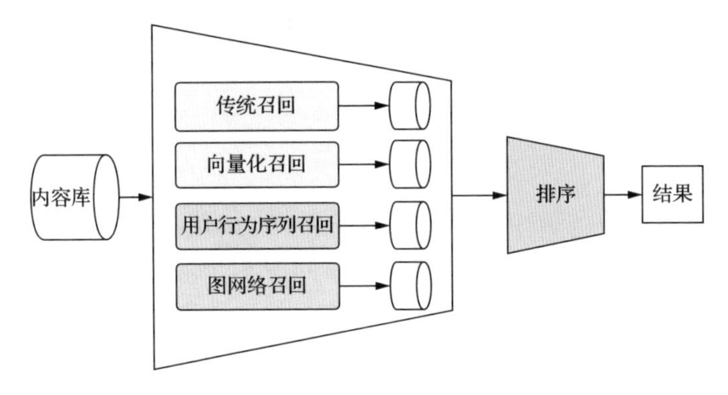

图 5-1　排序：多路召回的统一打分

5.1.2　排序环节的优化方向

排序环节中的核心就是预估用户对物品偏好的排序模型。为了充分拟合用户偏好，更精确地匹配更好的内容，做到千人千面，业界的排序模型通常采用点击率预估的方案，其迭代优化的基本逻辑包括：开发和挖掘更好的特征，从源头上降低模型学习的难度；针对实际应用场景，寻找合适的结构或模型进行适配，有效提取用户偏好信息；寻找更合适的优化方法，使得模型学习更快、更高效。

基于上述优化的基本逻辑，目前业界和学术界在排序模型上主要的优化方向包括以下三类。

1. 模型对 Embedding 的高效学习和利用

这里主要包括特征组合优化和用户历史行为利用。在深度模型中，特征提取器是特征输入和 MLP 的中间阶段，作为模型最重要的基建，能够让模型更有效率地利用提取后的信息。除了对待推荐物品的信息提取（视频、图像、文本等），“用户历史行为利用”通过不同的结构建模历史行为，更加准确地提取用户的历史兴趣偏好，例如，DIN 通过注意力机制为用户不同的行为赋予差异化的重要性、SIM 通过检索的方式动态生成合适的序列来辅助模型的判断。

2. 粗排环节的优化

在大规模排序系统中，通常将排序阶段拆分为粗排和精排，因为粗排处于召回和精排的中间，其本身的定位和技术路线结合了召回和精排的思路和方案。粗排的出发点是在满足排序准确性的前提下，尽量满足性能的需求，其演化过程基本是按照“减少粗排与精排预估能力差距”和“增强链路目标一致性”的方向进行优化的。

3. 多目标建模和融合问题

在实际的推荐业务中，推荐优化的目标可能不只有一个，例如，在短视频信息流中，如果单一优化点击率，可能容易出现标题党等损害推荐长期生态的问题，因此，可以将时长、完播率、点赞等目标加入排序建模中，通过知识的“迁移学习”，同时优化多个目标的学习。相关的工作主要集中在多个目标的底层共享机制（例如 MMoE 的多 Expert）、序列依赖关系（例如 ESMM），训练多个目标时的 Loss 融合和梯度优化方向，以及各目标预估值的融合等问题上。

5.2 从 Embedding 看排序模型的演进

排序模型的发展伴随着传统机器学习向深度学习的演变浪潮，在当前主流的推荐系统中，Embedding 在召回、排序等阶段发挥了重要作用。Embedding 通过将原始的类别特征扩展为 N 维空间向量，使每一维度具有物理意义，有效提升了推荐算法“举一反三”的能力。

Embedding 并不是深度学习时代才有的，在传统机器学习模型应用于推荐系统的时代，Embedding 也被称为“隐向量”，它通过矩阵分解的方法为用户进行推荐。

本节首先介绍什么是 Embedding，然后介绍 Embedding 的产生过程，接下来深入讲解深度推荐模型中 Embedding 的应用，包括特征组合和用户历史行为建模，最后扩展介绍超大规模 Embedding 在实际中的运用。

5.2.1 什么是 Embedding

Embedding（嵌入）是一种将类别型特征映射为包含连续值向量的技术。相比于独热（One-Hot）编码，Embedding 不仅有效地减少了内存的使用，加速了神经网络的学习过程，而且将“隐含的”相似变量映射为 Embedding 空间中相似的向量，该技术揭示了类别型变量的内在属性。更进一步，Embedding 能够帮助神经网络在面临数据稀疏（单个类别特征值出现次数少）、高维（某种类别特征不重复且特征值的数量基数庞大）的情况下更有效地学习，增强泛化能力，在机器翻译、搜索及推广等场景下得到广泛应用。

以实际例子展示 Embedding 的作用：在图书推荐中，在读者阅读《三体》后，推荐系统能够推荐另一本相似的书《沙丘》。One-Hot 与 Embedding 的对比如图 5-2 所示。

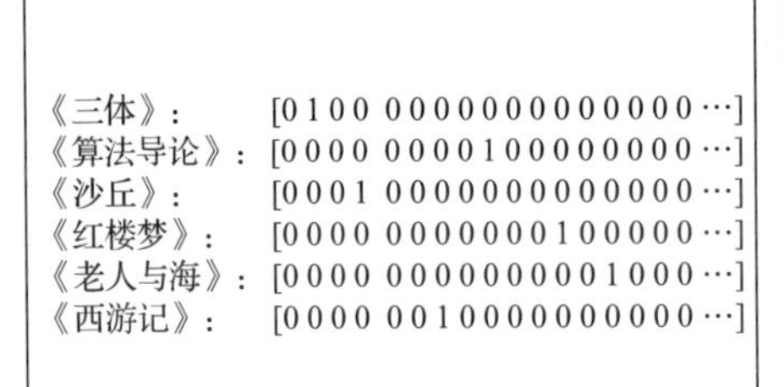

高维、稀疏、无法计算相似性

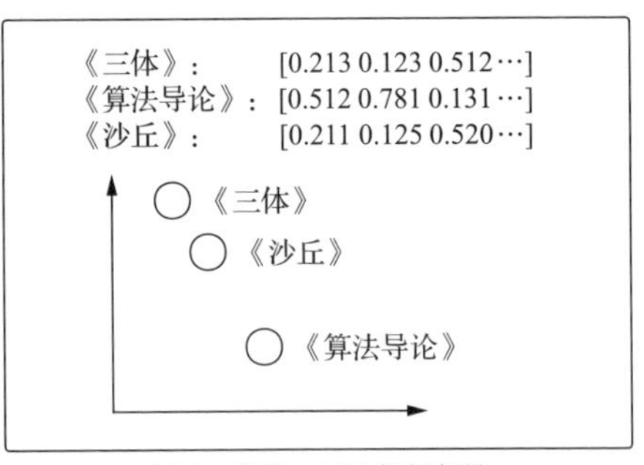

低维、稠密、可计算相似性

图 5-2 One-Hot 与 Embedding 的对比

假设有 5 万本书，如果用 One-Hot 表示每本书，那么每本书的 One-Hot 向量为 5 万维，而如果采用 Embedding，则可以通过对用户行为、文本进行挖掘来将每本书的表示向量从万维降低到百维或几十维，从而避免 One-Hot 引起的维度灾难和相似性无法计算的问题。

5.2.2 Embedding 的产生过程

Embedding 在深度学习之前，常作为矩阵中的向量出现，即矩阵分解产出的隐向量。在推荐系统较早时期，矩阵分解是协同过滤的一个分支算法，由于其兼顾协同过滤、隐语义等特点，且容易实现和扩展，所以 SVD、NMF、ALS 等算法在工业界非常普遍和流行。例如，在电影推荐中，利用用户对电影的打分值构建矩阵 $\boldsymbol{R}$，通过矩阵分解的方式产出用户矩阵 $\boldsymbol{U}$ 和物品矩阵 $\boldsymbol{I}$，如图 5-3 所示。

	物品$_1$	物品$_2$	物品$_3$	物品$_4$
用户$_1$	$\boldsymbol{R}_{11}$	$\boldsymbol{R}_{12}$	$\boldsymbol{R}_{13}$	$\boldsymbol{R}_{14}$
用户$_2$	$\boldsymbol{R}_{21}$	$\boldsymbol{R}_{22}$	$\boldsymbol{R}_{23}$	$\boldsymbol{R}_{24}$
用户$_3$	$\boldsymbol{R}_{31}$	$\boldsymbol{R}_{32}$	$\boldsymbol{R}_{33}$	$\boldsymbol{R}_{34}$

=

	维度$_1$	维度$_2$	维度$_3$
用户$_1$	$\boldsymbol{U}_{11}$	$\boldsymbol{U}_{12}$	$\boldsymbol{U}_{13}$
用户$_2$	$\boldsymbol{U}_{21}$	$\boldsymbol{U}_{22}$	$\boldsymbol{U}_{23}$
用户$_3$	$\boldsymbol{U}_{31}$	$\boldsymbol{U}_{32}$	$\boldsymbol{U}_{33}$

×

	物品$_1$	物品$_2$	物品$_3$	物品$_4$
维度$_1$	$\boldsymbol{I}_{11}$	$\boldsymbol{I}_{12}$	$\boldsymbol{I}_{13}$	$\boldsymbol{I}_{14}$
维度$_2$	$\boldsymbol{I}_{21}$	$\boldsymbol{I}_{22}$	$\boldsymbol{I}_{23}$	$\boldsymbol{I}_{24}$
维度$_3$	$\boldsymbol{I}_{31}$	$\boldsymbol{I}_{32}$	$\boldsymbol{I}_{33}$	$\boldsymbol{I}_{34}$

图 5-3　打分矩阵的分解 $\boldsymbol{R}=\boldsymbol{U}\cdot\boldsymbol{I}$

然后，通过两两计算每个用户和每个物品的隐向量相似度，选取每个用户下得分最高的 K 个结果作为最终的推荐列表。

基于矩阵分解的协同过滤算法是推荐算法的重要基石，后续算法的不断演化，大部分都基于矩阵分解的思路。

1. 因子分解机 FM

FM（Factorization Machine）是由 Steffen Rendle 于 2010 年最早提出的，其基于广义线性模型，应用矩阵分解的思路，旨在解决稀疏数据下的特征组合问题。

在线性模型中，通常会对稠密类特征分桶，然后连同类别型特征进行 One-Hot 编码，但编码后，特征在总样本中出现的频次会非常低。由于线性模型是对稀疏特征的记忆性学习，且无法主动捕捉共现关系（例如女性和化妆品之间的关系），高维稀疏且缺乏关联特征，最终导致模型性能较差，因此通常依赖人工进行大量的关联挖掘。为了减少工作量，可以引入两两特征的组合项（也叫 POLY2 算法）放入线性模型中，如式（5-1）所示：

$$y_{\mathrm{POLY2}}(\boldsymbol{x})=\mathrm{sigmoid}\left(w_0+\sum_{i=1}^{N}w_ix_i+\sum_{i=1}^{N-1}\sum_{j=i+1}^{N}w_{ij}x_ix_j\right) \tag{5-1}$$

其中，x_i、x_j 都是经过 One-Hot 编码后得到的特征，取值为 0 或 1。只有当 x_i、x_j 都为 1 时才能学习到对应的权重系数 w_{ij}，原本 x_i、x_j 已经很稀疏了，这种方式加重了数据稀疏性对模型的影响。

矩阵分解的思路可以在此时发挥作用，这里将由 w_{ij} 构成的二维矩阵 $\boldsymbol{W}$ 进行分解，即 $\boldsymbol{W}=\boldsymbol{V}^{\mathrm{T}}\boldsymbol{V}$（$w_{ij}=\boldsymbol{v_i}\boldsymbol{v_j}$），例如，用户曾经阅读过《三体》(记为 $\boldsymbol{v_i}$)，那么可以通过与待推荐的小说《沙丘》(记为 $\boldsymbol{v_j}$) 计算内积得到权重系数 w_{ij}，如果 w_{ij} 较大，那么《沙丘》的推荐得分会比较高。将式（5-1）中的 w_{ij} 进行变换后得到：

$$y_{\mathrm{FM}}(\boldsymbol{x})=\mathrm{sigmoid}\left(w_0+\sum_{i=1}^{N}w_ix_i+\sum_{i=1}^{N-1}\sum_{j=i+1}^{N}\boldsymbol{v}_i\boldsymbol{v}_jx_ix_j\right) \tag{5-2}$$

通过对 FM 交互部分的计算进行优化，如式（5-3）所示，可以将计算复杂度从 $O(N^2)$降低到 $O(KN)$：

$$\sum_{i=1}^{N-1}\sum_{j=i+1}^{N}\boldsymbol{v}_i\boldsymbol{v}_jx_ix_j=\frac{1}{2}\sum_{l=1}^{K}(\left(\sum_{i=1}^{N}v_{il}x_i\right)^2-\sum_{i=1}^{N}{v_{il}}^2{x_i}^2) \tag{5-3}$$

FM 算法通过学习交互特征的关联关系，在一定程度上缓解了稀疏性问题，兼顾模型学习效率、性能和线上推理速度，在工业界得到了非常广泛的应用。

2. 域感知因子分解机 FFM

域感知因子分解机 FFM（Field-aware Factorization Machine）通过在 FM 中引入域（Field）的概念，提升了特征交互的复杂性。域是指将具有相同性质的特征值分成不同的集合，区别对待不同域之间的特征值。例如，用户看过的图书《三体》《算法导论》所属的标签特征（记为 f_1）包含“科幻”“算法”“计算机”，用户所在城市特征（记为 f_2）包含“北京”，待判断是否推荐的图书《沙丘》所属的标签特征（记为 f_3）包含“科幻”，f_1、f_2、f_3属于三个不同的域（用户阅读标签行为特征域、用户所在城市域和图书标签域）。

在 FFM 中，某个域（假设为 f_i）下的某个特征 x_i 在与其他域（假设为 f_j）下的某个特征 x_j 交互时，都会使用一个不同的隐向量 $\boldsymbol{v}_{i,f_j}$。例如，域 f_1 下的“算法”在与域 f_2 下的“北京”交互时使用的隐向量相比于与域 f_3 下的“科幻”交互时使用的隐向量是不同的，因此 FFM 公式可表示为：

$$y_{\text{FFM}}(\boldsymbol{x}) = \text{sigmoid}\left(w_0 + \sum_{i=1}^{N} w_i x_i + \sum_{i=1}^{N-1}\sum_{j=i+1}^{N} \boldsymbol{v}_{i,f_j}\boldsymbol{v}_{j,f_i} x_i x_j\right) \tag{5-4}$$

FFM 更细粒度地刻画了特征交互的形式，这种方法虽然取得了更好的效果，但是模型体积膨胀和计算量增加明显，在实际工业界应用中，FFM 普及度不及 FM，但其域的概念在后续深度模型的特征建模中被广泛借鉴和使用。

3. 从矩阵分解到神经网络

从与神经网络联系的角度，矩阵分解的过程可以转换为一个单隐层的神经网络的前向推理过程，如图 5-4 所示。

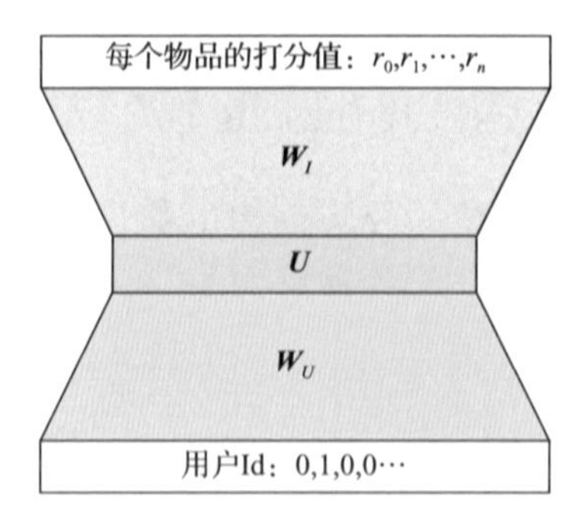

图 5-4　矩阵分解示意

神经网络的输入是 One-Hot 编码后的用户 Id，输入层与隐层 $\boldsymbol{U}$ 的连接参数 $\boldsymbol{W}_U$ 是用户的特征矩阵，隐层 $\boldsymbol{U}$ 是用户的隐向量，隐层 $\boldsymbol{U}$ 与输出层的连接参数 $\boldsymbol{W}_I$ 是物品特征矩阵，输出层是用户对物品的偏好程度。

One-Hot 编码的特征值不仅局限于用户 Id，还包括物品标签、用户点击序列等其他类别型特征。FM 中的隐向量和深度推荐系统常用的 Embedding，与上述过程的前半部分相同：这种从 One-Hot 映射到 $\boldsymbol{U}$ 的过程通常被称为 Embedding Lookup，得到的 Embedding 通过复杂交互模块或者直接拼接后将作为后续的输入，例如，借鉴 FM 的思路，计算两两向量的内积，拼接后作为后续隐层网络的输入。

图5-5将深度模型中的Embedding及其内部计算过程按照矩阵分解的思路进行了演示。可以看出，矩阵分解、FM中的隐向量和深度学习中的Embedding在使用上非常相似，后续将会从特征组合和用户历史行为建模角度分别阐述如何在Embedding上进行复杂交互。

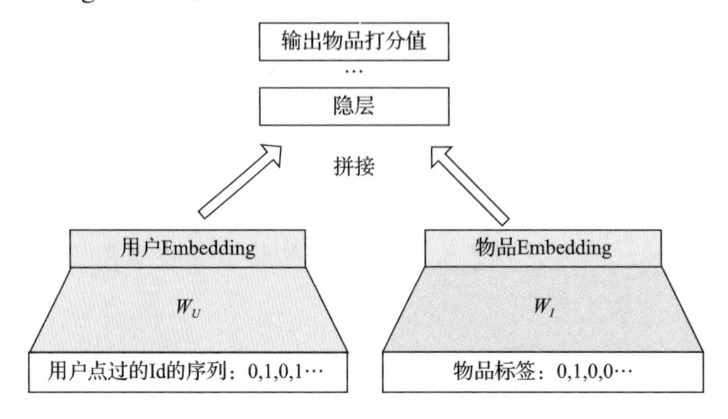

图5-5 统一的Embedding计算框架

5.2.3 特征组合在深度排序模型中的应用

特征工程是利用数据领域的经验创建能够使机器学习或深度学习达到最佳性能的工程实践。好的特征工程能够更好地描述数据的结构从而有效降低模型的学习难度。在前深度学习时代，原始特征交叉组合后产生新特征是一种行之有效的特征构建方式。

最早的LR模型在一阶特征的基础上，加入了大量的二阶或高阶特征组合，使LR模型能够获得出色的性能，同时凭借模型简单、具有可解释性、易于并行等优点，其成为最广泛使用的预估模型，但是其手动特征组合的开发工作非常耗费人力。因此，自动构建交叉组合特征成为工业界和学术界的主要迭代和研究方向之一。

POLY2在一阶特征之外引入了自动化的二阶特征，但无法较好地处理二阶特征稀疏性带来的问题。FM及其各种变体（例如FFM、HOFM、FwFM等）在POLY2的基础上将特征组合建模为低维的稠密向量的乘积，较好地解决了特征稀疏的问题。Meta提出的GBDT+LR，通过两阶段学习的方式，自动探索特征组合。

最近几年，深度模型凭借其对非线性关系的强大拟合能力，在搜索、广告和推荐等业务场景中得到广泛应用，基于 Embedding+MLP 结构的 Wide&Deep、YouTubeDNN 等成为业内事实基准深度模型。其中，结合领域知识、在模型中显式加入负责特征交互的子网络或者子模块的方法，能够有效降低模型学习难度，同时也是推动推荐领域模型发展最实用的方向之一。

特征组合在深度模型中的实现方式可以分为三类：人工显式特征交叉，基于 FM 特征交叉和参数共享的双塔结构，DNN 侧显式加入交互模块。

第一类人工显式特征交叉，例如 Wide&Deep 模型。Wide&Deep 模型采用双塔结构，如图 5-6 所示，在原有 DNN（Deep 侧）的基础上增加了 LR（Wide 侧），同时模型中加入了特征的笛卡儿积（例如用户性别与物品标签），将得到的结果加入 Wide 侧，再经过 Embedding 层后加入 Deep 侧。

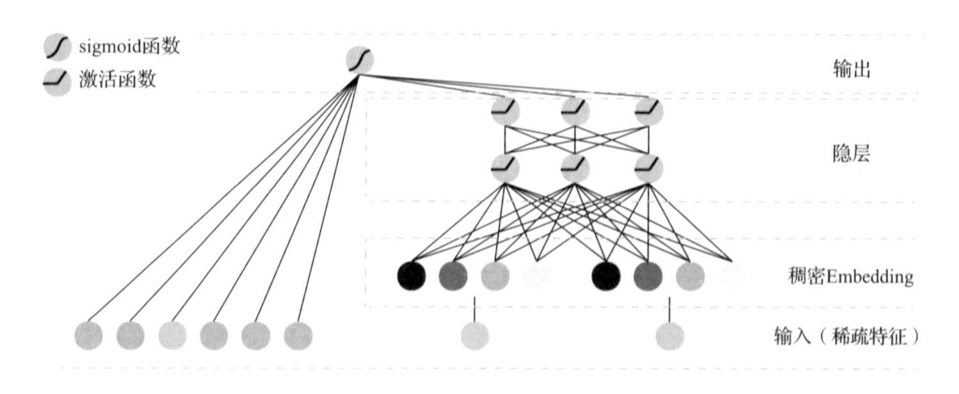

图 5-6　Wide&Deep 模型网络结构

第二类是在第一类的基础上，加入类似 FM 或 FFM 的模块，通常采用双塔结构和参数共享的机制，例如 DeepFM、xDeepFM。以 DeepFM 举例，模型同样采用 Wide&Deep 的双塔架构，另外将原先仅在 DNN 处使用的 Embedding 在 Wide 侧进行共享，作为 FM 的参数，即 Wide 侧的 FM 和 Deep 侧进行 Embedding 共享。DeepFM 网络结构如图 5-7 所示。

第三类是在第二类的基础上，基于特征 Embedding 在 DNN 侧加入显式的交互模块，例如哈达玛积（NFM）、内积或外积（PNN）、卷积（CCPM、FGCNN 等）、注意力机制（AFM 和 FiBiNet 等）、图网络（Fi-GNN）和协同机制（CAN）等，如图 5-8 所示。下面将会挑选常用的交互模块进行举例，并展示交互模块的内部细节。

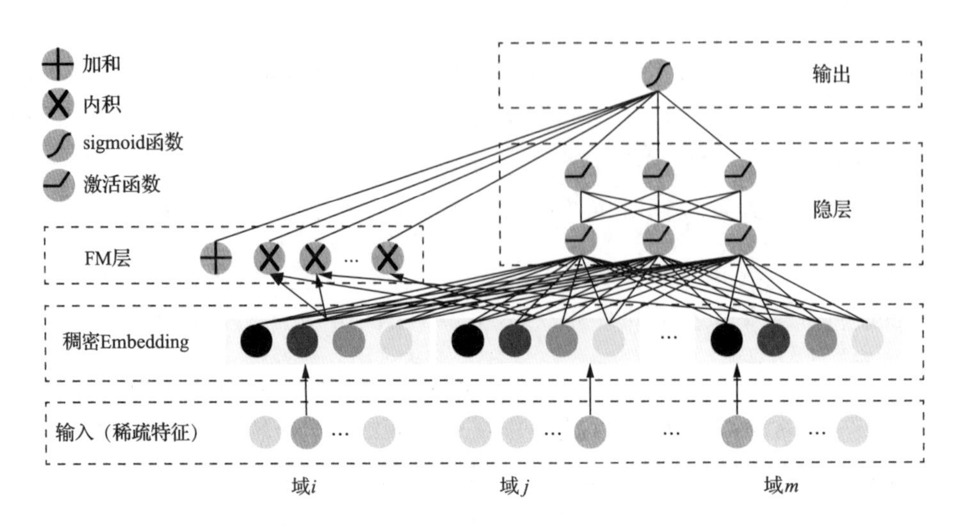

图 5-7 DeepFM 网络结构

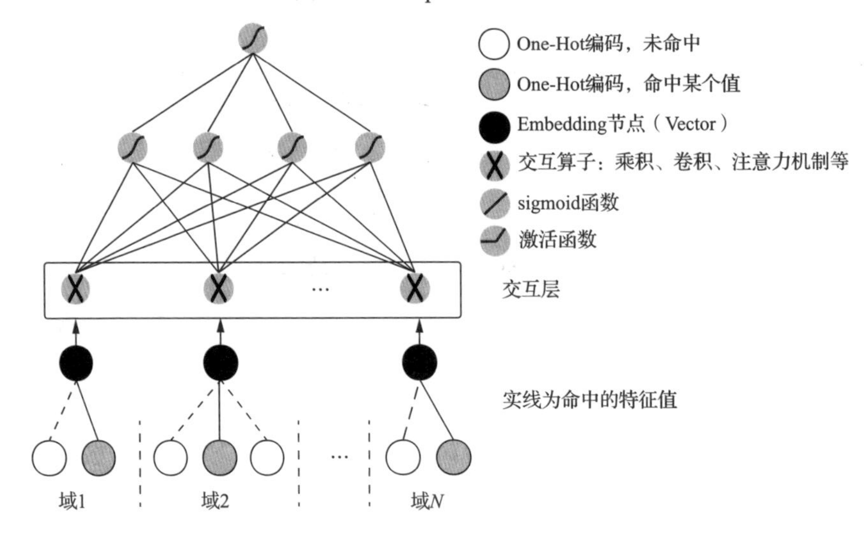

图 5-8 交互模块在网络中的位置

NFM（Neural Factorization Machine）与其他 DNN 模型处理稀疏特征输入一样，Embedding 层将输入转换到低维度的稠密 Embedding 空间，稍有不同的是，NFM 使用原始值乘以 Embedding 的向量，使得模型也可以处理实数值。NFM 中的 Bi-Interaction Pooling 模块将 FM 原有的两两向量内积过程替换为进行逐元素乘积的哈达玛积，然后将得到的若干向量进行按位求和，作为 MLP 的输入。当中间隐层都是恒等变换且输出层的参数全替换为 1 时，NFM 变成了 FM。NFM 网络结构如图 5-9 所示。

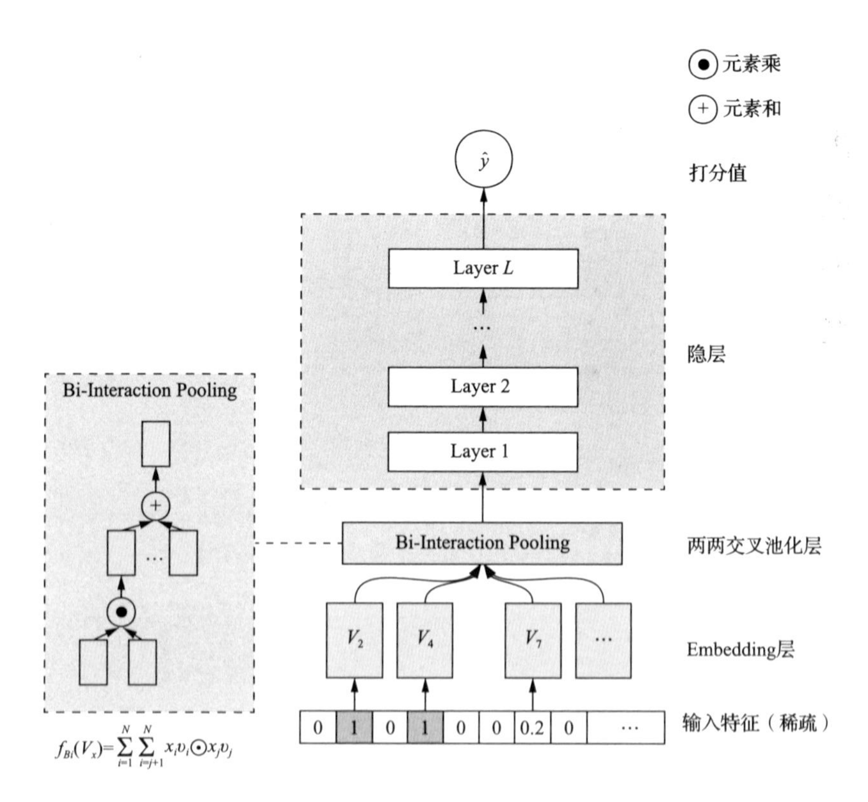

图 5-9 NFM 网络结构

AFM（Attentional Factorization Machine）在前馈网络结构上，相当于去掉了 MLP 的 NFM，但是，在两两特征哈达玛积后得到的若干向量并没有直接按位求和，而是考虑了每个向量的重要性，例如<性别，商品分类>与<性别，商品产地>交互后的重要性是不一样的，利用计算的重要性分数（Attention Score），按照 NFM 中的形式做加权求和的池化操作（Weighted Sum Pooling）。重要性分数由 AFM 中的 Attention Net 计算得到，其本质是一个一层的 MLP 网络，输入是两个不同域向量哈达玛积后的结果，输出是经过 MLP 后的重要性分数。AFM 网络结构如图 5-10 所示。

在 DNN 中特征 Embedding 通过简单的拼接或加和不足以学习到特征之间复杂的交互信息，PNN 通过引入 IPNN（内积）和 OPNN（外积）两种乘积结构来进行更复杂和充分的特征交互关系的学习。乘积后并没有直接加和，而是拼接到一起作为 DNN 的输入。当采用 IPNN 并去掉 MLP 后，PNN 退化成了 FM。PNN 本质上与 NFM 类似，都属于串行结构。PNN 网络结构如图 5-11 所示。

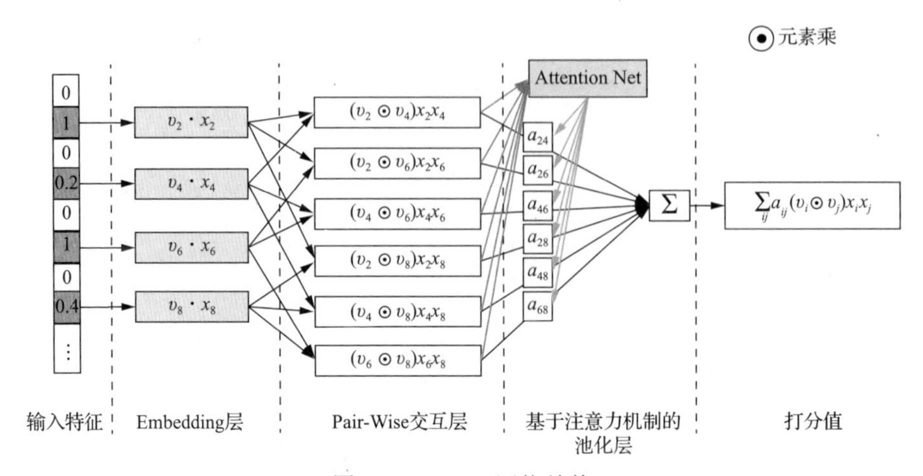

图 5-10 AFM 网络结构

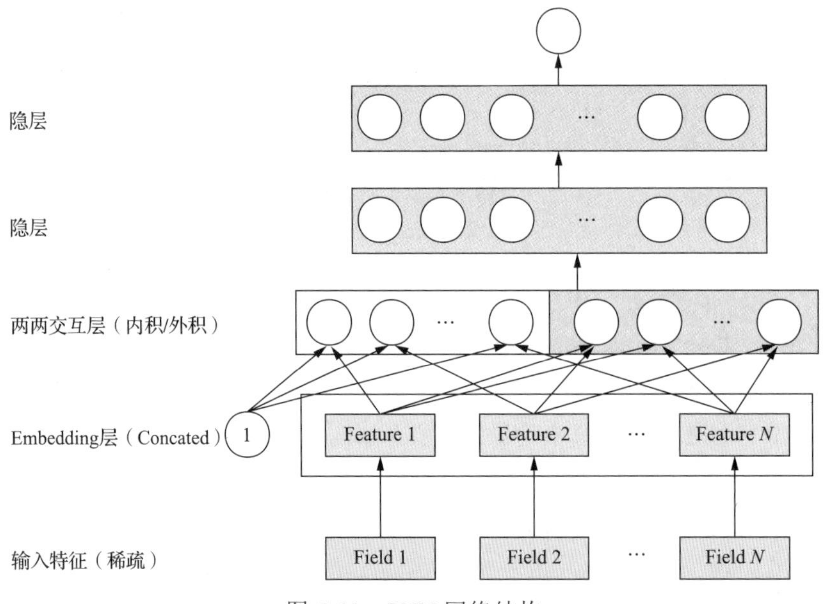

图 5-11 PNN 网络结构

FiBiNET（Feature Importance and Bilinear feature Interaction NETwork）通过加入双线性 FFM 来刻画细粒度的特征交互，同时使用 SENet 动态学习特征的重要性。在原生 FFM 实现中，某域下的每个特征对其他域都有不同的 Embedding 表示，但是在推荐场景中，类别型特征通常具有高维的特点，相比于简单的 DNN 模型，参数量会急剧上升，容易产生训练和线上推理瓶颈。因此，双线性 FFM 在两个域的特征交互前，加入一个“交互矩阵”（图 5-12 中的 Bilinear-Interaction 模块中的 $\boldsymbol{W}$），相当于对原来的矩阵进行了矩阵分解，抽出共性的“交互矩阵”部分。

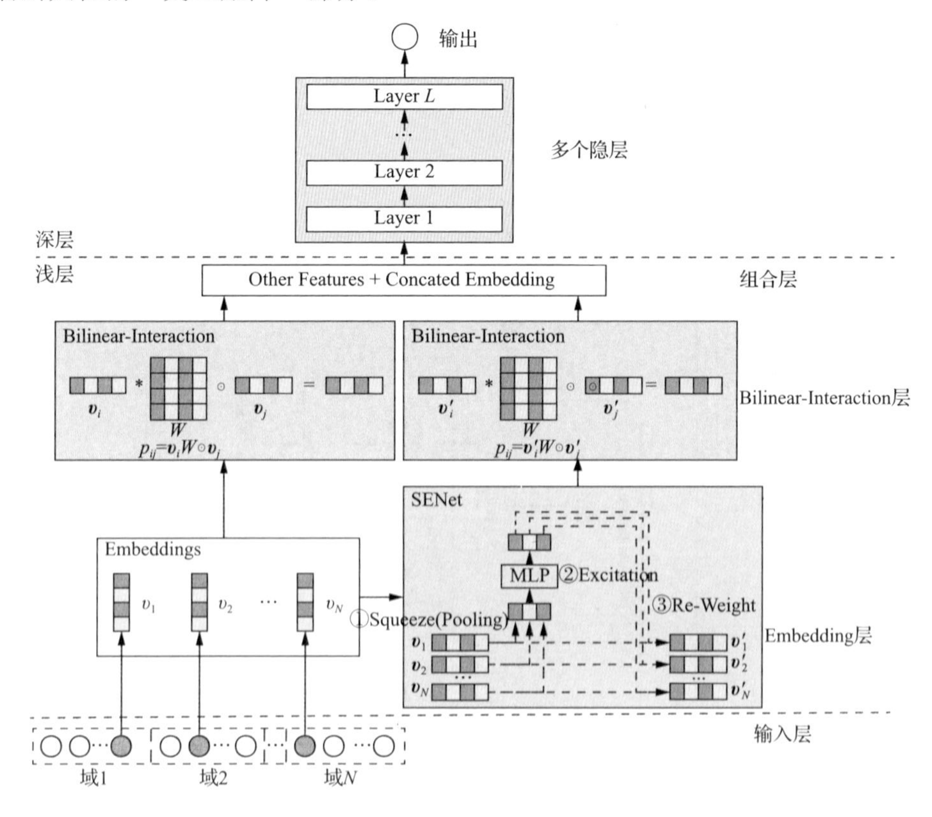

图 5-12 FiBiNET 网络结构

SENet 是 Momenta 在 2017 年提出的应用于图像处理的网络结构，通过对特征通道间的相关性进行建模，对重要特征进行强化来提升模型效果。SENet 的本质是为每个 Embedding 计算一个重要性得分。SENet 共分为 Squeeze、Excitation 和 Re-Weight 三个阶段。Squeeze 会对每个域的 Embedding 进行池化，将 k 维大小的 Embedding 变为一维；Excitation 是将所有域（假设数量为 d）的 Embedding 的求和数值拼接到一起成为一个小型 DNN 网络的输入，同时，该 DNN 网络的输出神经元数量也为 d（形成 d 维向量），每一维的输出表示对应 Embedding 的重要性；Re-Weight 是指最后将 d 维的向量按位广播（Broadcast）后与每个域的 Embedding 相乘，得分较低的 Embedding 每位的数值会被减小。

CAN（Co-Action Network）是阿里发表在 WSDM 2022 上的模型，其网络结构如图 5-13 所示，该模型通过引入 Co-ActionUnit 模块，直接对用户历史

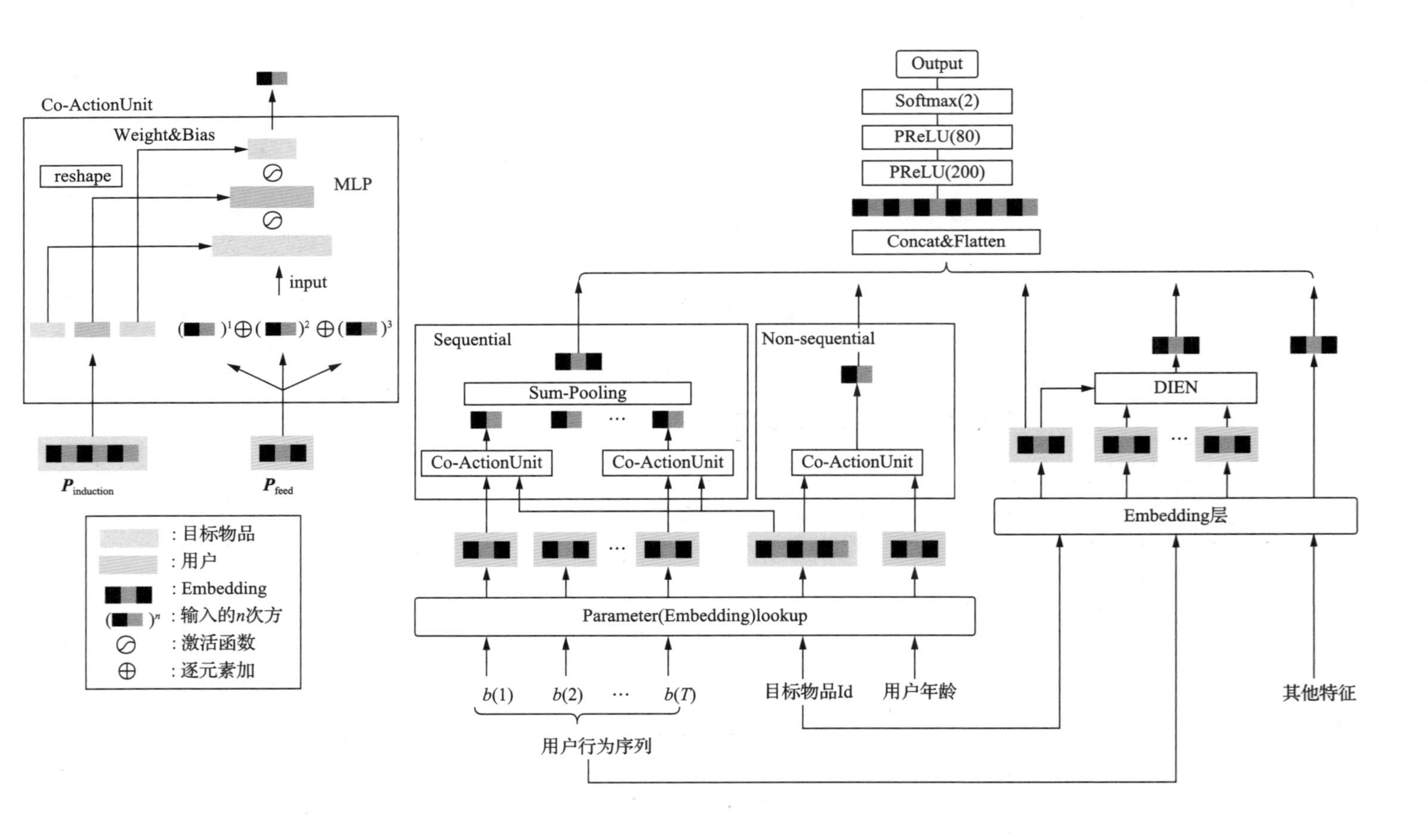

图 5-13 CAN 网络结构

行为和待推荐物品的共现进行建模，相比笛卡儿积机制，在特征学习的独立性、记性与泛化能力、线上推理的工程难度平衡上取得了不错的效果。

在实现过程中，Co-ActionUnit 分为两端输入，左端对待推荐物品的 Embedding 维度进行了扩展，切分为多段构建小 MLP 网络的参数，右端是用户行为序列，对用户行为序列中每个物品的 Embedding 进行处理，构造高阶特征作为左端的输入。

5.2.4 用户历史行为建模在深度排序模型中的应用

在推荐场景中，用户既有长期稳定的兴趣，也有近期或实时变化的兴趣，而这些兴趣偏好蕴含在用户历史行为数据中，通过对兴趣的挖掘，能够有效提升推荐结果的准确性。用户历史行为的挖掘和利用包括特征工程和模型结构两个方面，特征工程负责细粒度刻画用户历史行为，模型结构对构建好的特征实现更有效的利用，两者相辅相成。

用户历史行为的特征工程主要包括以下过程：针对不同的业务场景，将行为分为不同的类型（例如点击、点赞、观看时长、购买），按照物品的属性（例如物品 Id、标签、用户搜索词）及划定的时间窗口（近期、长期、会话等级别）进行统计分析，依照实时性的要求（例如，近期兴趣实时性要求高、长期兴趣实时性要求低）写入合适的 KV 存储系统，便于在线上积累特征现场及后续建模和推理的使用，详细的特征工程会在第 8 章详细讲解，本节主要讲解工业界如何在排序方向上针对用户历史行为的模型结构进行改进和优化。

用户历史行为的利用分为四个阶段：基于 Pooling 的方式，基于注意力机制，考虑用户行为的时间顺序，用户超长兴趣建模。

第一阶段，将用户历史行为特征进行 Embedding 后进行 Pooling，这种方式计算复杂度低，但是没有根据待打分物品对用户兴趣进行“提纯”。

第二阶段，阿里提出 DIN 模型，采用注意力机制将 Pooling 前的 Embedding 给予不同的权重。DIN（Deep Interest Network）是阿里发表在 KDD 2018 上的文章，其本质思想是当对某个物品进行预测时，历史行为中所有的兴趣并不都是有用的，例如，当判断体育用品时，用户历史上曾经点击过的书不应该影响当前的判断，因此，DIN 通过对用户历史点击序列与当前待打分物品计算 Attention 来对重要的历史兴趣物品的 Embedding 赋予新的权重。DIN 网络结构如图 5-14 所示。

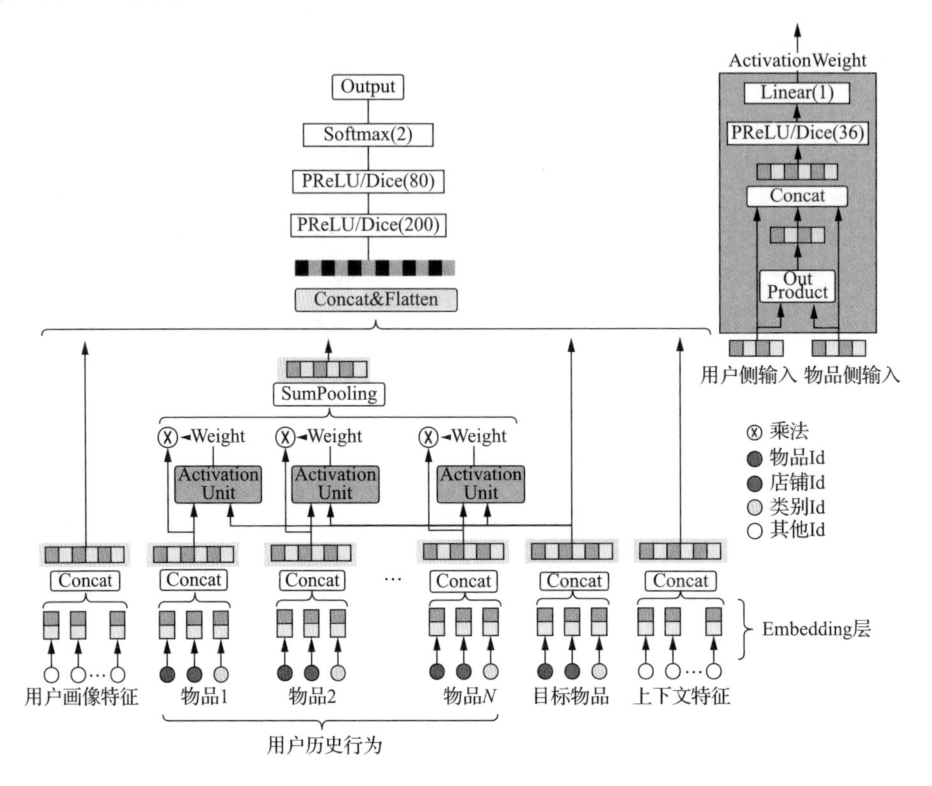

图 5-14　DIN 网络结构

在计算 Attention 时，将每个用户历史行为物品 Embedding 与当前待打分物品 Embedding 经过一个小型 MLP 网络计算其“相似性”分数，然后分数重新乘以行为物品 Embedding，进行 Pooling 后送入上层 MLP 中。

DIN 能够动态地捕获用户的兴趣，但是没有考虑行为的先后。在实际的业务场景中，用户的行为是有先后顺序的，因此可以利用能够体现时序特点的结构建模用户行为。

第三阶段，阿里在 2019 年又分别提出基于 RNN 的 DIEN（Deep Interest Evolution Network）模型和基于 Transformer 的 BST 模型，加入对用户历史行为时间顺序的建模。BST 模型在召回侧已介绍，因此不再赘述，这里仅介绍 DIEN 模型。DIEN 针对 DIN 没有考虑行为先后关系及兴趣变化的问题，基于双层 RNN 来建模用户的商品点击序列。其中，第一层 RNN 即兴趣提取层，用来提取行为序列中的信息，第二层 RNN 即兴趣演进层用来计算兴趣提取层结果与当前候选物品的相关性得分。同时，DIEN 模型基于 RNN 中的隐层向量与下一个商品计算辅助 Loss。DIEN 网络结构如图 5-15 所示。

第四阶段针对用户超长历史行为序列建模，阿里分别提出了基于记忆神经网络的 MIMN 模型和基于搜索范式的 SIM 模型。

现有的用户行为序列建模通常基于短期动态行为，导致用户的兴趣容易被近期热点和普遍行为所代替，而且可能导致数据闭环，以及基于短期行为的推荐系统的视野被限制。虽然用户长期行为序列能够在离线实验中带来提升，但是实际在落地时却很难，例如 DIN 和 DIEN 处理的序列长度如果从百级别扩充到千级别，则长度的增加将带来离线存储、训练资源的急剧膨胀，导致成本骤增，同时，在线推理环节由于受计算资源、网络、端时延等的限制，过长的序列实际上难以上线。为了解决长序列使用的难点，MIMN 模型提出了计算分离的模式，使用 UIC（User Interest Center）解决存储和线上耗时的问题。MIMN 网络结构和系统结构如图 5-16 所示。

MIMN 将 NTM（通过记忆网络对序列数据进行提取和存储）和 MIU（捕捉用户兴趣演化）统一到 UIC 中，在实际的点击率预测中，排序模型不再直接读取用户行为序列进行计算，而是读取 UIC 已经计算好的用户兴趣表示（记忆矩阵 $\boldsymbol{M}$ 和兴趣演化矩阵 $\boldsymbol{S}$），送入点击率预估模型进行计算。

MIMN 是基于记忆网络的，但是 MIMN 在将用户的行为压缩成固定大小的兴趣 memory 时存在信息损失，而且行为序列无法与候选物品更好地交互。因此，阿里在 2019 年年底上线并使用了 SIM 模型，通过两阶段的搜索范式来建模用户的超长行为序列。SIM 系统架构如图 5-17 所示。

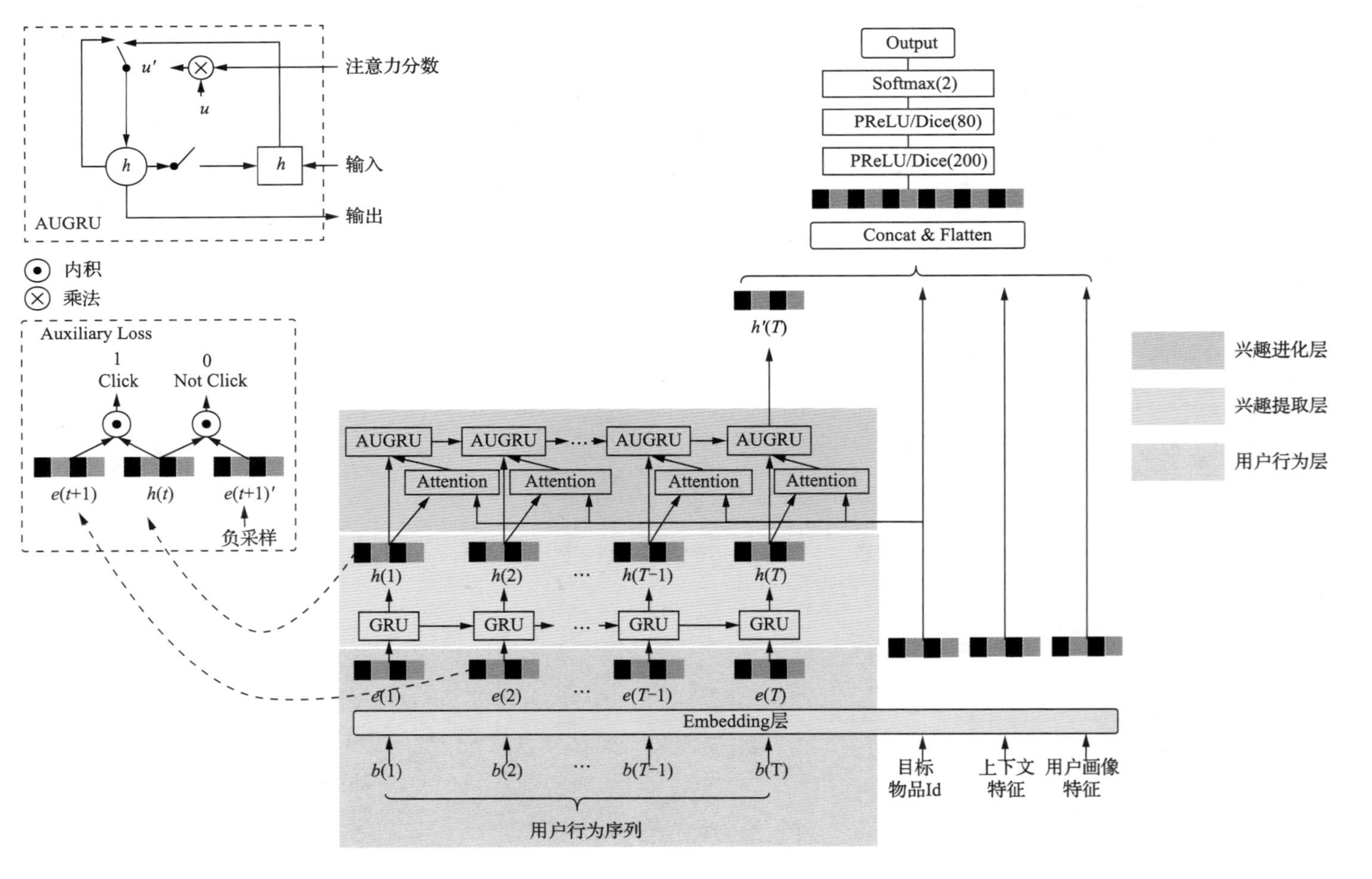

图 5-15 DIEN 网络结构

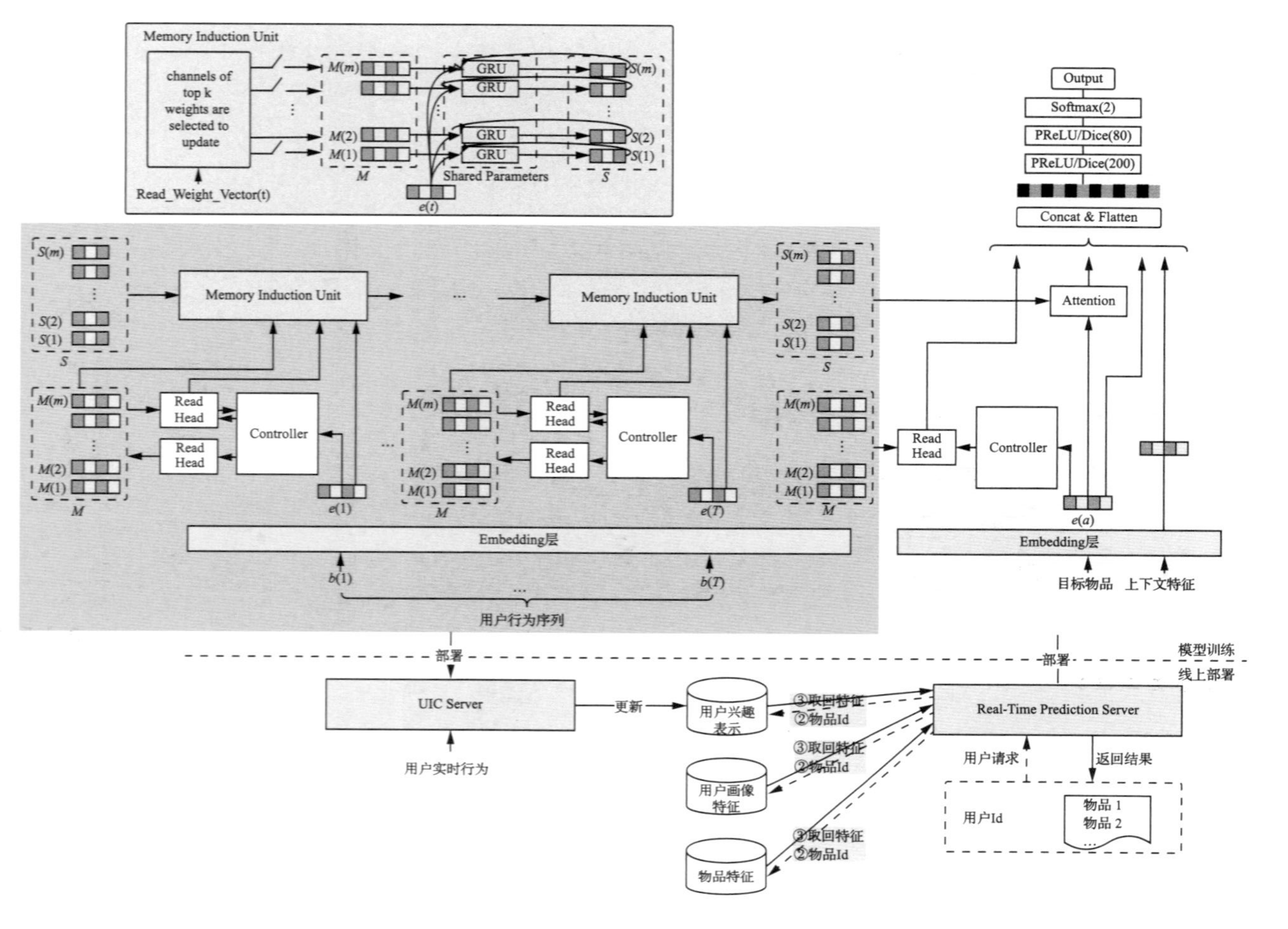

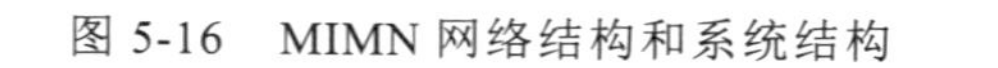
图 5-16 MIMN 网络结构和系统结构

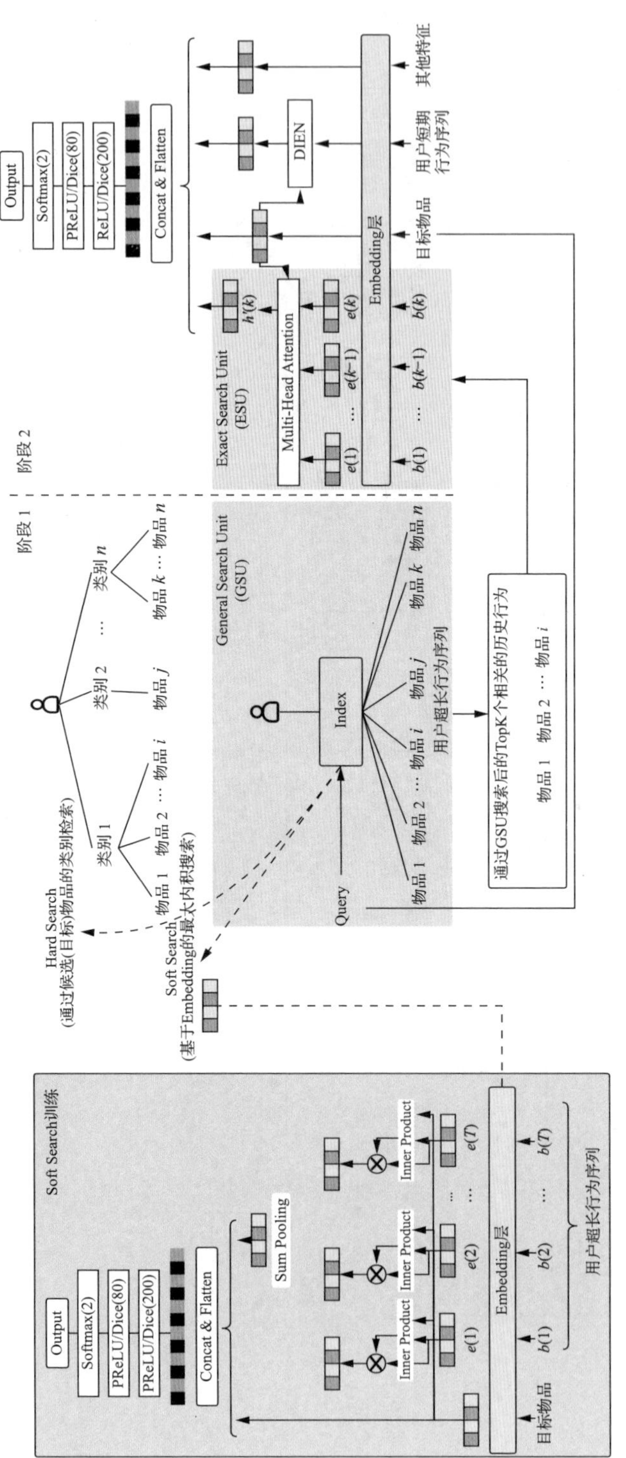

图 5-17 SIM 系统架构

系统包含两个模块：General Search Unit（GSU）和 Exact Search Unit（ESU）。GSU 类似于召回模块，通过两种行为检索方法 Hard-Search 和 Soft-Search 将用户万级别的行为序列数据降低到百级别，其中 Hard-Search 是先根据商品的类别标签对用户行为构建二级索引，然后通过待打分的物品类别标签查找用户行为序列中相同类别标签的物品；而 Soft-Search 则是离线将用户行为序列与待推荐物品进行建模，得到每个物品的 Embedding，在线上服务时，通过向量检索的方式选取用户行为序列中相关性最强的物品。通过实际线上效果发现，Hard-Search 与 Soft-Search 的效果十分接近。ESU 模块则是传统的序列建模模型，ESU 通过将 GSU 得到的较短序列采用 DIEN 等 Attention 方法进行建模。

除此之外，也产生了细分的优化方向，例如，从会话（Session）角度出发对用户行为进行划分和建模的 DSIN 模型，DSIN 网络结构如图 5-18 所示。

前述 DIEN、BST 等模型对于用户行为序列的建模都忽视了行为序列内在的结构，用户的兴趣是广泛而多变的，而且用户的行为序列是由若干会话组成的，会话内的用户行为同质化较高（较短时间内推出的物品相似），但是会话间的用户行为同质化较低（经过一段时间后再次推出的物品可能与之前截然不同）。

DSIN 主要包含四层：（1）会话划分层，对输入模型的用户行为序列进行分段，每一段称为一个会话；（2）会话兴趣提取层，对每一段会话内部的序列关系进行学习，采用 Transformer 进行建模；（3）会话之间的关系交互层，学习用户的兴趣变化规律，采用双向 LSTM；（4）会话兴趣激活层，对用户会话兴趣与目标物品之间的关系采用注意力机制进行建模，越相近则赋予的权重越大。

5.2.5 超大规模 Embedding 在实际中的应用

通常，类别型特征（物品 Id、用户行为序列等）的 Embedding 在特征组合和用户建模中发挥着重要作用。在实际的应用中，对于类别型特征通常先进行 One-Hot 编码操作，通过固定词表或者固定散列桶这两种方式为每个特征值赋予固定的编号，然后去 Embedding 表进行查表操作，得到 Embedding 后送入 MLP，固定词表和固定散列桶分别被称为 One-Hot Full Embedding 和 One-Hot Hash Embedding。这产生了以下三类问题。

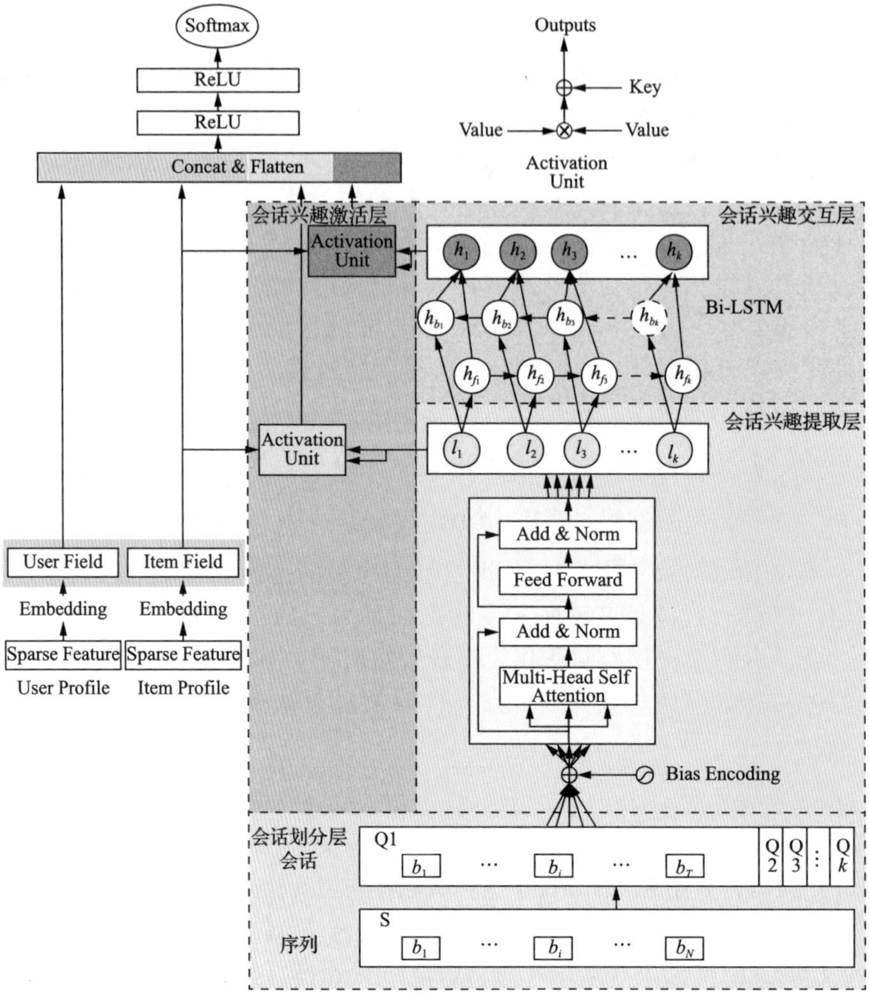

图 5-18　DSIN 网络结构

（1）采用 One-Hot Hash Embedding 方案，会出现散列冲突，损害模型性能。

（2）采用 One-Hot Full Embedding 方案，模型在线上推理时，对在训练中未见过的特征值 Id 会出现 OoV（Out of Vocabulary，超出词表范围）问题，导致无法找到对应的 Embedding。

（3）推荐场景下的类别型特征（如用户 Id 和物品 Id 等）具有高维稀疏的特点，Embedding 表参数量巨大，且占据了模型总参数量的绝大部分。

Twitter 在 2020 年提出的 Double Hashing 思路缓解了第一类问题的影响。Double Hashing 使用两个散列函数对特征值进行两次 Hash 后分别进行 Embedding 查找，减少冲突的可能性，然后将得到的两个 Embedding 进行聚合。后续 Twitter 在此基础上，提出了基于频次的 Double Hashing 方法：使用频次对特征值进行排序，频次高的特征值不进行 Hash，每个特征值都分配单独的 Embedding，而对于频次低的特征值，则使用双 Hashing 编码，以减轻内存压力。Frequency based Double Hashing 的计算过程如图 5-19 所示。

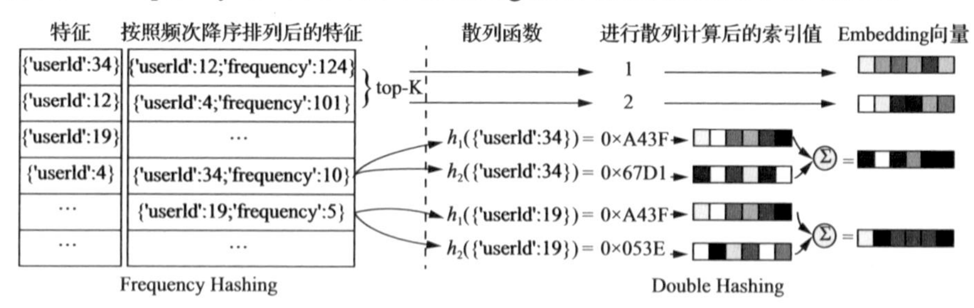

图 5-19 Frequency based Double Hashing 计算过程

Google 在 2021 年提出去掉 Embedding 表的 DHE（Deep Hash Embedding）模型的建议。DHE 通过编码和解码的两阶段过程，采用了时间换空间的思路，去掉了对 Embedding 表的依赖，缓解了第三类问题的影响。在编码阶段，将特征值映射为 k 维向量，然后在解码阶段，通过 MLP 将这个 k 维向量重新映射为新的维度为 m 的 Embedding 向量，通常 k 远大于 m。DHE 实际上会将原有的 Embedding 参数转移到 MLP 的网络参数中，在实际的实现过程中，可以将编码后的 k 维向量拼接其他 side info 特征（例如年龄、品牌等），作为解码阶段的输入。DHE 与 One-Hot 对比如图 5-20 所示。

注意，在原先的 One-Hot Full/Hash Embedding 中，计算复杂度仅为 $O(1)$，而 DHE 的计算复杂度大大提升，导致训练和推理速度很慢，对底层硬件资源（如 GPU）要求较高。

相较于 DHE 模型，阿里在 2021 年提出了灵活度更高的方案。BH（Binary Code based Hash Embedding）是阿里发表在 CIKM 2021 上的论文，该论文提出了基于二进制码的 Hash Embedding 学习。BH 与其他散列方法的对比如图 5-21 所示。

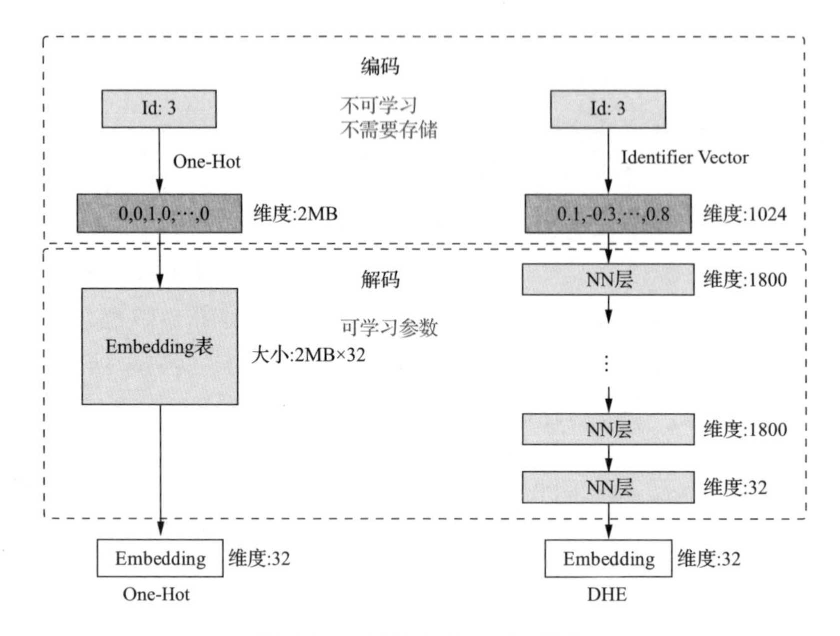

图 5-20　DHE 与 One-Hot 对比

图 5-21 中的（a）（b）展示了现在常用的 Embedding 查表映射和查表方法，由于特征值可能是字符串（例如“喜剧”）或者数值（例如用户 Id），因此通常首先将类别型特征值通过 MurMurHash 函数（该函数的散列空间是 Long 型的，数值范围非常大，冲突概率小）转换为 Long 型，然后使用 Full Embedding（前述的 One-Hot Full Embedding）和 Mod-based Hash Embedding（前述的 One-Hot Hash Embedding）进行压缩，但是这两种方式有两个痛点：缺乏灵活性，即不同场景对于模型大小存储的限制不同，例如，对于分布式推理服务器，模型可以在 GB、TB 级别，而对于移动设备，仅限制在 MB 级别；容易产生散列冲突，对模型效果有影响，Embedding 的压缩通常会带来效果的损失。

如图 5-22 所示，BH 另辟蹊径，类别型特征转换为 Long 型后（步骤 1）不直接进行查表操作，而是再转换为二进制编码（步骤 2.1），接下来进行分段操作（步骤 2.2），生成新的查表索引（步骤 2.3），然后每段（Block）分别进行查表工作（步骤 3.1），最后将多个段得到的 Embedding 做 Pooling 或者 Concatenation 等操作，得到最终的 Embedding 并传入 MLP。

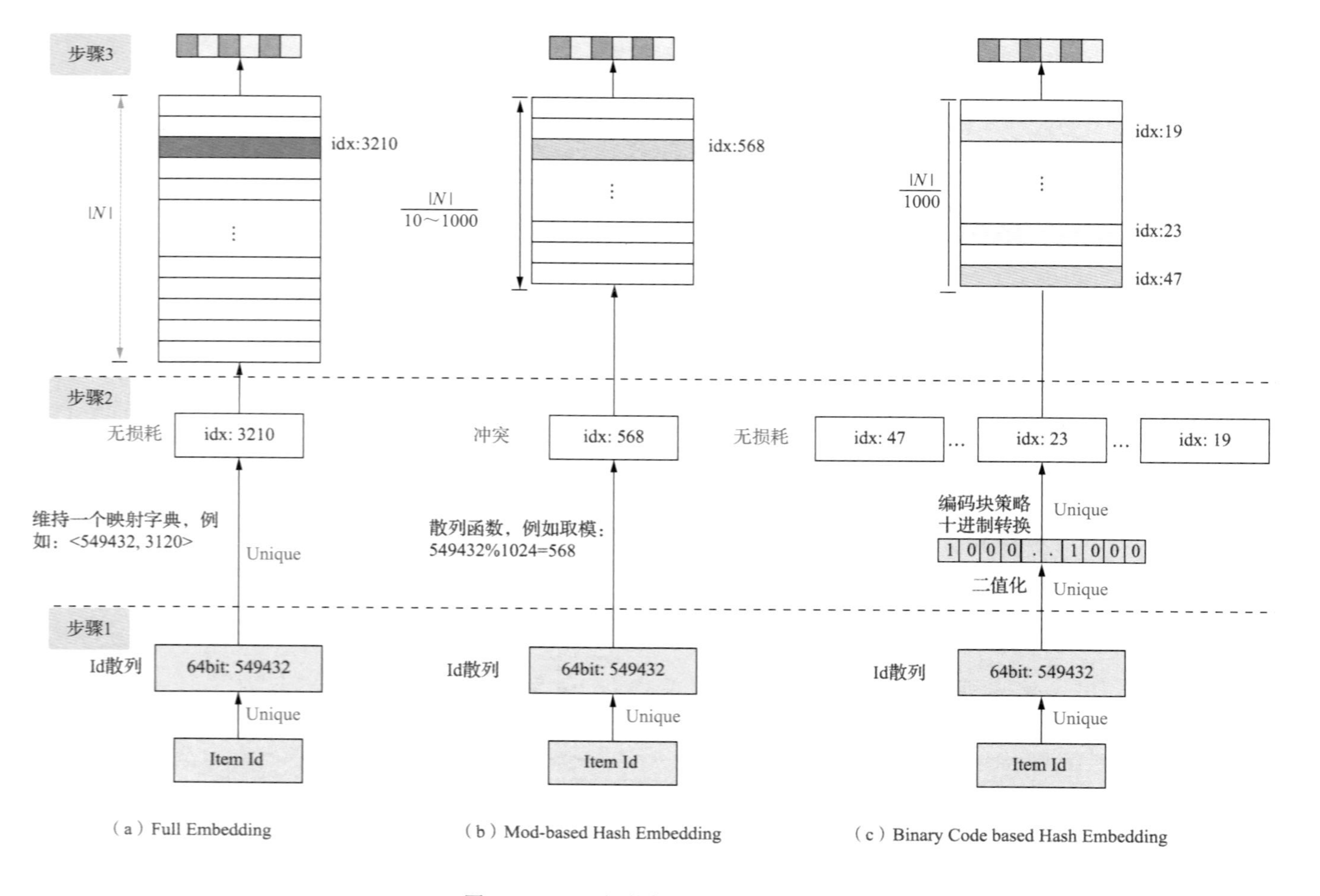

图 5-21　BH 与其他散列方法的对比

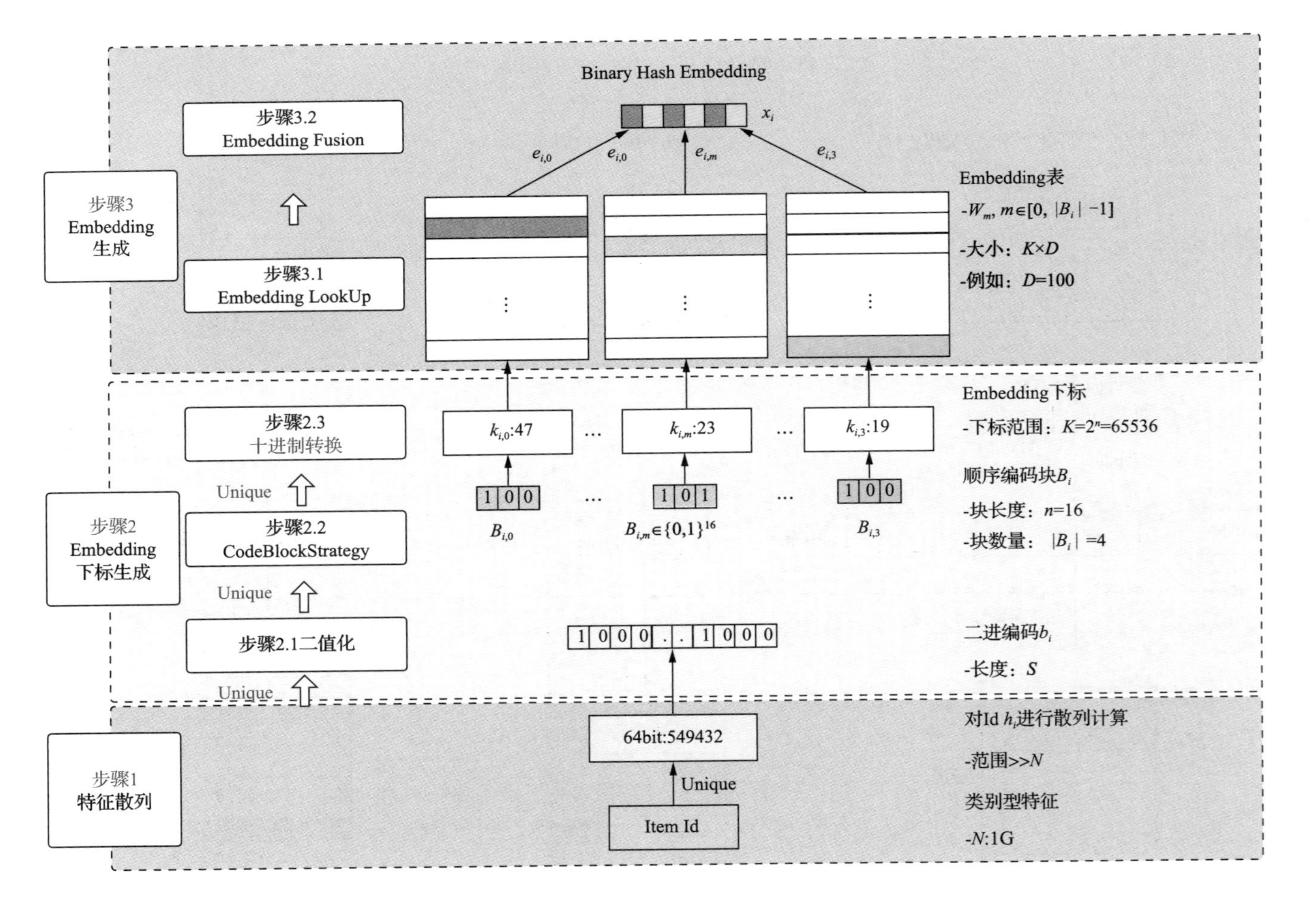
Binary Hash Embedding
步骤3
Embedding
生成
步骤3.2
Embedding Fusion
步骤3.1
Embedding LookUp
x_i
$e_{i,0}$
$e_{i,0}$
$e_{i,m}$
$e_{i,3}$
Embedding表
$-W_m$, $m\in[0, |B_i|-1]$
-大小：K×D
-例如：D=100
步骤2
Embedding
下标生成
步骤2.3
十进制转换
Unique
步骤2.2
CodeBlockStrategy
Unique
步骤2.1二值化
Unique
$k_{i,0}$:47
$k_{i,m}$:23
$k_{i,3}$:19
$B_{i,0}$
$B_{i,m}\in\{0,1\}^{16}$
$B_{i,3}$
Embedding下标
-下标范围：$K=2^n=65536$
顺序编码块B_i
-块长度：n=16
-块数量：$|B_i|=4$
二进编码b_i
-长度：S
步骤1
特征散列
64bit:549432
Unique
Item Id
对Id h_i进行散列计算
-范围>>N
类别型特征
-N:1G

图 5-22 BH 内部细节

相比于传统的 Embedding 方案，BH 是无参的实时计算过程，对新产生的 Id 计算友好，变相缓解了第二类问题的影响；同时兼顾灵活性，调大超参 n 能缩小 Embedding 规模；具有唯一性，即不论 Embedding 缩减到何种程度，原始特征值与最终特征值都一一对应。从计算性能分析，BH 增加了 Block 次查表的过程，对比 DHE 方案，BH 的算力需求大幅度下降。

2021 年，腾讯与阿里合作开源了 TFRA（TensorFlow Recommenders-Addons）工具包，同时解决了第一和第二类问题。通常，散列方法和 Embedding 的压缩可能会导致效果有损失，同时传统的 Embedding 方案对在线学习并不友好，在在线学习场景下，随着训练的持续进行，新的特征不断增加（例如，在 PUGC 短视频推荐场景中，用户会不断上传并发布新的视频），老的不更新的特征要不断淘汰（例如两年前发布的视频），而现有架构并不能满足需求。同时，由于推荐模型更新的稀疏性，即一段时间内训练的更新参数只占到总量的一部分，而传统静态 Embedding 机制下，需要处理整个稠密 Tensor，因而带来巨大的 I/O 开销，难以支持超大模型的训练。TFRA 提供了 DynamicEmbedding 和 EmbeddingVariable 两种组件，每个特征 Id 都有自己独立的 Embedding，同时解决了现有的散列冲突、内存动态伸缩等问题，但随着模型的训练，模型的体积会不断膨胀，因此官方提供了基于频次和时间的策略用于动态控制 Embedding 表的大小和淘汰不需要的特征。

特别需要注意的是，需要结合场景对存储、训练资源和时间、线上推理资源和时延限制、实时性及场景特点等方面进行方案的选择。例如 DHE 是时间换空间，适合对内存限制严格，但是对时延要求宽松的场景，而 TFRA 通常适合在线学习这种对特征动态准入和淘汰有需求的场景，由于每个特征值 Id 都有独立的 Embedding，因此需要考虑 Id 稀疏性对模型效果的影响。DHE 对于硬件要求高，需要在 GPU 的支持下才能在合理的时间内完成离线训练任务，而 Dynamic Embedding 随着训练的进行，产出的模型会比较大，因此需要通过工程技术解决大模型的上线问题。

5.3 推荐系统粗排阶段及其发展历程

在待分发物料较多的场景下，随着业务规模的增加，为了平衡算力和收益，将排序拆分为粗排和精排两个阶段。粗排作为召回和精排中间的环节，起到承上启下的作用。粗排的目标是减轻精排的压力，在满足 RT（Response Time）、算力约束和保证筛选效果的情况下，将召回得到的万量级物品进一步筛选到千量级，然后送入精排。

本节首先通过粗排定位与技术路线选择对粗排优化的出发点、优化方法和历程进行介绍，然后分别从模型架构演变、蒸馏技术与粗排、样本选择偏差角度和粗排效果评价等方面进行阐述。

5.3.1 粗排定位与技术路线选择

粗排作为召回与精排中间的环节，与召回相比，粗排更注重排序性，即按照得分降序排列后选择 TopK 送入精排，由于精排结果的 TopM 远小于 TopK，因此，为了增强筛选效率（比较适合精排的推荐物品，能通过前置环节到达精排），粗排需要与精排目标保持一定程度的一致性。从阶段性角度，粗排可以认为是精排前的一种特殊的“召回”，相比精排的样本空间是曝光的物品，粗排的样本空间是召回后的结果或者全库。与精排相比，粗排更注重性能，由于精排模型结构通常十分复杂，当物品库数量较大时，面对多路召回产出的物品集合难以在较短时间内返回打分结果，因此粗排的出发点是“精排的简化版”，即精排的迁移或者压缩，这意味着需要在满足排序准确性的基础上，尽量满足性能需求。

图 5-23 展示了粗排的技术路线，粗排模型的演化基本是按照“减少粗排与精排预估能力差距”和“增强链路目标一致性”的方向进行优化的。

在模型类型的选择路线上，有两条路线：

（1）第一条路线按照排序的思路，以 Point Wise 为视角，将精排模型的精准值预估能力迁移到粗排中，即把粗排当作精排的“简化版”。为了能够更好地将精排的精准值预估能力向前链路迁移，通常会使用一些比较复杂的网络结构和优化方法，这种方法的好处是表达能力比较强，与精排联动性好，但是相应地也会带来比较大的算力消耗，因此需要在效果与性能间进行平衡，我们通过线性模型 LR=>双塔深度模型=>COLD 的进化路线可以很好地阐述该思路的演变过程。

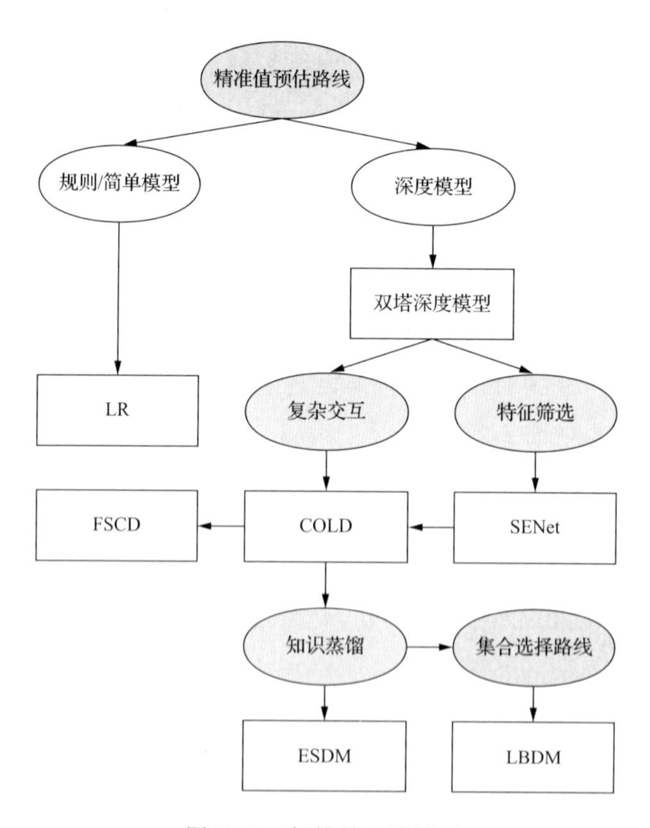

图 5-23 粗排技术路线图

（2）第二条路线按照为后续链路选择合适集合的思路，在（1）的模型和优化方法基础上，以学习后链路的序为主要方法。这种方法的优势是隐式学习了后链路的多目标或者多样性调整等信息，而且端到端的方式有效减少了因后续链路升级带来的粗排维护问题。

模型优化方法主要有以下三个。

（1）提升模型精度：对齐精排模型中复杂的特征和交互组件、蒸馏技术进行知识迁移。

（2）优化模型性能：利用蒸馏、量化、特征筛选、网络剪枝、深度结构搜索等技术简化模型结构、减少特征传输，并结合底层优化计算效率。

（3）缓解空间分布差异和样本选择偏差问题（SSB）。

下面，笔者先从模型架构复杂度及其性能优化角度介绍从双塔模型到

COLD 为主线的演变过程。然后，介绍知识蒸馏在粗排模型中的应用。接下来，介绍如何缓解缓解粗排阶段的 SSB 问题。最后，介绍粗排模型的评价方法。

5.3.2 粗排模型架构的演变

精准值预估能力的迁移是指对齐精排模型的预估能力，因此粗排模型在工业界的发展历程与精排模型的发展历程几乎一致，即以策略值排序、LR 模型为代表的前深度学习时代，和目前以双塔结构为主的双塔深度模型。粗排模型架构演进过程如图 5-24 所示。

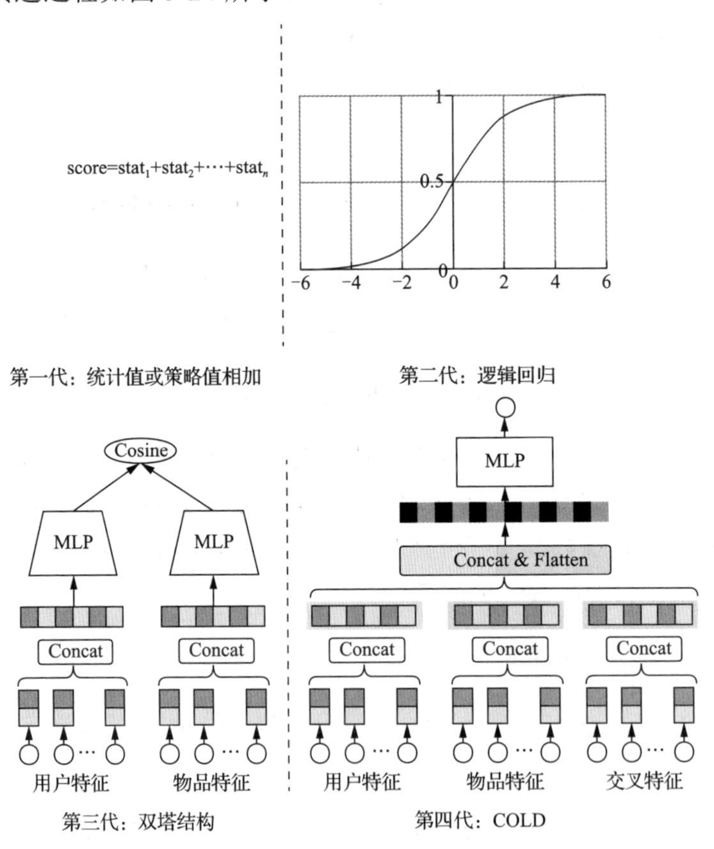

图 5-24 粗排模型架构演进过程

策略分排序是按照某个统计项（例如 CTR）从高到低排序后送入后续的环节，因为只利用了物品侧的统计数据，所以个性化能力弱。以 LR 为代表的模型结构简单，更新速度快，训练和线上服务压力小，曾占据工业界主流模型地位，但效果上限明显，需要大量人工开发特征。当前应用最广泛的粗排模型，是以向量内积作为得分结果的双塔深度模型。

基于向量内积的双塔深度模型，顾名思义，双塔结构是指在最终计算得分前，有两条并行的网络，分别是仅输入用户侧特征的用户侧网络和仅输入物品侧特征的物品侧网络，最后将两个网络最后一层隐层的输出（用户向量和物品向量）进行内积并作为最终的排序分数。

向量内积模型本质是 DNN，其表达能力与 LR 相比具有显著的提升，与精排相比，双塔结构意味着减少了网络内部的交互计算，同时可以根据算力、RT、效果等因素权衡用户向量和物品向量的产出是离线还是实时，模型相对可以做得比较复杂，例如，利用 Transformer 优化用户侧网络。

在计算方式上，根据推荐系统对粗排阶段的 RT 限制，有两种方案：一种是采用与精排一样的实时架构，对用户特征和每一个召回物品的特征进行打分；另一种是利用双塔结构的优势，在计算时通过用户向量实时计算，物品向量提前计算并存入 ANN 检索系统（例如 FAISS），以及打分时采用向量检索的方式，来有效地提升计算效率。注意，这里采用用户向量实时计算是因为用户侧特征可能包含一些经常变化的实时特征，例如点击序列。同理，如果物品侧也包含实时特征，那么物品向量的计算可能需要采用近实时的方案或者更改为第一种方案。双塔网络与推理性能的权衡如图 5-25 所示。

双塔模型存在的缺点也比较明显：（1）模型表达能力受限，由于采用用户侧特征和物品侧特征计算分离的架构，两侧的交互只有在最后一层内积计算中进行，而在实际的算法迭代中，更早的用户特征与物品特征交互能够有效简化模型的学习难度和提升效果；（2）实时特征造成其归属侧的网络需要被重新计算，需要兼顾性能；（3）存在向量更新频率问题，在模型迭代时，需要保证用户侧网络和物品侧网络同步更新，如果物品向量采用提前计算的逻辑，那么当物品库很大时，对所有物品打分及建立向量索引库的总时间会很长，将严重降低迭代效率；（4）有时（例如电商平台做大促活动时）模型无法对数据分布的快速变化做出响应。

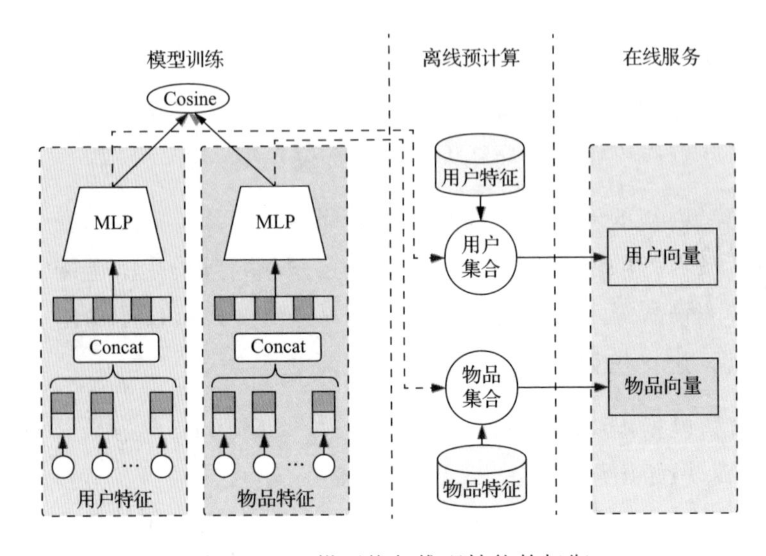

图 5-25 双塔网络与推理性能的权衡

由于双塔结构的交互能力存在一定限制，所以可以在双塔两侧引入SENet结构（参见5.2.3节）。如图5-26所示，SENet并不会直接解决交互限制问题，而是另辟蹊径，在特征表征前向传递的过程中，强化重要特征，并减少不重要特征的影响，从而使得用户塔的输出和物品塔的输出之间的交互更加高效。

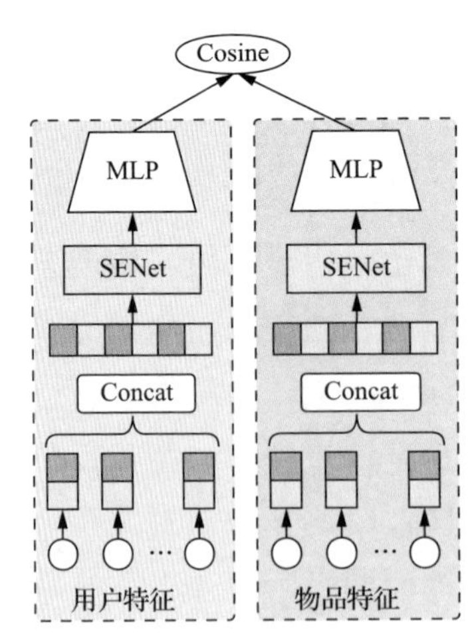

图 5-26 双塔网络+SENet-提取信息价值高的特征

粗排的双塔结构限制了特征交互，从而影响了效果。阿里在2020年提出的 COLD 框架（如图 5-24 所示）取消了这种限制，采用了两阶段的方式对模型效果和算力进行平衡：首先，设计比较复杂的粗排模型结构，利用 SENet 进行特征筛选，保留部分重要的特征；然后，仅采用这些重要的特征再次训练粗排模型。在特征筛选上，COLD 使用了前述的 SENet 结构，选取了重要性最高的 K 个特征域，注意，K 的选取需要综合 GAUC 或 RT 等指标进行多组实验。

为了优化模型性能，COLD 同时利用 Scaling Factor 进行剪枝，原理是在每个神经元输出后面乘以 gamma，并在 Loss 上对 gamma 的稀疏性进行惩罚，当某个神经元的 gamma 为 0 时，神经元的输出也为 0，那么该神经元不会对推理产生任何影响，视为该神经元被剪枝。除了特征筛选，阿里还在工程上应用了并行优化、列计算转换、Float16 加速等优化手段。

阿里在 2021 年提出的 FSCD（基于特征复杂度和 Variational Dropout 的可学习的特征选择）算法与 COLD 的出发点非常类似，都采用了特征筛选，但是与 COLD 不同的是，FSCD 引入特征复杂度建模，直接将特征筛选的过程显式地放到损失函数里，具有较大（存储和计算）复杂度的特征更有可能被舍弃掉，在学习结束后，通过将“保留后验概率”降序排列后进行选取。FSCD 网络结构如图 5-27 所示。

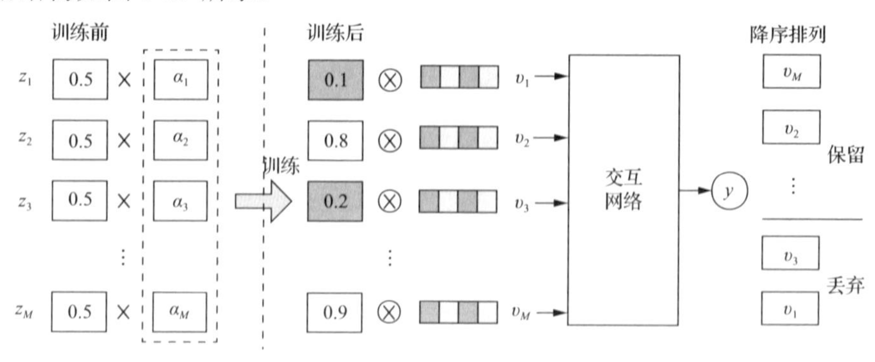

图 5-27 FSCD 网络结构

与 COLD 一样，FSCD 也是两阶段的训练过程，但是稍有不同的是，第二阶段在第一阶段训练好 Embedding 和网络参数初始化模型后，再次以相同的样本进行训练。

5.3.3 使用知识蒸馏增强粗排与精排的一致性

随着深度模型复杂度的上升，模型除了体积变大，在线上推理的速度逐渐下降，难以应对高 QPS 场景的需求，而知识蒸馏正是解决此类问题的优化方案之一，其本质是模型的压缩和知识的迁移。

在讲解知识蒸馏技术在粗排的应用前，先介绍知识蒸馏的定义和架构，然后从知识蒸馏的类型和训练方式两个重要组成部分阐述，并在文中穿插工业界的具体应用。

1. 知识蒸馏的定义和架构

知识蒸馏的架构通常采用 Teacher-Student 模式，如图 5-28 所示，将复杂模型作为 Teacher，将待学习的简单模型作为 Student，用 Teacher 辅助 Student 训练，增强 Student 弱模型的精准度和泛化能力。

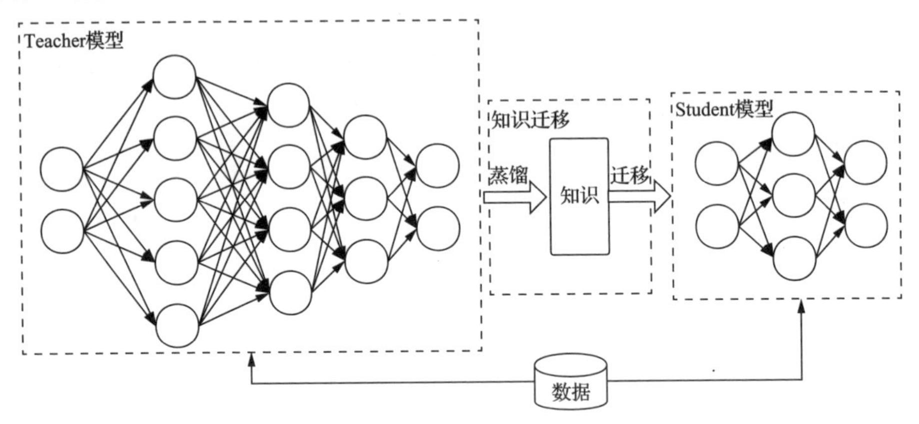

图 5-28 知识蒸馏的架构

这种模式与“粗排是精排的简化”的目的是一致的，因此，可以将“精排作为 Teacher，粗排作为 Student”的模式，应用在粗排模型的优化上。

知识蒸馏包括两个重要的组成部分：一是知识蒸馏的类型，即对哪部分进行知识迁移；二是知识蒸馏的训练方式，即在综合考虑资源和模型效果的基础上，采用合适的模型训练方法和优化技术。

2. 知识蒸馏的类型

如图 5-29 所示，从知识蒸馏的类型来看，分为基于关系的迁移、基于特征的迁移和基于输出的迁移。

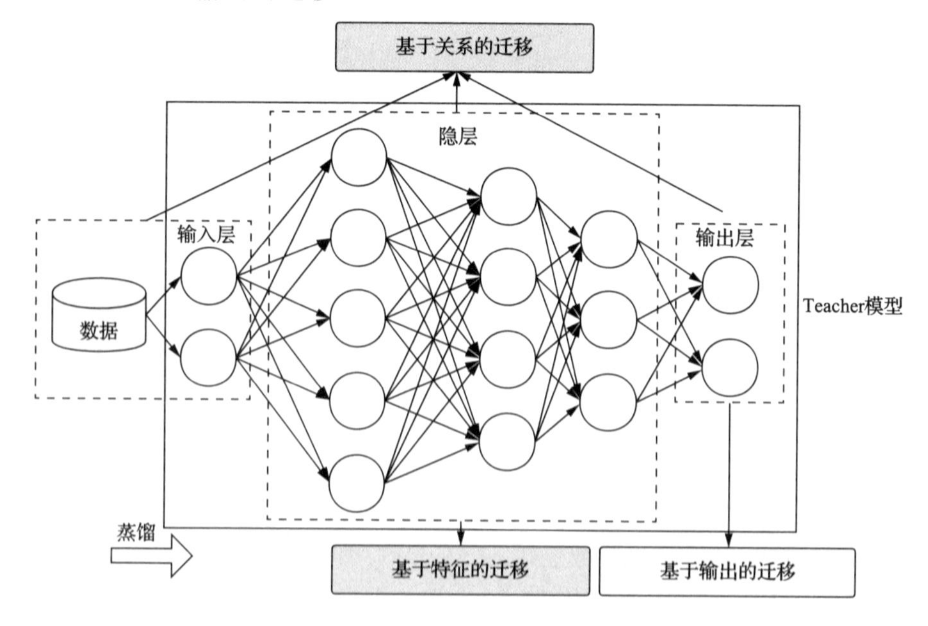

图 5-29　知识蒸馏的类型

在讲解基于输出的迁移前，先说明什么是 Logits。模型的输出通常被称为 Logits，例如，在以 CTR 为建模目标的推荐排序模型中，Logits 是指在输出预测的 CTR 概率前未经 sigmoid 变换的值。在图像分类场景中，Logits 是指在经过深度网络后，判断属于某个类别的可能性。由于 Logits 并非概率值，因此不管在单类别场景下，还是在多类别场景下，通常会使用 sigmoid 或者 softmax 得到概率值。

基于输出的迁移是指让 Student 模型的输出尽量逼近 Teacher 模型的输出。我们可以通过使用一个蒸馏损失（Distillation Loss）来捕捉 Student 模型和 Teacher 模型输出之间的差异，例如最简单的形式 $\text{Loss}_{\text{Student}} = (\text{Logits}_{\text{Student}} - \text{Logits}_{\text{Teacher}})^2$。随着训练的进行，通过最小化 Loss 函数，Student 模型的输出会变得越来越接近 Teacher 模型。基于输出的迁移示意图如图 5-30 所示。

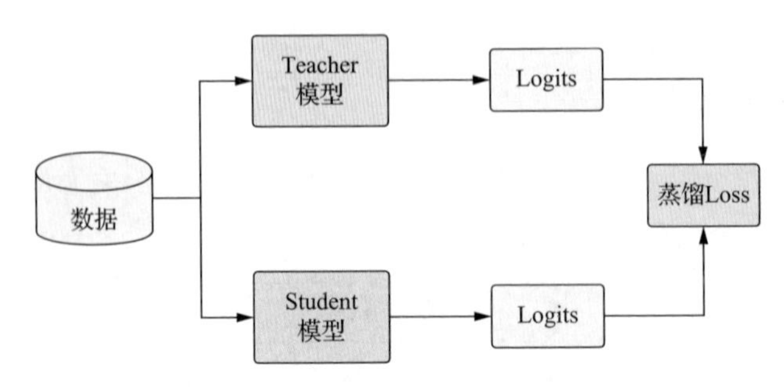

图 5-30 基于输出的迁移示意图

阿里在 2017 年提出了 Rocket Launching 模型，模型采用了“基于输出的迁移”，如图 5-31 所示，设计了两个模块：Booster Net 独立参数（Teacher）和 Light Net 独立参数（Student），Teacher 和 Student 同时训练而且共享底层参数，Booster 和 Light 网络分别是 Student 和 Teacher 网络的独立参数。在 Loss 的设计上，分为三部分：Teacher 的 ground-truth 目标的交叉熵、Student 的 ground-truth 目标的交叉熵和 Teacher 及 Student 输出 Logits 值的差异。注意，如果采用底层共享参数的形式，则需要考虑 Student 网络对 Teacher 网络的负向影响。因此，作者提出利用 Gradient Block 的技巧进行优化：Teacher 网络独有的参数仅用 Teacher 网络的 Loss 进行 BP（Back Propagation，反向传播）更新；Student 网络独有的参数仅用 Student 网络的 Loss 和蒸馏 Loss 进行 BP 更新，而共享的参数则用三部分的 Loss 综合进行 BP 更新。

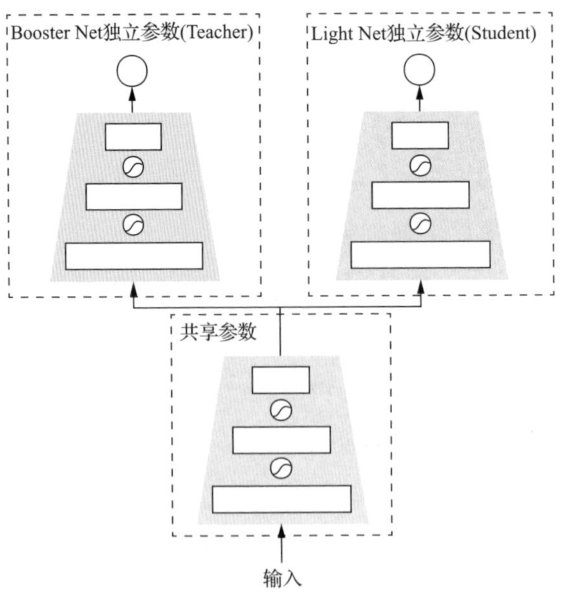

图 5-31 Rocket Launching 网络结构

基于特征的迁移是指让 Student 模型逼近 Teacher 模型的中间层的网络响应。与基于输出的迁移相比，“蒸馏损失函数”从“逼近 Logits”变为“逼近隐层响应”，从模型复杂度角度，基于特征的迁移要求 Student 和 Teacher 的隐层复杂度保持一致，从而变相限制了 Student 模型的性能优化。基于特征的迁移示意图如图 5-32 所示。

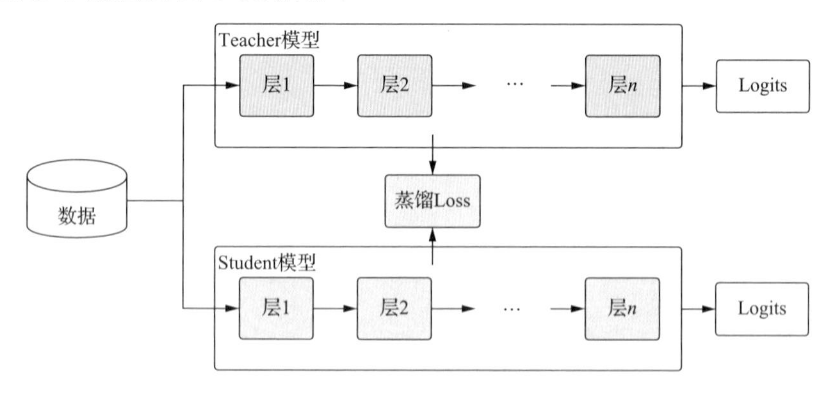

图 5-32　基于特征的迁移示意图

如图 5-33 所示，爱奇艺在 2020 年针对粗排阶段提出的双 DNN 模型同时结合了“基于输出的迁移”和“基于特征的迁移”。值得注意的是，“基于特征的迁移”变相提高了粗排模型的复杂度，因此，爱奇艺在 Teacher 模型的隐层与特征 Embedding 之间加入了特征交互层，这里的特征交互层可以设计得非常复杂，利用 Teacher-Student 的训练架构将学习到的交互信息迁移到 Student 中。

基于输出的迁移和基于特征的迁移本质上都是逼近某层（中间层或输出层）的响应，而基于关系的迁移是将网络中的特征关系或者样本关系作为知识进行迁移，但是在推荐场景下鲜有使用，因此不做介绍。

3. 蒸馏模型的训练方式

在推荐场景下，通过对训练过程的划分，按照网络参数是同步还是异步更新的，将蒸馏模型的训练方式分为两种：联合训练和两阶段训练，如图 5-34 所示。图 5-35 对两种方式的训练过程进行了详细演示。

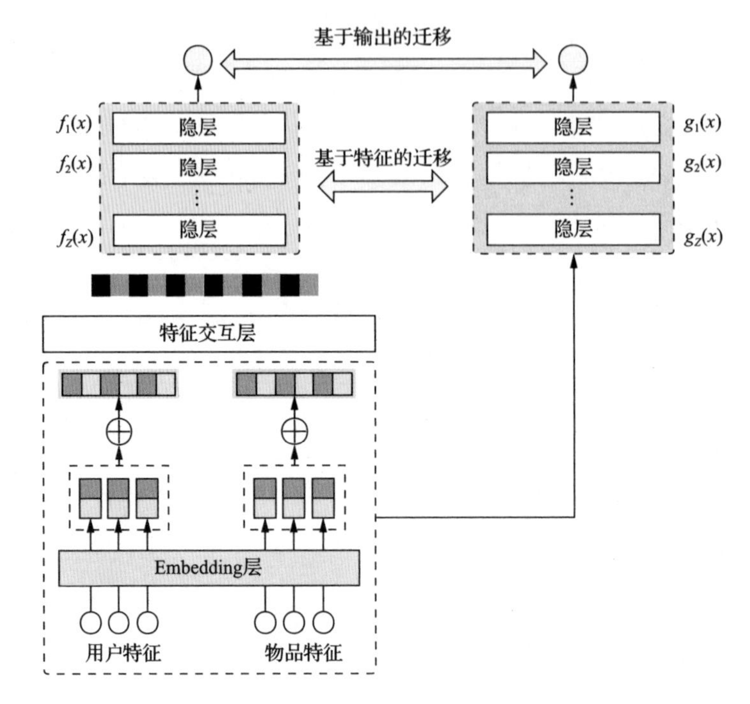

图 5-33 爱奇艺双 DNN 网络结构

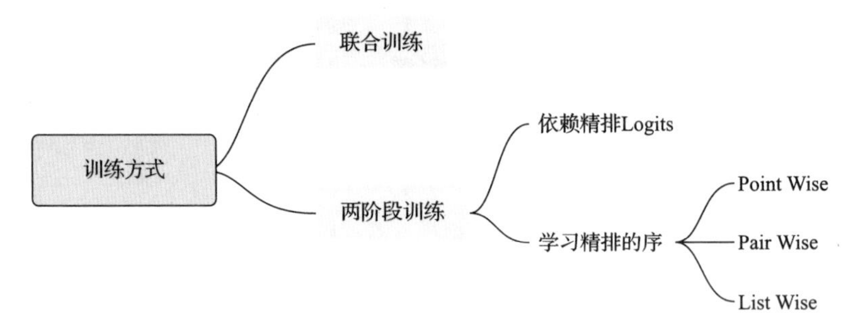

图 5-34 蒸馏模型的训练方式

联合训练是指 Teacher 和 Student 模型对于同一份训练样本在同一个训练进程中训练，Teacher 和 Student 模型同时进行参数更新（前向推理+反向传播），由于 Student 模型的产出没有前置的 Teacher 模型训练阶段，因此这是一种端到端的训练方式。

两阶段训练则是将 Teacher 和 Student 模型的训练过程完全分开，首先训练一个 Teacher 模型，然后利用 Teacher 模型的打分信息重新训练粗排模型。

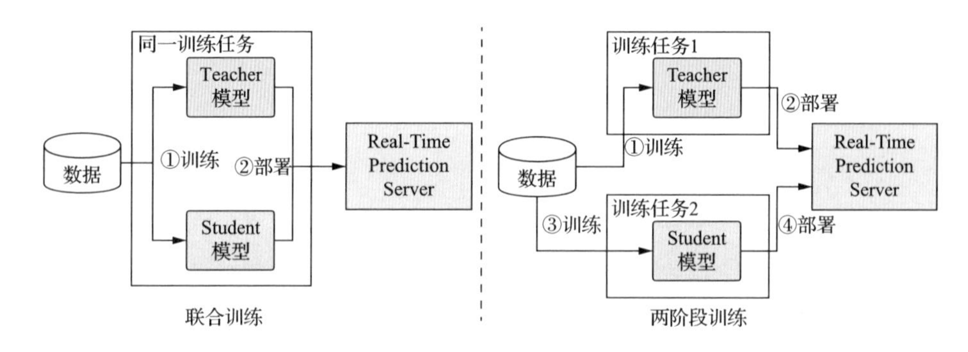

图 5-35 联合训练与两阶段训练的过程对比

联合训练与两阶段训练相比，具有端到端的差别，联合训练在训练过程中，由于两个模型常驻内存，因此占用的训练资源比较大，而两阶段训练相对节省资源。同时，两种训练方式所使用的优化技术也不相同，例如，联合训练可以采用 Embedding 共享或者基于特征的蒸馏学习，而两阶段训练则无法使用，但可以利用 Teacher 的 Embedding 初始化 Student 部分的 Embedding，从而减少两者之间的差距。

从“精准值预估能力”的角度或者从“召回集合建模”的角度，两阶段训练可以分为依赖 Logits 的方案和无 Logits 的方案。

从“精准值预估能力”的角度，依赖 Logits 的方案即前面介绍的“基于输出的迁移”，在推荐场景中，可以将训练好的精排模型完整训练一遍样本，在将每条样本加上精排输出的 Logits 后，再将同一份训练样本用于粗排模型训练（如图 5-36（a）中③④所示）。但是有一种更简单的方式，即在精排模型对实际线上流量打分时，打分现场数据在记录<用户, 物品, 使用的特征>的基础上，增加精排得分值 Logits，变为<用户，物品，使用的特征，Logits>后，将生成的样本送入模型进行训练（如图 5-36（b）中③④所示），相比于第一种方式，在利用增量/在线学习的优化技术时，这种方式能够将精排输出的变化快速回流到粗排模型中。

从“召回集合建模”的角度，无 Logits 的方案则是以学习符合后续链路集合的角度进行建模。因为精排的结果是有相对顺序的，因此，只需要让粗排对物品打分结果的顺序与精排模型对齐，也能达到相同的筛选效果，实际的技术方案可以采用 LTR（Learn To Rank）技术学习精排打分结果的序关系。与“依赖 Logits”方案类似，记录由<用户，物品，使用的特征，Logits>变为

<用户，物品，使用的特征，排序值(rank)>。

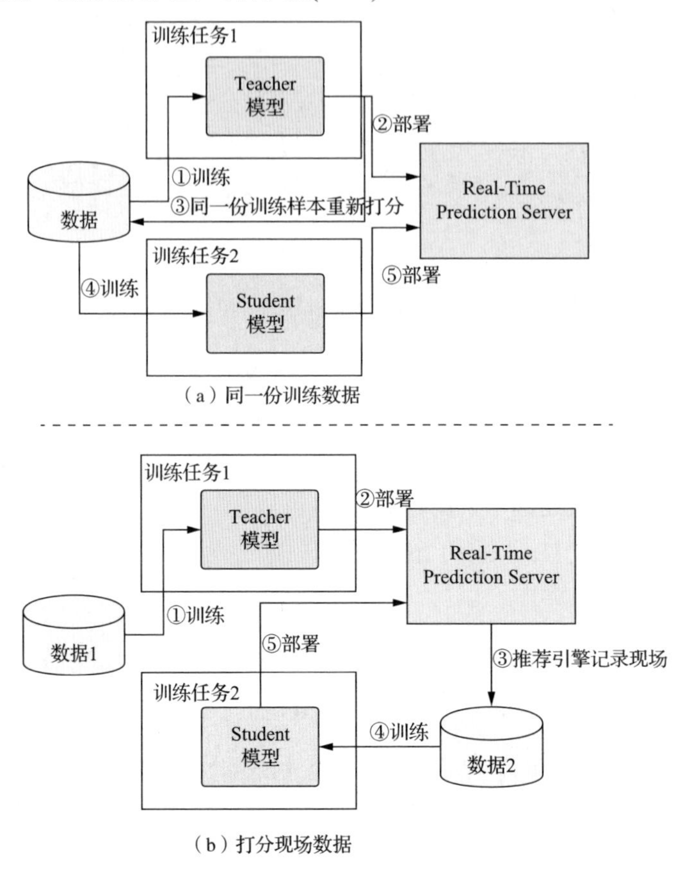

图 5-36 两阶段训练-两类样本生成和训练方式

LTR 常见的优化目标包括：Point Wise、Pair Wise、List Wise，下面将单独介绍这三种优化目标在粗排中的建模方式。注意，不管是哪种优化目标，都是希望粗排结果的 TopK 与精排结果的 TopK 保持一致。

在 Point Wise 的学习过程中，如图 5-37 所示，可以将精排结果（假设数量为 N）的 TopK 作为正样本，剩余的 $N-K$ 作为负样本（在后续的 5.3.4 节中，将介绍爱奇艺在负样本生成中的不同策略），只要保证 TopK 比 $N-K$ 的排序更高即可，这种划分正负样本的方式保证了对序学习的目的，在 TopK 的正样本或剩余的 $N-K$ 样本中，可以根据 rank 值设置每个样本的权重值，来强调相同类别内部的顺序性。

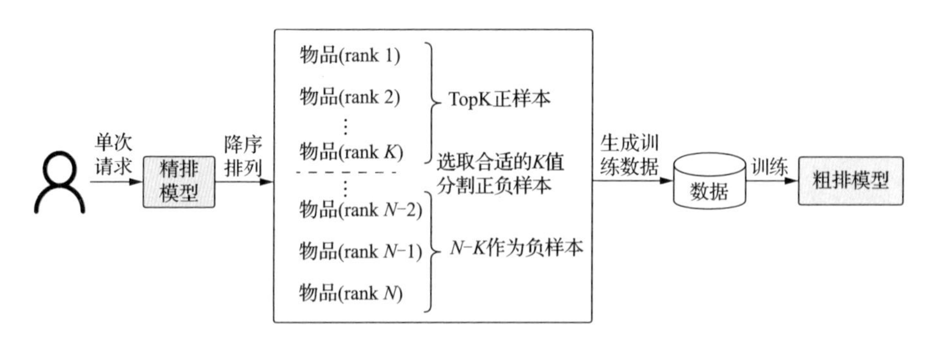

图 5-37 Point Wise 建模

上述的 Point Wise 建模，需要人工划分 K 值和设定样本权重，这些超参的选择可能对序关系的建模影响比较大，相比于 Point Wise 建模，Pair Wise 建模（如图 5-38 所示）更细致地刻画了两两物品间的顺序性，通过构建 Pair Wise 的 Loss 来优化序学习的过程。

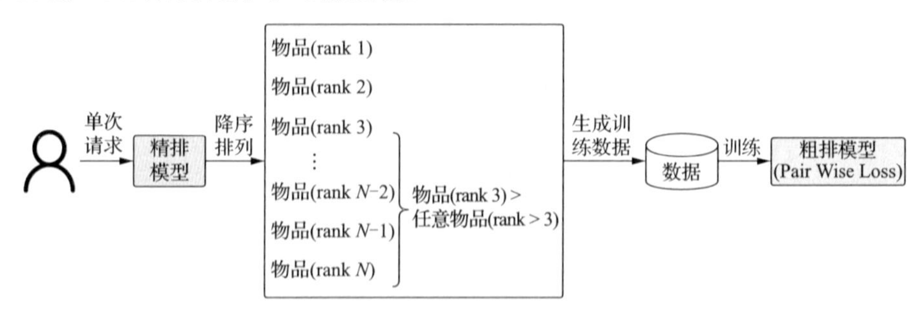

图 5-38 Pair Wise 建模

LBDM（Learning to Rank based and Bid-Sensitive Deep Pre-Ranking Model）是阿里提出来的粗排模型，为了提升链路目标的一致性，LBDM 按照 LTR 的思路从集合选择的角度出发，采用 Pair Wise 作为优化目标进行建模。其在模型结构上仍然采用与 COLD 相同的结构，如图 5-39 所示，在构建 Pair Wise 的样本上采用分段的形式：对于同一个 Session 下的精排打分排序后的样本，分为多个段，每段内的样本两两组成 pair 对，然后基于 Pair Wise 的 Loss 进行训练。LBDM 通过对序关系进行建模，放弃了对精准值学习的要求，降低了学习难度。同时，由于精排打分结果的回流（<用户，物品，使用的特征，排序值(Rank)>）是实时的，因此，精排的升级能及时触发粗排模型的自动升级，从而降低粗排的运维成本。

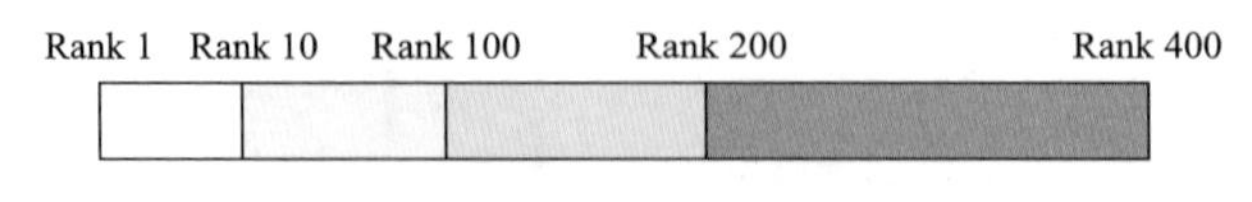

图 5-39　LBDM 样本构成方式

Point Wise 是基于单个物品的，Pair Wise 是基于同一个用户请求中精排的物品打分结果来选取 pair 对的，而 List Wise 则是对整个排序列表顺序进行建模，在当前工业界中，主要以 Point Wise 和 Pair Wise 建模为主，而 List Wise 方法虽有尝试，但目前效果相比前两种方式提升不大，因此不做讲解。

本节介绍了知识蒸馏的含义及其在推荐系统中的应用，作为一种迁移学习的优化方法，知识蒸馏贯穿了粗排迭代优化的过程，有效弥补了粗排与精排模型预估能力的差距，在下一节中可以看到知识蒸馏的一些应用。

5.3.4　缓解样本选择偏差

精排模型通常使用展点数据进行训练，其样本空间是基于展示物品的。但是粗排与精排不同，作为召回与排序的中间过程，粗排的样本空间是召回出的所有物品，其集合包含了展示物品集合+未展示物品集合，粗排的样本空间是召回的子集，是精排的超集。因此，如果直接用精排样本训练粗排，会面临 SSB 问题，如图 5-40 所示。

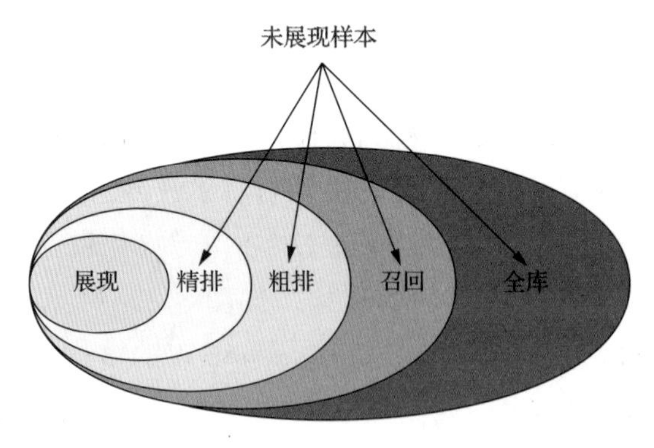

图 5-40　SSB 问题

ESDM（Entire Space Domain Adaptation Deep Pre-Ranking Model）是阿里提出来的一个模型，用于解决粗排模型和精排模型在打分空间的不一致性问题，其网络结构如图 5-41 所示。ESDM 在训练过程中增加了未展现样本，Loss

函数包含 4 个部分：精排模型在展点样本的交叉熵，粗排模型在展点样本的交叉熵、粗排和精排模型在未展现样本上的 Soft Loss，以及辅助网络在以展现为正样本、未展现为负样本上的交叉熵。

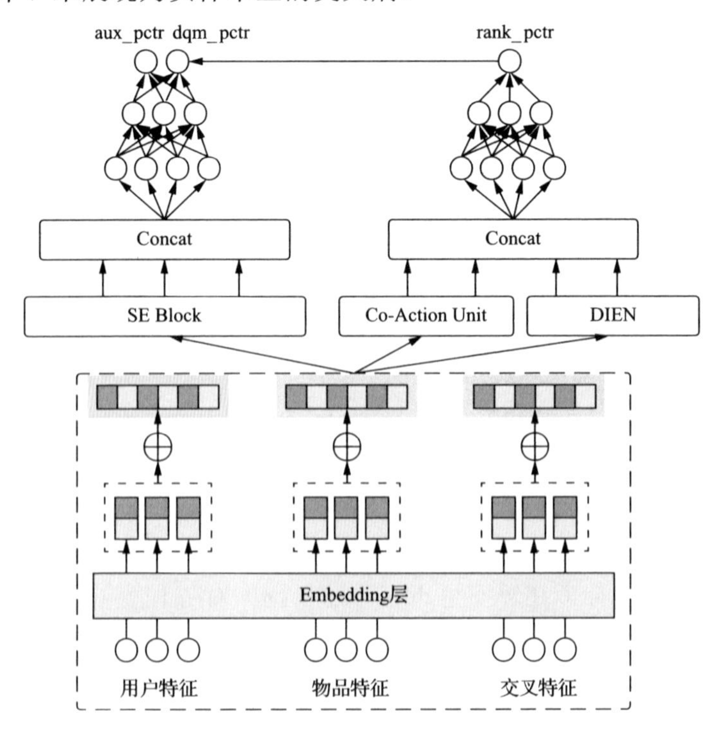

图 5-41　ESDM 网络结构

除了上述思路，还可以通过外部样本或者在精排场景中加入探索机制获得无偏样本的方式来缓解这个问题。在爱奇艺的粗排模型迭代中，引入了级联粗排模型的概念。在实践中，级联粗排模型对模型结构和输入特征集并没有任何修改，只是调整了粗排模型级联样本的生成方式，如图 5-42 所示。

改进主要包含两部分：在工程侧，送给精排的物品中，除了粗排的 TopK 物品，还包含了从召回结果中随机采样的物品（集合 A）；在样本侧，精排后的结果作为正样本（集合 B），剩余（集合 A−集合 B）作为负样本，采用 LTR 中的 Point Wise 形式进行训练，在线上取得了一定的效果。

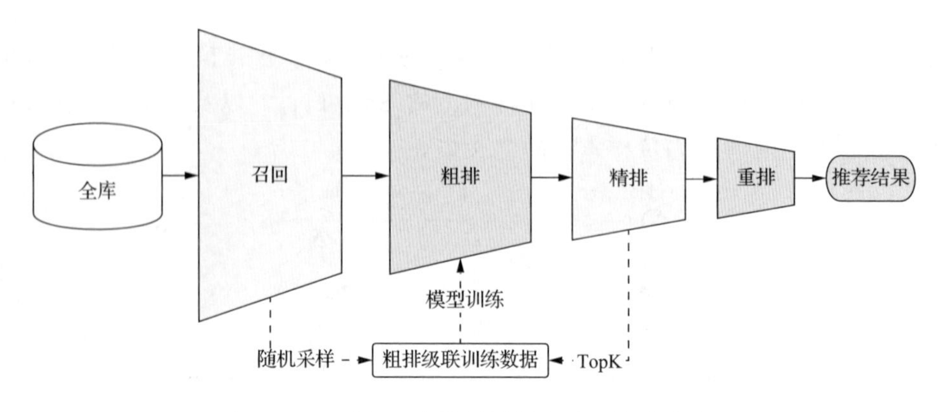

图 5-42 爱奇艺粗排模型级联样本生成方式

5.3.5 粗排效果的评价

粗排效果的评价通常使用召回率（Recall）、NDCG、AUC 和打分的一致性等指标。

粗排是精排预估能力的迁移，因此，除了常用的 AUC、GAUC 这些评价模型本身效果的指标，还需要考虑粗排与精排的对齐程度，例如，在 COLD 模型中，提出了 TopK Recall 的评价指标：

$$\text{Recall}=\frac{\left|\{\text{topK候选物品}\}\cap\{\text{topM候选物品}\}\right|}{\left|\{\text{topM候选物品}\}\right|} \tag{5-5}$$

其中，K 和 M 是将同一份候选物品集合分别输入给粗排和精排模型后，取各自的最高打分值得到的。该公式的含义是指针对相同的候选集，粗排模型出来的 TopK 与精排模型出来的 TopM 之间的重合度，或者从召回率本身角度解释精排能选出来的物品中，粗排也能选中的比例。

除本节介绍的效果指标外，还有 5.3.4 节介绍的 ESDM 模型，该模型通过对比 ESDM 和基准粗排模型在展现和未展现样本上的区分能力（观察打分分布），以及与精排模型在未展现样本上打分分值的差异性，来评估粗排模型和精排模型在粗排空间打分的一致性及 SSB 问题是否得到缓解。

除了效果上的考量，粗排对线上性能要求也较高，评价排序模型的指标包括 QPS（并发性能）和 RT（响应时间，例如 P99、P999）。

5.4 多目标排序建模

在推荐的业务场景中，经常面临着需要提升多个指标的问题：例如，在短视频推荐场景中，通常需要提升的业务指标包含人均播放时长、人均播放视频数、人均互动数，即既想要用户能够在应用内停留足够长的时间，又希望用户能够看更多的视频（展现更多广告进而带动收入增长）和产生更多的互动行为；在电商领域，既想要提升商品的点击率又想要提升最终的转化率。但实际上，多个目标可能会有冲突，因此，如何利用多目标优化同时提升多个业务指标，在业务中具有重要的意义。

本节首先会介绍排序环节中多目标建模的意义和挑战，然后介绍常用的多目标排序建模方法，最后介绍多目标融合寻参方法。

5.4.1 多目标排序建模的意义和挑战

传统的排序模型采用点击率预估的思路进行建模，即判断用户是否会点击推荐的物品，但点击率预估模型不关心用户点击后的消费情况。例如，在信息流产品中，仅用点击率预估的思路优化，会很容易推荐出标题党内容，用户点进去可能很快就会退出，这不仅会损害用户体验，而且会产生不好的样本，影响模型的训练，进而影响推荐内容的质量，损害整个生态。因此，可以考虑将用户停留或观看时长加入模型中，不仅仅考虑用户点不点，也考虑用户在点击之后的消费情况，进而将高质量的内容推荐给用户。

在推荐系统中，除了将用户和推荐系统作为参与者，还需要考虑供给方的需求。以短视频信息流产品为例，优质的内容创作者希望得到更多用户的观看、点赞和收藏，除了增加自身的收入，还希望得到用户的关注和认可。因此，只有制作的优质视频收获更多的用户互动，才能够给予创作者更大动力去创作更好、更优质的作品，促进生态系统的良性循环。

因此，建立和优化多目标模型，对于提升用户体验、改进推荐系统分发效率、增强参与者的积极性和改善生态具有重要的意义。

在实际的优化迭代过程中，多目标优化在业务指标上的表现一般分为四种结果：至少一个指标显著下降，其他指标均不显著正向；多个指标存在显著提升和显著下降两种结果；至少一个指标显著提升，其他指标均不显著负向；所有的指标都显著提升。从顺序来看，整体效果依次上升，但伴随着业务的发展和不断地优化迭代，取得效果的难度也是依次上升。多目标优化的结果如图 5-43 所示。

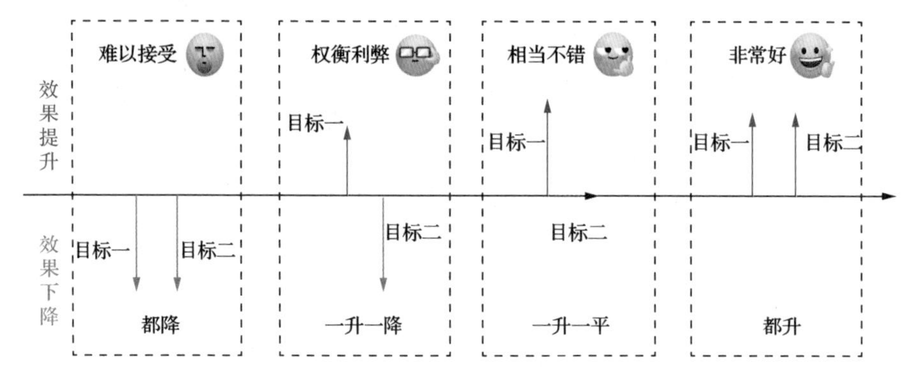

图 5-43　多目标优化的结果

5.4.2　多目标排序建模方法概览

如图 5-44 所示，目前工业界多目标排序建模方法分为如下四种。

（1）样本权重融合，该方法一般有一个主目标，然后通过调节其他目标对样本权重的影响，达到同时优化多个目标的效果。

（2）多模型分数融合，该方法为每一个目标都单独训练一个模型，然后融合多个模型的预估值并排序。

（3）排序学习，该方法通过将不同目标（用户行为）转化为推荐候选集间的相对顺序来解决多目标学习问题。

（4）多任务学习，在多个任务间共享部分底层网络结构，其本质是通过部分参数的共享和各任务私有参数的独立，来学习多个任务间的共性和差异。

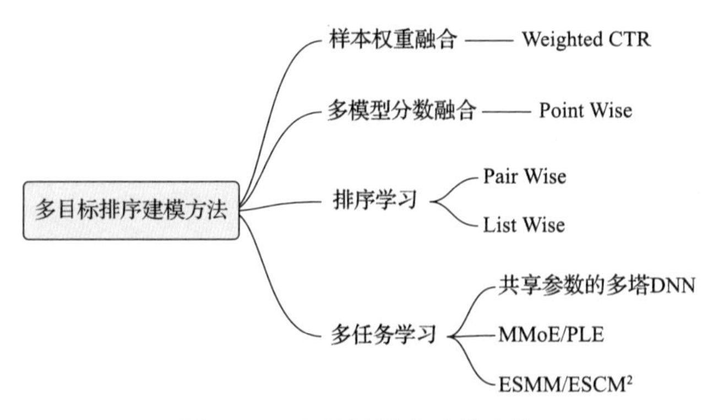

图 5-44　多目标排序建模方法

1. 样本权重融合建模

这种方法比较适合线上已经有一个优化运转良好的主目标模型，如在点击率预估模型基础上，通过调整样本权重来平衡和优化不同目标的影响和收益。业界已经有不少推荐系统采用样本加权的方式进行多目标优化，来提升排序模型的效果，YouTube 在 RecSys 2016 介绍的深度推荐系统中采用了基于时长加权的点击率预估模型，即 Weighted Logistic（加权交叉熵）损失函数，如图 5-45 所示。

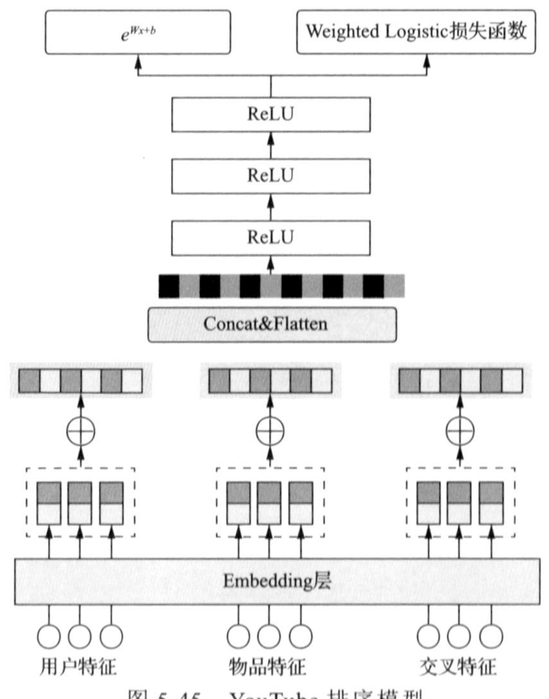

图 5-45　YouTube 排序模型

调整样本权重本质上是通过对损失函数的影响，进而影响排序模型在训练时回传的梯度来实现对不同目标的加权。以交叉熵损失函数为例，通过引入权重变量 w_i，来控制和调节目标对应样本对模型的影响，w_i 越大，目标样本预测错误带来的损失就越大。这里，样本权重 w_i 只作用于正样本：

$$\text{loss} = -\frac{1}{N}\sum_{i=1}^{N} w_i y \log y' + (1-y)\log(1-y') \tag{5-6}$$

这种通过调整样本权重的多目标优化方法，简单易操作，对基准模型不需要做太大调整，只需要在训练模型时，对回传的梯度乘以样本权重，以实现对应目标的加权即可。

但这种方法本质上不是多目标建模，而是将不同目标通过样本权重转化到同一个目标模型上。如何确定不同目标对应的样本权重，是该方案比较棘手的问题，需要算法工程师丰富的调参经验及多次的线上实验效果验证，才能寻到较优解。

QQ 看点团队在看点图文推荐场景中最初的多目标排序模型是基于时长加权的点击率预估模型。模型拟合的目标仍然是点击，会使用时长对点击样本加权。模型在训练时会更加关注权重高的样本，损失函数的梯度会受到权重高的样本的主导，所以学出来的模型会在预估点击概率大的文章中优先给用户推荐阅读时长更长的文章，从而实现点击和时长两个目标的融合。考虑时长缩放程度对样本权重的影响，看点团队在实践中尝试了三类权重函数：线性函数、对数函数和幂函数，如图 5-46 所示。在看点这个业务中，线上效果时长提升最高的是幂函数，但不同场景的结论可能会不同，需要实验找到最合适的函数变换。

常见的权重函数（t为阅读时长）	
函数类型	$g(t)$
线性函数	$g(t)=t$
对数函数	$g(t)=\log_{10}(t)$
幂函数	$g(t)=\frac{(1+t)^{a}-1}{a}$

图 5-46　常用权重函数

实践证明，单用时长加权会因为长文的客观优势使得推荐结果偏向推出长文。为了一定程度平衡长文和短文内容的推荐，可以引入读完率和时长目标，结合业务需求和实验指标共同优化样本权重。

2. 多模型分数融合建模

该方法是多目标建模最直观的一种方法，具体的做法如图 5-47 所示，为每一个优化目标都单独训练一个模型。这种方法的优势是可以为每一个优化目标定制更匹配的模型。如点击率预估模型可以采用二分类模型，模型特征集合也可以优选和点击目标高相关的特征集合，而时长模型可以是更适用于预估时长的回归模型。

得到每个优化目标对应的预估值后，一般会通过一个函数将多个预估分值融合为统一的分值后再进行排序。常用的融合方式有加权求和、加权连乘或者指数幂相关函数等，具体的融合方式和融合权重也需要算法工程师们结合实际数据和业务目标去探索和尝试。

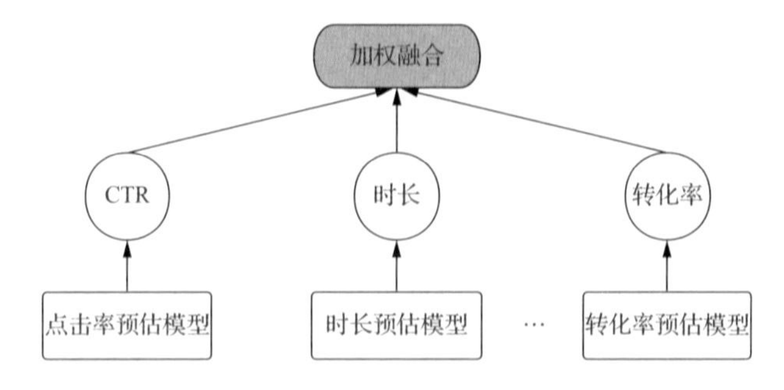

图 5-47　多模型预估分值融合

这种多模型的建模方法，需要为每一个优化目标独立维护从数据、特征、样本、模型，到在线推理等模型服务的全套流程，对离线的训练资源、存储资源和在线推理计算资源消耗很大。而且，每个模型需要独立优化、独立评估，对研发人力资源需求也比较大。此外，多个模型之间相互独立，不能利用各自学习到的经验和知识，部分目标行为比较稀疏，模型的准确性会偏低。

3. 排序学习建模

前面讲述的建模方法都属于 Point Wise 的建模方法，这类方法为每一个推荐候选物品独立计算一个满意度或者相关度综合得分，然后根据得分大小进行排序。从另外一个角度，也可以将满意度或者相关度转化成推荐候选集之间的相对顺序来进行建模。根据相对顺序的建模方式可以分为Pair Wise和List Wise两种方式。

（1）Pair Wise：对推荐候选集的两两相对顺序进行建模，常用的算法有BPR、RankNet等。

（2）List Wise：对推荐候选集整个序列进行建模，经典的算法有LambdaRank、LambdaMART、ListNet等。

以Pair Wise的建模方法为例，在商品推荐场景中，一个用户U点击了商品A，加购了商品B，直观上来说加购应该比点击更重要。因此，用户U在商品A和商品B之间有了偏好顺序，可以表示为$U_B > U_A$。结合目标定义，建立了样本两两间的相对顺序后，可以使用前面提到的Pair Wise常用模型去拟合学习融合了多个目标的排序关系。

这种方法也属于单模型建模，即将多目标问题转化为目标样本之间的相对顺序进行建模。相对于多模型的建模方式，线下资源消耗及线上服务压力都会小很多。不过在实际的工业界数据中，有些目标之间的偏序关系比较难以确定，而且不同用户的行为也会天然有偏，统一的偏序关系不完全适用于所有用户。此外，在目标比较多、样本量比较大的时候，构造样本序列的耗时会比较久，从而严重影响模型训练速度。

4. 多任务学习建模

随着深度模型在工业界的普及，多任务深度排序模型是目前主流推荐系统做多目标排序建模最常用的解决方案。区别于单任务的深度神经网络，多任务学习利用深度神经网络进行多目标建模时，多个任务之间会共享浅层网络。目前在推荐领域工业界和学术界有两个主要研究方向：多任务间的参数共享方式，主要是对网络架构的设计和优化；多任务学习的优化策略，主要是对Loss和梯度的优化。下面将按照这两个方向进行介绍。

1）多任务间的参数共享方式

如图5-48所示，在多任务深度排序模型中，多个任务隐藏层的参数共享有硬共享（Hard Share）和软共享（Soft Share）两种模式。

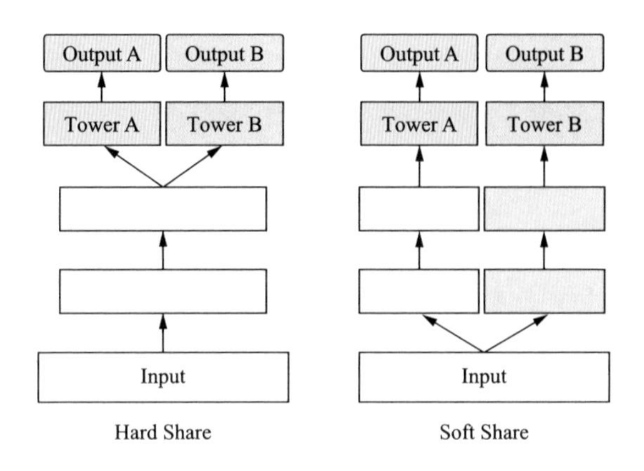

图 5-48 参数共享的两种模式

（1）参数硬共享模式：基于参数的共享是多目标学习最常用的方法。在深度学习网络中，多个目标通过共享特征和特征的 Embedding 及隐藏层的网络架构，实现不同目标在学习时可以通过共享参数进行知识迁移学习。此外，由于模型底层参数被所有目标共享，在多个目标的约束下，大大降低了模型过拟合的风险。但也正是因为参数的硬共享，限制了各个目标拟合的自由度，尤其是在目标相关性比较低的情形下，共享参数和特征会限制目标的差异性，从而影响多目标的拟合效果。

（2）参数软共享模式：软共享模式不要求多任务间的相关性，在参数软共享的模式下，每个任务都可以独享自己的参数和模型结构，同时每个任务都可以灵活地访问其他任务学习到的知识和信息，如参数、梯度等。然后通过正则化的方式约束模型参数的距离，以保障模型参数的相似性。常用的正则化方式有 L2 距离正则化，或者迹范数（Trace Norm）等。这种模式和参数硬共享相比，需要对每个任务添加更多参数以表达任务间差异，虽然能够带来一定的效果提升，但是也增加了更多的参数而使模型变得更复杂。

参数共享模式的优化通常是从网络架构方面考虑参数共享的位置，如图 5-49 所示，从常用的硬共享到 MMoE，再到 PLE，其迭代演化过程的基本思路是更灵活的参数共享模式。

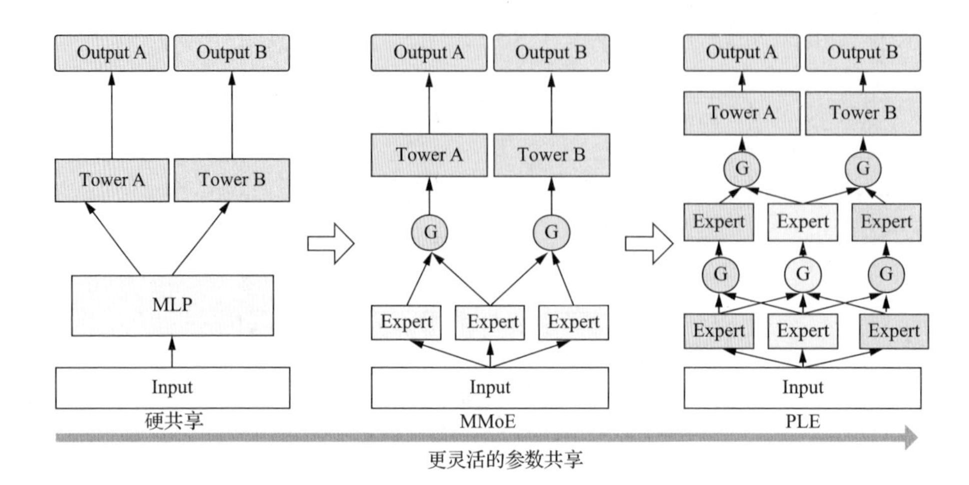

图 5-49　参数共享的优化路线

MMoE（Multi-Gate Mixture-of-Experts）是 Google 在 2018 年提出的一种新颖的多任务深度模型结构。MMoE 将 Share Bottom Model 的参数共享层，替换为多个专家（Experts）网络，并为每个任务都单独设置了一个门控网络，其中每个网络都是一个简单的全连接 DNN 网络。MMoE 的这种基于多个专家网络的共享表示，既能学习到任务间的相关性，又能使不同任务对应的门控网络学习到不同的 Experts 组合权重，从而实现对 Experts 的选择性利用。MMoE 模型优雅地平衡了多任务间的相关性和差异性，同时又不需要明显增加参数量，在工业界得到广泛应用。

在 MMoE 中，对于上层不同的任务来说，所有任务共享相同的专家网络，而腾讯在 2020 年提出的 PLE（Progressive Layered Extraction）中则是对专家网络进行了角色拆分，分为任务独享的专家网络和所有任务共享的专家网络，然后利用门控网络融合专属专家知识和共享专家知识，如图 5-50 所示，CGC（Customized Gate Control）结构的这种设计既保留了迁移学习的能力（所有任务共享的专家网络），又能够避免参数间的相互干扰（任务独享的专家网络）。在具体的实现中，则是将 CGC 结构扩展到多层（每层为一个 Extraction Network），但是与原始 CGC 不同的是，Extraction Network 除了子任务有门控网络，还包含一个公共的门控网络用来融合所有专家网络的知识。

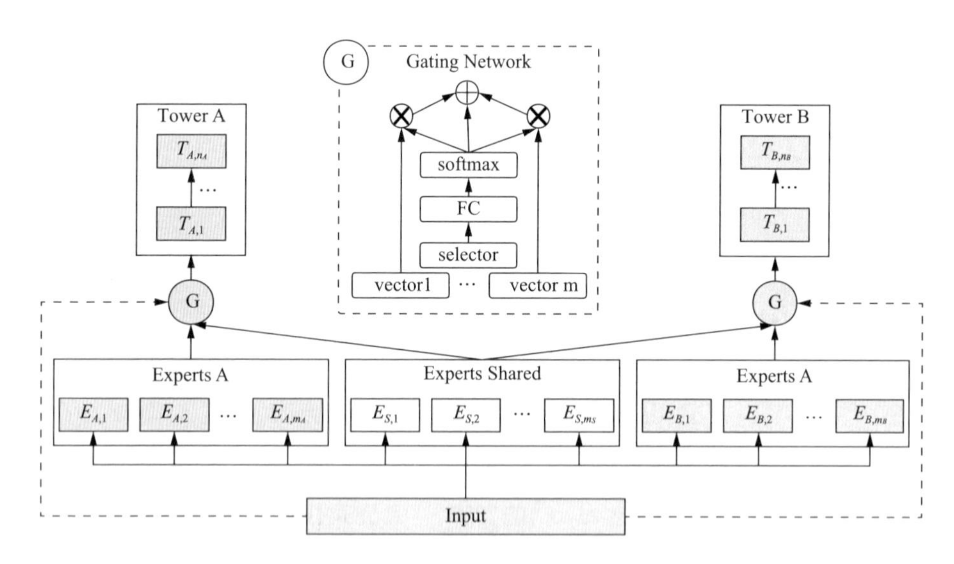

图 5-50　CGC 结构内部细节

相对于对底层网络参数共享方式的探索，阿里在 SIGIR 2018 提出 ESMM 网络，从目标序列依赖关系的更高层视角对多目标进行优化，同时缓解多目标学习中常见的样本选择偏差（Sample Selection Bias）和数据稀疏性（Data Sparsity）问题。样本选择偏差是指 CVR 任务在点击样本空间下进行训练，但是却在全样本空间下进行预估。数据稀疏性是指相对于 CTR 任务，CVR 任务所使用到的样本数量远小于 CTR 任务。

阿里妈妈团队在实践中发现，电商推荐系统需要预估的点击率（pCTR，即 $p(y=1|x)$）和转化率（pCVR，即 $p(z=1|y=1,x)$）是两个强相关序列行为，即用户的行为按照曝光→点击→转化的顺序排列，在引入点击后转化概率（pCTCVR，即 $p(y=1,z=1|x)$），点击率和转化率的关系如下：

$$p(y=1,z=1|\boldsymbol{x})=p(y=1|\boldsymbol{x})\times p(z=1|y=1,\boldsymbol{x}) \tag{5-7}$$

ESMM 网络结构如图 5-51 所示，其中 pCTR 是点击率预估任务的输出，pCTCVR 是点击&转化预估任务的输出，两个任务的学习空间都是全部（曝光）样本空间。通过学习这两个任务，隐式地学习 CVR 任务（$\text{pCVR}=\text{pCTCVR}/\text{pCTR}$）。

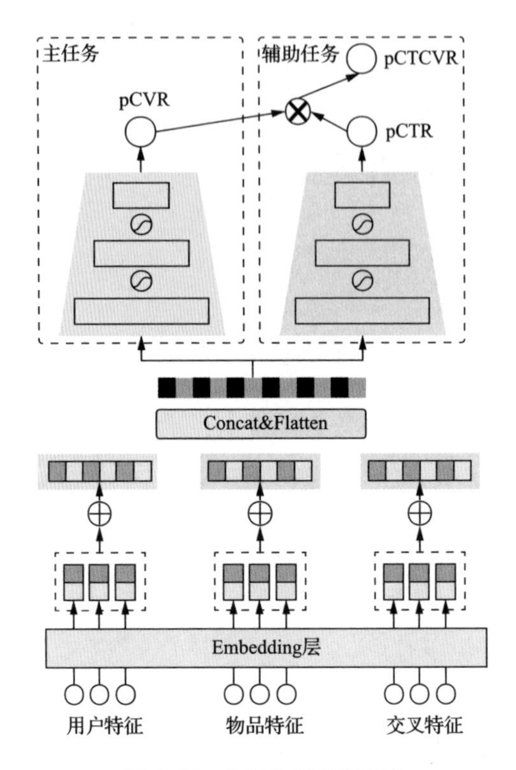

图 5-51　ESMM 网络结构

延续 ESMM 的思路，阿里在 2022 年提出了 $ESCM^2$ 模型，如图 5-52 所示，$ESCM^2$ 借助因果推断中的反事实经验最小化作为正则项来解决 ESMM 中存在的预估有偏（IEB，Inherent Estimation Bias）和独立性先验（PIP，Potential Independence Priority）的问题。预估有偏是指 ESMM 预估的 CVR 比真实值更大，独立性先验是指 ESMM 在对 CTCVR 建模时，忽视了转化依赖于点击这一因果关系。$ESCM^2$ 与 ESMM 的损失函数基本一致，但是对于 CVR 的损失的计算则采用反事实损失。

多任务深度模型是一种非常灵活的多目标排序建模方法。排序模型可以根据各自任务的特点来设计和采用不同形式的共享表示。例如，共享 Embedding 特征、共享中间层的隐藏单元，或者共享模型某一层的结果。而共享表示之外各自独立的部分，也可根据各自任务的特点来灵活设计，甚至有些任务可以使用完全不同的特征组合和模型结构。

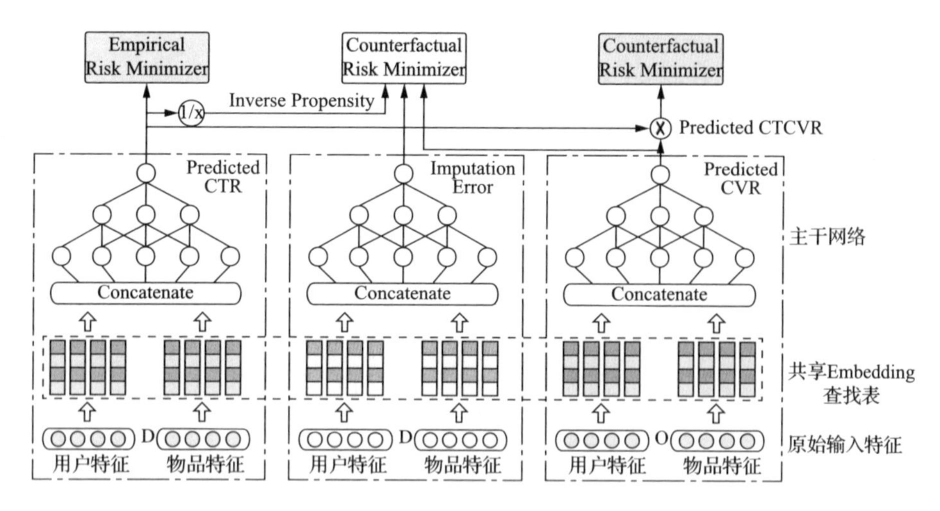

图 5-52 ESCM² 网络结构

2）多任务学习的优化策略

多任务模型在训练时，如图 5-53 所示，可能会遇到三个问题：不同任务的 Loss 量纲可能不一致，整个优化过程可能会被大 Loss 主导；不同任务的收敛速度不一样，有的任务已经收敛完成或者过拟合后，其他任务仍处于欠拟合的状态；梯度冲突，各个任务间存在撕扯情况。

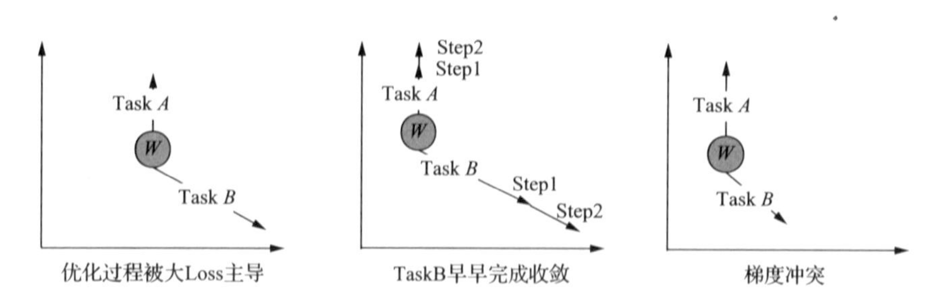

图 5-53 多任务优化遇到的问题

因此，目前多任务的优化策略主要集中在三个方向进行优化：融合不同量级的 Loss，常用的方法是手动调整到相近的量级或者采用 Uncertain Weight、GradNorm 方法调整权重；通过调整 Loss 下降速度（例如 DWA 方法）来减缓部分任务过早收敛的问题；利用 PE-LTR、PCGrad 等方法缓解梯度冲突。

5.4.3 多目标融合寻参

手动指定多目标融合的参数往往难以达到良好的效果，随着目标的增多，多个目标结合的参数繁重且复杂，迭代费时费力，需要反复上线进行验证，因此需要借助于自动化的寻参方式。在实际应用中，自动化寻参主要有三种方法：Grid Search、粒子群算法 PSO、进化策略算法 CEM（Cross-Entropy Method）。

Grid Search 通过设置每个参数的区间和步长来进行网格搜索。Grid-Search 框架的主要局限性在于没有利用后验信息和没有降低反馈方差的方法，这制约了 Grid-Search 在更复杂和参数量更大的场景下的应用，但是作为一个实现简单且能很好利用用户并行的方法，比较适合自动寻参项目的启动阶段。

PSO 算法通过初始化一群随机粒子，启发式地多次迭代求出最优解。每一次迭代，粒子通过个体极值（该粒子所经过的最优解）和群体极值（种群找到的最优解）来更新各自位置。最终所有粒子会兼顾个体的历史最优和群体共享的全局最优直至收敛。

进化策略算法 CEM 取线上解作为基准参数，通过高斯分布产生邻域内的 N 组参数，每组参数都做在线 AB 测试、收集反馈、计算 Reward，选择 Reward 最好的 TopK 组参数，统计 K 组参数的均值和方差，并对方差做微小扰动（防止过早陷入局部最优）后得到新的高斯分布，根据新高斯分布继续采样获取新样本。经过若干次迭代，最终会收敛到一组较好的参数。

5.5 推荐系统排序阶段的评估

在机器学习和深度学习中，评价指标被用来判断模型的好坏，好的定量评估方法是模型评价好坏的基础，同样，对于推荐系统的排序阶段，选择合适的评价指标对于提升业务效果，加快迭代优化过程至关重要。

除此之外，在工业界中，面对搜索、广告和推荐等复杂应用场景，通常借助于受控制的 AB 实验系统来进行模型效果的线上验证，AB 实验系统通过设置两组隔离的测试流量来检验新实验的好坏。

在实际的迭代优化过程中，常出现的问题是离线效果的提升并不意味着线上效果的提升，甚至可能出现负向的情况。出现这种情况的原因是，线上业务环境是高度动态的，可能有一些因素是在离线建模时没有考虑到的，因此需要考虑离线和在线的差异性和局限性。

除了效果评估指标，还需要考虑存储/计算资源和 RT 限制等系统指标对排序推荐的影响，例如，复杂度高的模型即使离线效果比较好，但是在线推理消耗了大量的计算资源，且资源总数有限，因而限制了新模型的上线和推全。

本节主要讲解如何评估排序的效果，首先将会介绍排序评估的阶段，其次介绍常用的评估指标，包括效果评估指标和系统评估指标，最后介绍如何缓解离线和在线差异性问题。

5.5.1 排序评估的两个阶段

排序评估主要分为两个阶段：离线评估和线上评估。

离线评估：基于训练样本进行训练后，利用得到的模型在测试样本上进行测试，得到指定的评估指标。

线上评估：在实际业务中应用新模型，利用真实的用户数据进行评估，得到人均时长、点击率、收入等指标。这个过程通常会借助于公司中的 AB Test 系统将流量随机划分为几部分（A、B……），每个部分的流量比例相同且互不影响，并将新模型在流量桶 B 和基准模型在流量桶 A 的线上指标差异进行对比。

图 5-54 展示了排序和评估两个阶段的流程：在离线评估确认关键指标有所提升后，再进行线上评估，对比分析主要业务指标是否有所提升，在实验时间达到一定天数后，综合分析正向或负向的显著性，利用得到的统计结果对模型进一步进行迭代优化或推全。

需要注意的是，在“离线评估—线上评估”和“线上评估—推全”的过程中，除了要考虑效果指标，还需要考虑系统指标的影响。

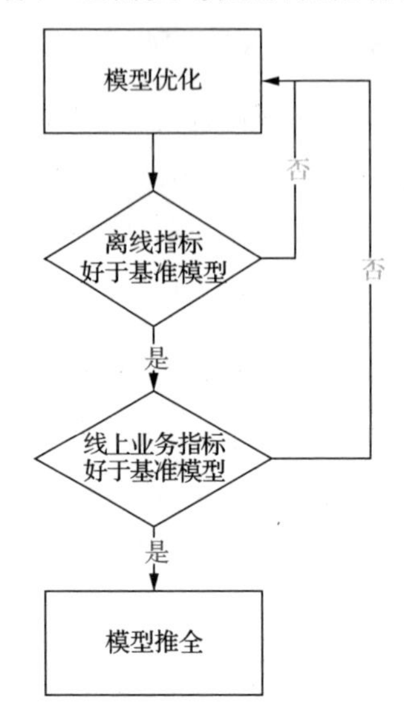

图 5-54　排序和评估两个阶段的流程

5.5.2　常用的效果评估指标

效果评估指标分为在线业务指标和离线效果指标。

在线业务指标通常跟业务紧密相关，例如，在短视频推荐领域，在线业务指标通常包括人均观看时长、人均播放视频数、点击率、点赞率等，在广告领域，在线业务指标通常包括点击率、收入等。

离线效果指标根据模型的建模目标可以分为 5 个类别，如表 5-1 所示。

表 5-1　离线效果指标的分类

分类	指标
基于概率	AUC、MLE
基于对数似然	LogLoss、RIG
基于预测误差	MSE、MAE 和 RMSE
基于 DCG	DCG、NDCG 和 RCCG
信息检索相关	精准率/召回率、F 值、AP、MAP、RBP、MPR

在推荐系统领域，目前评估离线效果最常用的指标是 AUC，因此，本节主要以 AUC 为例进行讲述（由于基础的机器学习知识并不在本书的讲解范围内，因此 AUC 的计算过程省略）。

基于混淆矩阵可以计算 TPR、TNR、FPR、FNR 和精确率、召回率、准确度等指标，但是这几个指标都需要确定阈值来判定 label 是否为正。AUC 的优势在于不需要先确定样本判定为正的阈值，只关注排序效果。在给定一个正样本和负样本时，AUC 的数值衡量了模型对于正样本打分高于负样本打分的概率，而在推荐系统中，同样只需要将用户喜欢的物品排在不喜欢的物品之前，两者目的是一致的。

5.5.3 常用的系统评估指标

与效果评估指标一样，系统评估指标也分为离线和线上。离线指标包含模型训练占用的 CPU/GPU、内存等计算资源、训练时间等。线上指标包括容器数、容器的 CPU/GPU 利用率、内存利用率及响应时间（P99、P999）等。

在实际的推荐场景中，出于对成本计算的考虑，可供使用的训练资源和线上服务资源不是无限的，推荐系统的资源限制始终限制着模型的迭代。下面举几个实际的场景例子。

（1）基准模型 DIN 使用的用户行为序列只有 150 个，新模型 SIM 使用了用户超长序列（万级别），如果使用 DIN 相同的训练资源，则训练时长大幅增加，模型更新周期明显变长，而在实际的经验中，较短的更新周期能够捕获最新的分布变化，从而产生更好的业务效果；假如希望 SIM 与 DIN 保持相同的更新周期，那么需要提供更多的训练资源，但是总训练资源有限，而所有训练任务对资源是基于争抢机制的，可能会出现因为 SIM 申请过多资源，导致基准模型 DIN 一直在等待资源的情况，或者会限制其他模型的迭代。因此，SIM 可以通过构建索引来对超长序列进行相关性过滤。

（2）利用 RNN 可以对用户行为序列进行建模，但是 RNN 在线推理速度慢，并发性能会明显降低，在相同的流量分配下，新模型比基准模型需要更多的容器实例数，而且 CPU 占用率会明显升高，假如推理集群整体资源占用率已达到瓶颈，那么将导致新模型无法推全，即使能够推全，增加的服务器成本也可能难以承受。

（3）在工业界中，推荐系统对 RT 限制比较严格，例如，限制用户请求推荐系统到返回推荐结果的时间通常不能超过 500ms，那么分配给召回、排序等多个阶段的时间更少，即使部分复杂模型的离线实验能够满足需求，放到线上环境也可能经常出现超时情况，表现为 P99、P999，比基准模型高很多，导致模型无法上线。

以上例子说明了系统评估指标对效果评估指标的制约问题，在离线实验到上线实验过程中需要综合考虑两者的影响，从而能够从模型结构、基础架构等层面进行合理的设计和优化。

5.5.4 离线和线上效果的一致性问题

在实际的算法迭代优化过程中，经常会出现离线指标与在线指标不一致的情况，即离线指标的提升不一定意味着线上效果的提升，这可能由如下三种原因造成。

（1）特征不一致，例如，离线使用到的特征与线上实际发送给模型的特征不一致；

（2）样本穿越问题，切分训练集和测试集时没有根据时间进行切分，造成训练集中包含了测试集中的知识，离线效果很好，但是线上会变得很差。

（3）评估指标问题：前两类问题是属于推荐系统的 bug 或者实际模型训练中可能出现的基础性错误，在排除这两类问题之后，离线评估指标的合理性与线上业务指标的关联性等问题通常是最隐秘的，难以设计和优化。

在以点击、点赞等为主要优化目标的推荐系统中，可以直接通过对是否点击进行建模，但是某些业务指标可能无法直接建模，例如，人均观看时长、收入等，而且评估指标间可能会出现 trade off，即一个指标的提升可能会导致另一个指标的下降。因此，在推荐系统排序建模中，离线模型的评估指标与线上业务指标难以做到完全同向，需要基于对业务的理解针对机器学习中的评估指标进行修改和优化，例如，考虑优化人均时长时，将 AUC 改为 WAUC（W 为当前样本观看时长变换后的权重值）。

除了离线和线上指标的关联性，还需要考虑指标的合理性。以离线指标 AUC 为例，AUC 作为最广泛使用的推荐系统排序模型评估指标，在某些条件下，可能并不置信，主要是因为 AUC 对预估分的绝对值并不敏感。AUC 衡量的是模型在整个样本空间的效果，但是在一些场景下，模型对 CTR 很高或者很低的区间并不关心。例如，即使对预估值非常低的区间交换顺序，对线上效果影响也不大（因为这些结果很难被推荐出来展示给用户），但是在 AUC 上会发生较大变化。在实际中，对于正样本的漏分成本和负样本的错分成本是不相同的，因此，对不同预估分进行平等看待是不合理的。离线 AUC 计算采用一定时间段范围内所有用户的样本集作为测试集，不同用户的样本并不会进行区分，但实际情况是：在线上，只需要考虑用户在一个 Session 内的排序关系的准确性。也就是说，在离线 AUC 的计算中，把用户 A 点击的正样本排序高于用户 B 未点击的负样本的排序是没有任何意义的，即两个用户正负样本间的顺序没有可比性。因此，阿里在 DIN 中提出了以用户为聚合维度，分别计算每个用户的 AUC（GAUC），然后进行加权平均的方法，也可以采用用户 Session 为聚合维度进行 AUC 的加权平均计算方法。

总结

本章首先介绍了排序模型的发展和演化过程；然后，从使用 Embedding 为出发点阐述了特征组合和用户历史行为利用在工业界的相关实践；接着，介绍了粗排定位与技术路线，以及常用的多目标排序建模方法；最后，介绍了排序系统常用的效果和系统评估指标。

排序作为召回的下一阶段，在推荐系统中起到全局打分的重要作用，对模型的准确性和实时性要求高，因此除了上述介绍的优化点，业界目前应用和探索的内容还包括使用 AutoML 优化模型结构、用户兴趣拆分、多模态特征、多业务/场景建模、加入 EE 机制等。排序处于推荐链路相对靠后的阶段，对业务指标的直接影响较大，因此对算法工程师的特征工程、模型和性能优化等技术能力要求较高。

第6章 权衡再三重排序

推荐系统重排序模块会对上一阶段精排生成的 TopN 结果序列进行重新排序，生成最终展示给用户的结果序列。重排序是对推荐结果做最后调整的环节，在推荐系统中发挥着至关重要的作用。本章将从重排序阶段的主要作用，以及重排序中的模型、多样性策略等方面对重排序模块进行介绍。

6.1 重排序的必要性和作用

重排序操作是对精排环节后的结果做进一步的调整，这一步的调整除了进一步提高推荐系统的匹配准确性，还需要兼顾用户主观交互体验、平台内容生态、平台商业转化等目标。从重排阶段的技术发展趋势来看，使用模型来平衡或代替各种业务策略，是重排技术总体的大趋势。如图 6-1 所示，重排序的作用包括用户体验、业务规则和模型策略三个方面。

（1）用户体验：兼顾用户浏览视觉体验，优化推荐展示效率，常见优化手段如下。

a. 推荐结果打散：相似结果的精排分值一般也比较相近。完全按照精排模型得分展示推荐内容，会出现相似内容扎堆儿的现象，十分影响产品的用户体验。

b. 推荐结果去重：包括过滤用户推荐历史和相同或者搬运的内容去重。

c. 多样性保障：推荐内容的多样性是衡量推荐系统质量的重要标准之一，也是重排序阶段重要的优化任务之一。

（2）业务规则：平衡和兼顾产品、运营、商业化等业务规则，常见规则如下。

a. 混排策略：同一个推荐场景下，通常有多种形态的内容参与，典型的有自然消费内容和商业化内容的混排。例如，我们在抖音快手的推荐场景中，可以看到自然短视频、直播、电商、广告等多种内容。需要在重排阶段合理地分配流量和注意力，使平台的整体目标达到最优。

b. 产品策略：特殊内容插入、交互功能插入、用户问卷插入等。

c. 运营策略：在尽量保证推荐用户体验的前提下，支持各种目的的运营策略，如热点或活动内容插入、创作者流量扶持、推荐画风控制和调整等。

（3）模型策略：重排序阶段建模，在序列的尺度上进行效率最优化。

a. ListWise 重排序模型：衡量最终展示的整个推荐序列，最大化推荐序列价值。

b. 端上重排：利用端计算的能力将重排环节部署在用户终端设备上，更加及时地感知用户的实时行为和上下文信息，及时调整推荐的策略和内容。

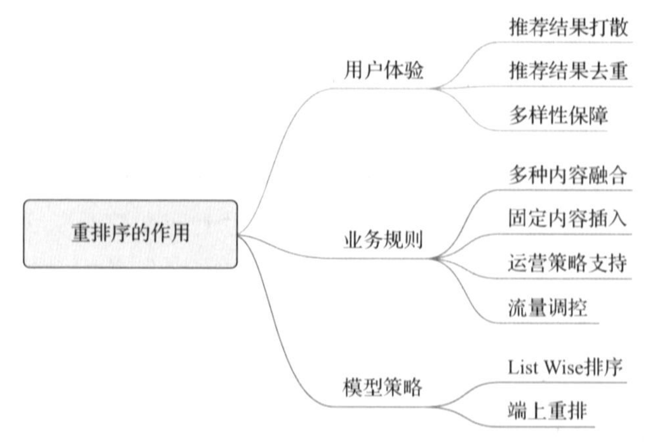

图 6-1　重排序的作用

实际上，上述重排序阶段需要处理的一些问题在推荐系统的全链路中都可以进行优化，只是重排序阶段作为最接近最终输出的环节，更需要重点考虑这些目标。比如，推荐结果去重任务，也可以下沉到召回后的阶段执行，这样做的优点是重复内容不会挤占后面的链路结果序列的内容名额，缺点是增加了一定的算力消耗。再比如，对推荐结果的多样性保障任务，通常也会在推荐链路中的召回、排序等漏斗输出环节进行一致性策略优化，再由重排序阶段进行最终的多样性保障。对于不同的推荐系统来说，由于行业赛道、平台目标、发展阶段的不同，重排序阶段的策略和技术都有非常大的差异，需要根据实际情况进行技术选型和迭代。

6.2 重排模型

本节会围绕着重排序阶段的模型策略展开介绍。首先介绍一下重排序模型建模的出发点，然后介绍若干工业界颇具代表性的序列重排模型，最后介绍强化学习在重排序环节的建模应用。

6.2.1 重排模型建模的出发点

排序最重要的目的是匹配用户的需求，过滤并展示出最高效的信息。以Point-Wise为主的精排的主流思路是，通过模型为信息打分，得分越高的信息对于当前用户来说是越好的。精排模型的AUC越高，说明对信息的打分越准确，之后就按照这个分值从高到低进行排序，越在前面的信息获得曝光的机会越高。这里精排通常没有考虑信息上下文的影响。不过重排之前的模型，需要计算的候选集数量通常也比较大，想要将上下文信息输入模型也比较困难。所以，在重排阶段考虑和解决上下文信息是工业界普遍的思路。

用户发出推荐请求时，推荐系统一般返回包含多条推荐内容的推荐序列给前端进行展示，如图6-2所示，上下文推荐内容会对当前内容产生重要的影响，相同的内容不同的展示顺序也会有很大的影响。如何最大化整个推荐序列的价值，是重排模型建模的一个重要的出发点。此外，重排序一般是紧接着精排之后的，精排已经对推荐信息做了比较准确的打分，重排模块的输入通常是精排模型得分最高的头部结果。精排模型对推荐物品的打分或者排序顺序，对于重排模块来说，是非常重要的参考信息。而能够考虑到输入的序列性的模型，自然也是重排模型的首选。

图 6-2 推荐内容序列示例

6.2.2 序列重排模型

序列重排模型一般的做法是通过 RNN、LSTM 或者 Transformer 等时序性模型，建模精排模型 TopN 结果的序列信息，并将该序列信息作为序列重排模型的输入。序列重排模型通过融合当前信息的上下文，也就是排序列表中其他信息的影响，从列表整体评估收益。工业界有代表性的序列重排模型有miRNN、DLCM、PRM、PRS、Seq2Slate等。

1. miRNN

miRNN是阿里在2018年提出的应用在淘宝电商搜索场景中的重排模型。miRNN使用RNN来建模上下文信息，优化淘宝搜索重排序，实现了展示列表GMV最大化的目标。

如式（6-1）所示，用O表示所有候选的排列集合，最终的优化目标是找到一个排列集合$o^* \epsilon O$，使得序列的GMV最大化。其中，d_i表示物品i在排列o中的位置，对于物品i来说，其他物品对它的影响取决于它的排序上下文：$\mathrm{c}(o,i)=(o_1,\ldots,o_{d_i-1},o_{d_i+1},\ldots,o_N)$，$p(i\,|\,\mathrm{c}(o,\,i))$表示用户购买序列$o$中物品$i$的概率，$v_i$表示物品$i$的价格。

$$o^* = \underset{o^* \in O}{\operatorname{argmax}} \sum_{i=1}^{N} v(i)\, p(i\,|\,c(0,i)) \tag{6-1}$$

公式6-1的最优化问题可以分解为如下两个问题。

（1）物品上下文购买概率$p(i\,|\mathrm{c}(o,\,i\,))$的预估。

（2）最优序列o^*的计算。

对于问题（1），miRNN采用具有注意力机制的RNN模型来预测在已知物品i之前的序列下，物品i的购买概率$p(i\,|\,\mathrm{c}(o,i))=p(o\,|\,o_1,o_2,\ldots,o_{d_i-1})$，如图6-3所示。然后，使用Beam Search来寻找最优序列o^*。

2. DLCM

传统的Learning to Rank模型只考虑单物品的得分，没有考虑物品间的相互影响，作者提出了Deep Listwise Context Model-DLCM重排模型来建模物品的集合信息。如图6-4所示，DLCM使用GRU模型对物品序列进行编码，学习物品序列的局部上下文信息，优化调整最终的排序结果。

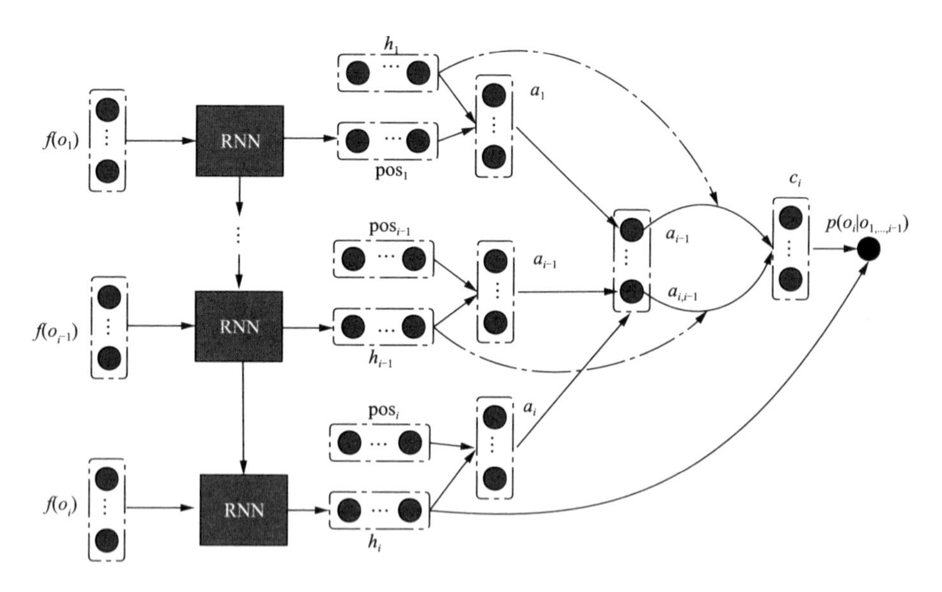

图 6-3 注意力机制 RNN 模型

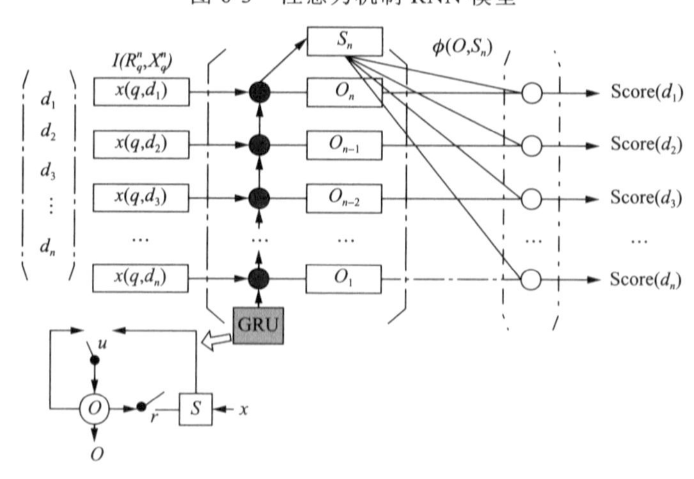

图 6-4 DLCM 模型结构

DLCM 使用 GRU 对精排模型 TopN 列表物品的特征向量进行编码，根据精排得分，将物品特征向量从低位到高位依次输入 GRU，最终得到一个隐向量 $\boldsymbol{S}_n$ 和 n 个隐层输出 O={o_1, o_2, ..., o$_n$}，这些输出被称为局部排序上下文（Local Ranking Context）。然后将局部排序上下文信息 S_n 和 O 输入给一个局部排序函数 ϕ（Local Ranking Function），得到最终重排得分，并将重排序的结果进行排序。ϕ 的具体定义如式（6-2）所示，其中，k 是一个超参数，控制隐层单元的数目，$W_\phi \in R^{\alpha\times k\times\alpha}$，$b_\phi \in R^{\alpha\times k}$，$V_\phi \in R^k$。

$$\phi\left(o_{n+1-i}, s_n\right) = V_\phi \times \left(o_{n+1-i} \times \tanh\left(W_\phi \times s_n + b_\phi\right)\right) \tag{6-2}$$

3. PRM

PRM是阿里应用在淘宝推荐中的重排序模型，它通过Transformer建模物品列表间的相互影响，生成最终的重排序结果。如图6-5所示，PRM模型由三部分组成：输入层（Input Layer）、编码层（Encoding Layer）和输出层（Output Layer）。

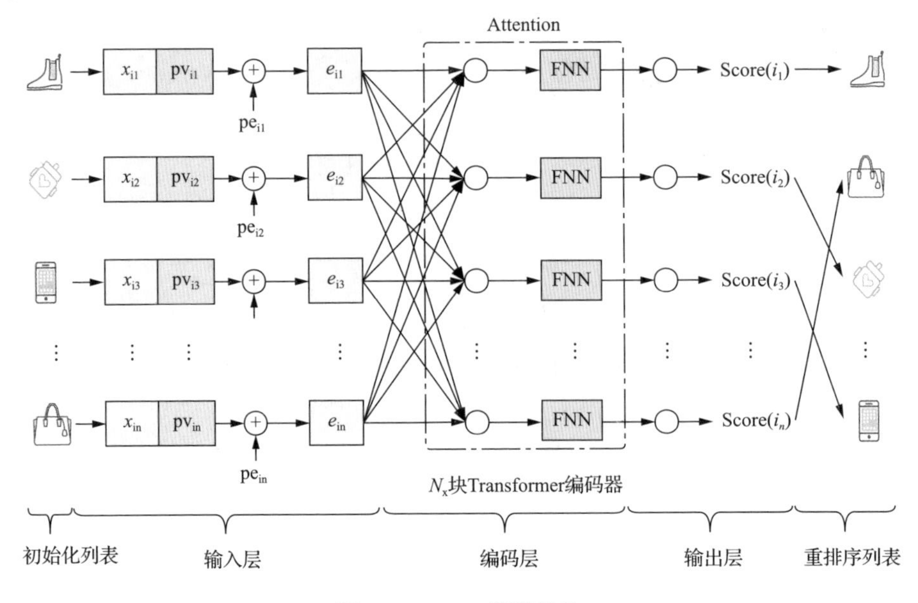

图6-5　PRM模型结构

输入层由原始特征、个性化特征和位置特征三部分构成，综合表示初始输入列表中的每个物品。其中个性化特征取精排模型输出前最后一层网络向量，即融合了用户特征和物品特征生成的Embedding向量。

编码层的目标是计算列表中物品的相互影响、用户行为及初始位置信息的影响，这里使用了Transformer编码器。Transformer编码器的网络结构如图6-6所示。

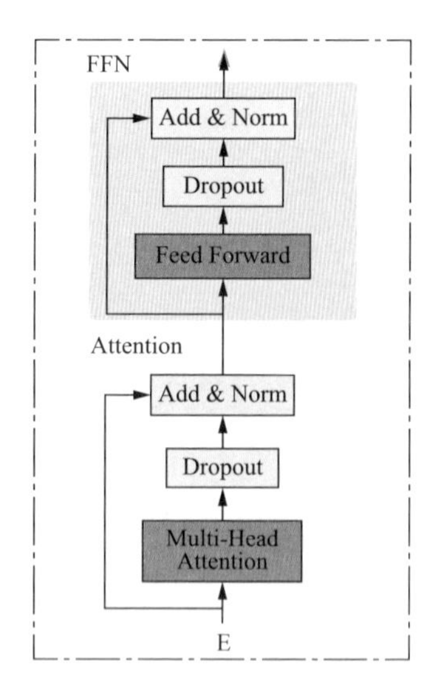

图 6-6 Transformer 编码器的网络结构

经过 Transformer 编码后的信息再经过输出层，通过一层全连接网络和 softmax 得到一个序列信息修正过的重排序得分 Score(i)。

4. PRS

PRS 提出了一种 Permutation-Wise 的重排序算法。该算法来源于一个现实中的真实案例，在给同一个用户展示同一个推荐列表时，不同的展示顺序也会影响用户的反馈和选择。如图 6-7 所示，将价格比较贵的 B 物品展示在 A 物品之前，用户购买价格更便宜的 A 的意愿就会比较高。所以推荐物品集合的排列顺序会影响用户的决策，文章提出了考虑物品排列顺序的 Permutation-Wise 重排方法。

Permutation-Wise 的重排序面临两个问题：（1）指数级解空间，从长度为 n 的集合中选取 m 个推荐物品集合，List-Wise 重排模型的搜索空间是 $O(m)$。而 Permutation-Wise 方法的解空间是 $O(A_n^m)$。（2）Permutation-Wise 评估。

为了解决上面两个问题，PRS 将重排序分为 PMatch 和 PRank 两个阶段，其排序过程如图 6-8 所示。

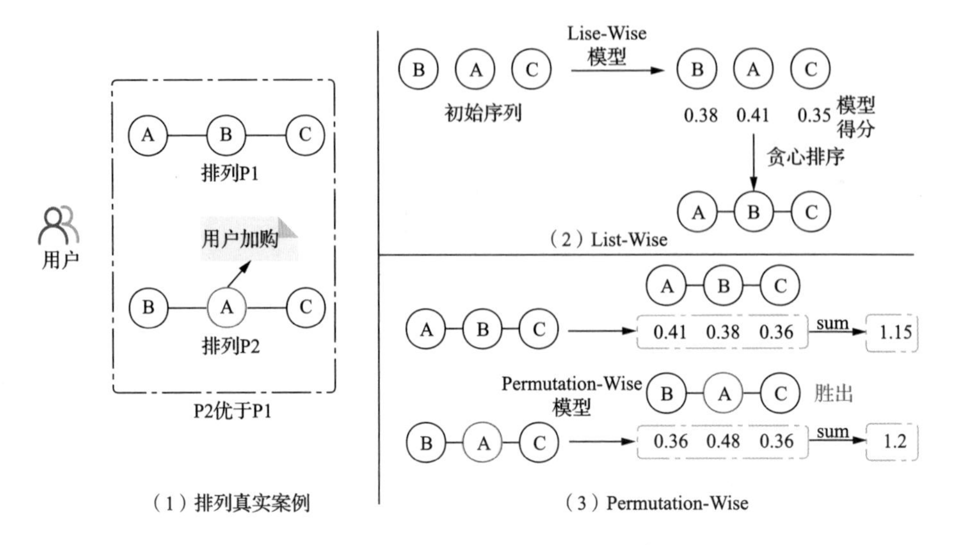

图 6-7 Permutation Wise 推荐示例

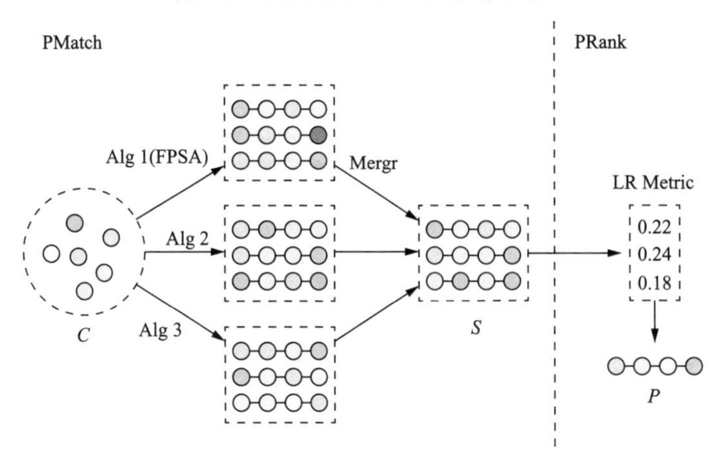

图 6-8 PRS 两阶段排序过程

PMatch 阶段可以看作序列召回阶段。PMatch 阶段采用一种高效的排列搜索算法 FPSA 生成候选排列集合。这个阶段生成候选排列集合的方法有很多想象和发散的空间，如可以通过网格搜索（Grid Search）多组参数动态生成多组 DPP 候选序列。

PRank 阶段采用带有 Bi-Lstm 单元的 DPWN（Deep Permutation-Wise Network）模型建模排列的时序和上下文信息。DPWN 输出排列中每个物品的预估点击率 pCTR，然后将排列中每个物品的 pCTR 之和作为排列的评估标准，选择 pCTR 之和最高的排列作为最终重排序结果。

5. Seq2Slate

Seq2Slate 是一个端到端的序列模型（Sequence to Sequence Model），根据用户已选择的物品去预估下一个“最优”物品。

如图 6-9 所示，Seq2Slate 采用序列到序列的架构，利用指针网络（Pointer Network）输入精排输出序列，顺序生成重排每个位置上的结果。Seq2Slate 模型包括一个编码器 RNN 和一个解码器 RNN，都采用 LSTM 单元。

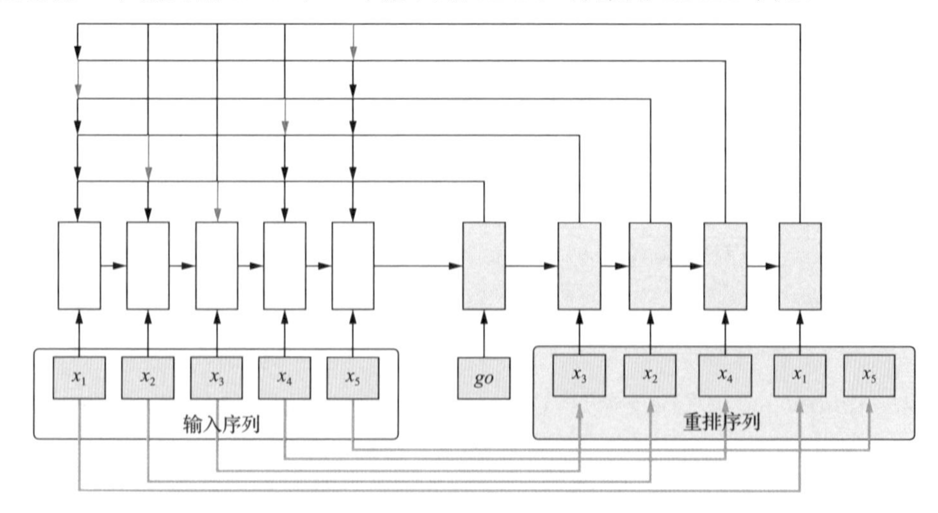

图 6-9　Seq2Slate 指针网络

在编码阶段，编码器的输入是精排后每个物品的特征向量 $\boldsymbol{x}_i$，输出编码后的隐向量 $\boldsymbol{e}_i$。即将序列 $\{x_i\}_{i=1}^n$ 转化成隐向量序列 $\{e_i\}_{i=1}^n$。

在解码阶段，解码器每次输出一个隐向量 $\boldsymbol{d}_j$ 作为注意力函数的 query。注意力函数输入 $\boldsymbol{d}_j$ 和 $\{e_i\}_{i=1}^n$，输出待选择物品的概率分布。

6.2.3　基于强化学习的重排模型

要做序列生成和序列评估，直观而自然的方法就是采用强化学习。只要将生成序列的评估结果看作强化学习中的奖励（Reward），就可以模拟用户的浏览状态，结合前序内容的影响，动态地调整后续序列的生成。工业界应用在重排序阶段的强化学习模型有 Slate-Q、GAttN 等。

1. Slate-Q

基于强化学习的推荐系统的主要优势是可以考虑推荐的长期收益和用户参与度。当推荐结果是多个物品序列时，每一个排列组合对于强化学习来说就是一个行为（Action），待选的行为空间（Action Space）十分巨大。Slate-Q提出一种新的序列Q函数分解技术，通过假设近似，将序列的Q值分解到序列中每个物品的Q值，使强化学习能更好地处理物品序列行为。

为了降低求解推荐最优序列的解空间和时间复杂度，Slate-Q将Q值分解分为两部分：单个物品Item-Wise的Q值和整体物品序列的Q值。Slate-Q分解Q值基于下面两个假设。

假设一：用户每次或者不消费，或者只消费一个物品。

假设二：RL的奖励$R(s, A)$和状态转移概率$P(s'|s, A)$都只依赖用户消费的物品。

基于假设一和假设二就可以定义出用户消费一个物品长期收益（Long-Term Value）的Item-Wise Q值$\bar{Q}^{\pi}(s,i)$，如式（6-3）所示。用Item-Wise的Q函数表示Q(s, A)，如式（6-4）所示，最终序列的Q函数只依赖序列中物品Item-Wise的Q值$\bar{Q}^{\pi}(s,i)$。在线预估时可以选择期望奖励最高的TopN序列。

$$\bar{Q}^{\pi}(s,i)=R(s,i)+\gamma\sum_{s'\in S}P(s'|s,i)V^{\pi}(s') \tag{6-3}$$

$$\bar{Q}^{\pi}(s,A)=\sum_{i\in A}P(i|s,A)\bar{Q}^{\pi}(s,i) \tag{6-4}$$

2. GAttN

在实际的推荐场景中，有很多推荐产品的呈现形态是将多条推荐结果封装到同一个卡片中一同展示。如图6-10所示，这些一同展示的内容之间是会相互影响的，这种形式的推荐叫作Extract-K。

图 6-10　卡片推荐示例

作者创新性地将 Extrack-K 问题转化为图的最大子图优化问题。提出了一个由编码器（Encoder）和解码器（Decoder）框架组成的 GAT 模型，GAT 模型的编码器和解码器的网络结构如图 6-11 所示。

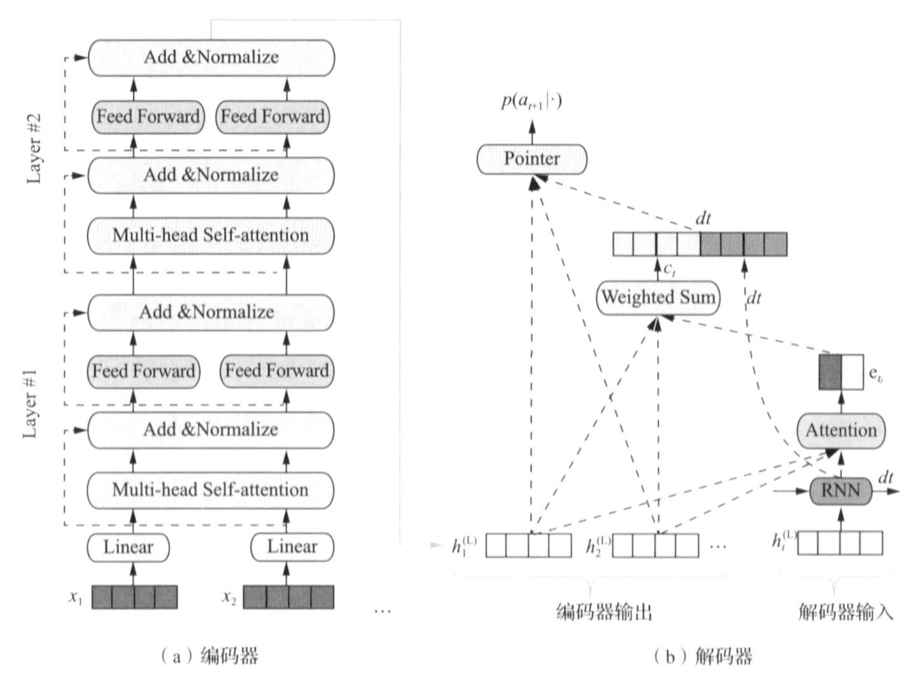

图 6-11　GAT 模型的编码器和解码器的网络结构

编码器的输入是物品的特征和对应用户的特征，然后使用多头自注意力机制来获得图嵌入，多头自注意力网络结构如图6-12所示。解码器使用RNN和注意力机制来生成 K 个结果组成的子图，并采用强化学习策略来训练GAT模型。

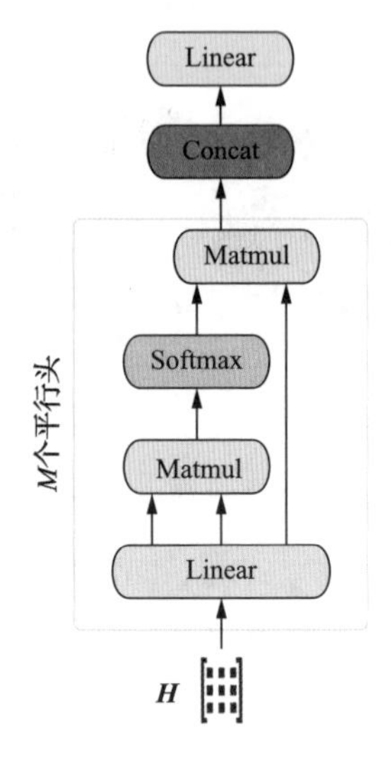

图6-12　多头自注意力网络结构

6.3　重排多样性策略

重排位于推荐系统链路的最后一环，掌握了调整精排结果的权利，而调整后结果的多样性是重排序重要的考量指标和优化任务。下面我们将从重排多样性调整的出发点、多样性评估指标、多样性打散策略规则，以及多样性优化的模型策略来展开介绍重排阶段多样性处理的相关工作。

6.3.1　重排多样性的出发点

推荐系统的多样性是指推荐展示内容之间的差异化程度，推荐内容的多样性是衡量一个推荐系统好坏的重要评估指标。实践证明多样性会对产品短期的用户体验及长期的用户留存等目标有比较大的影响。推荐系统中的召回、粗排、精排、重排等全链路模块都需要考虑多样性问题，重排是对推荐结果做最后的调整，一般需要做更精细的多样性调控。

在重排前的精排阶段，不论是内容表征还是受众用户，其内容都会比较相近，所以排序结果中会有大量同质化的内容。如果在重排阶段不做多样性的调控，就会出现相似内容扎堆、推荐内容冗余等现象，严重影响推荐效率和用户的使用体验。在重排阶段兼顾多样性，对于推荐系统来说尤为重要。

重排阶段多样性调控的方法大概可以分为三类：（1）基于规则约束；（2）启发式算法；（3）深度模型。规则约束基本都是基于一些人工设定的规则，如根据标签类标打算、根据作者打散等。在工业界应用比较广泛的启发式的算法如 MMR、DPP、Deep-DPP 等。深度模型就是利用重排序模型，融入上下文感知信息，或者在目标中加入多样性约束。

6.3.2 多样性评估指标

不同的用户对多样性的感知也不同，当模型对多样性的定义与用户对多样性的感知不匹配时，会很容易降低用户对推荐内容的感知。多样性的定义和评估也是推荐系统的一大难题，在工业界公开的文章中，用到的多样性评估指标也是形形色色。下面介绍 6 个常用的多样性评估指标。

（1）覆盖率：推荐曝光给用户的内容占整体推荐内容库的比例，这个指标主要用来衡量推荐系统对长尾内容的分发能力。

（2）K 次重复率：用户同一批推荐请求，或者说同一个 Session 内同一类别的内容出现 K 次的比例。

（3）SSD（Self System Diversity）：SSD 主要用来衡量推荐结果的时序多样性。SSD 是指推荐列表中，当前的推荐内容不在之前推荐结果中的比例。如式（6-5）所示，$R_{t\text{-}1}$ 是 R 的前一次推荐内容，SSD 值越小，说明推荐列表的时序多样性越好。

$$\mathrm{SSD}\left(R|u\right)=\frac{\left|R\ /\ R_{t-1}\right|}{\left|R\right|} \tag{6-5}$$

（4）海宁格距离（Hellinger Distance）：如式（6-6）所示，海宁格距离用来度量两个概率分布的差异性。在推荐多样性的应用中，可以用来衡量真实的多样性分布和理想的多样性分布之间的差异。

$$H\left(P,Q\right)=\frac{1}{\sqrt{2}}\left\|\sqrt{P}-\sqrt{Q}\right\|_2 \tag{6-6}$$

（5）$\alpha-\mathrm{NDCG}$：NDCG 是排序中常用的衡量排序准确性的指标之一。$\alpha-\mathrm{NDCG}$在保证准确性的同时衡量排序结果的多样性。当$\alpha-\mathrm{NDCG}$值比较高时，意味着排序的准确性和多样性均比较好。

（6）人工评估：由业务人员对推荐结果的多样性进行抽样评估。通常，不同用户对多样性的感知也不同，对多样性的评价有一定的主观性。多样性还需要与产品的定位、业务目标相结合，由专业的产品或者运营人员对多样性进行人工测评也是需要经常或者例行化去做的事情。

6.3.3 规则多样性打散

每个物品都有若干需要隔离开的属性，如类别、作者、相似图文等。打散一般是对输入的有序序列进行调整，输出一个相似属性物品隔离开的物品序列。打散和多样性的启发式算法或者模型策略并不冲突，打散可以作为启发式算法或者模型策略的前置，对推荐的多样性做一个基础的保障。

打散可以基于规则，也可以基于物品隐向量表示的距离。基于规则比较简单可控，不过在物品属性枚举值较多时，需要通过多次实验来调整不同属性打散的规则，扩展性不强。基于隐向量的打散，泛化能力强，但容易出现 Bad Case，基础保障不可控。目前的主流方法仍然是基于规则的打散。基于规则的打散方法主要有如下三种。

1. 分桶打散法

分桶打散法将物品按照需要打散的属性进行分桶，同一属性值的物品放在相同的桶中，不同桶间的物品属性不同。放置桶中的顺序一般和精排的排序保持一致，然后依次从各桶中取出物品即可。这种方式有些类似归并排序，实现简单，打散效果也比较好。但末尾容易扎堆，对原始序列改变比较大。

2. 权重分配法

权重分配法为每一个物品计算一个分值，计算方式如式（6-7）所示。其中 W 为每个属性的权重，代表属性打散需求的优先级。Count 为同属性物品已推荐的次数。$f(x)$即为打散加权分数，按照它从低到高对物品进行排序以完成打散。这种方法实现也比较容易，而且可以充分考虑多种属性的叠加，扩展性也比较强，但需要通过人工调整权重参数来调整打散的效果。

$$f(x)=\sum_{i} W_i \times \text{Count}(i) \tag{6-7}$$

3. 滑动窗口法

滑动窗口法是在一个定长的滑动窗口（Session）内，控制相同属性物品出现的次数。相同属性的物品超过一定次数后，就交换出窗口。图 6-13 是滑动窗口打散过程的示意图。这种方法只用局部的频次计算，计算量比较低。同时，对原序的破坏也比较小，能够最大限度地保留相关性，但也会出现同属性内容扎堆的现象。

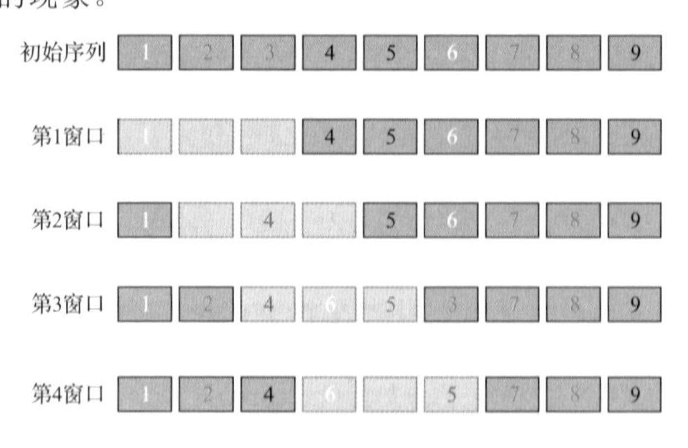

图 6-13　滑动窗口打散过程

6.3.4 多样性模型策略

在重排序阶段，关于多样性的优化，工业界推荐系统实用的代表性方法包括 MMR（Maximal Marginal Relevance）、Google YouTube 和 Hulu 视频推荐中的 DPP（Determinantal Point Process）及 Airbnb 的搜索多样性策略等。

1. 最大边界相关性——MMR（Maximal Marginal Relevance）

MMR 最早广泛应用于信息检索领域，旨在保证结果相关性的同时，减少结果的冗余度。MMR 的定义如式（6-8）所示，其中 S 为已选取的结果，R 为待选的候选集合。Sim_1 为候选结果 D_i 和查询词（Q）的相关性，Sim_2 计算的是 D_i 和 S 集合中结果的相关性。λ 为平衡两个相关性权重的超参数。在推荐重排场景中，Sim_1 可以取精排模型的分值，Sim_2 仍取待选结果和已选结果的相似性。

$$\mathrm{MMR}=\underset{D_i\in R/S}{\operatorname{argmax}}\left[\lambda\left(\mathrm{Sim}_1\left(D_i,Q\right)-\left(1-\lambda\right)\max_{D_j\in S}\mathrm{Sim}_2\left(D_i,D_j\right)\right)\right] \tag{6-8}$$

2. 行列式过程法——DPP（Determinantal Point Process）

DPP 的输入包括三部分：推荐物品候选集合、候选物品的精排分值和用于相似度计算的物品 Embedding 表征向量。DPP 算法的核心就是定义核矩阵 $\boldsymbol{L}$（Kernel Matrix $\boldsymbol{L}$），用核矩阵的行列式（$\det(\boldsymbol{L})$）来衡量推荐结果的多样性和相关性。

一个矩阵可以看作一组向量的集合，而矩阵行列式的物理意义为矩阵中各个向量组成的平行多面体的体积。如图 6-14 所示，这些向量彼此之间越不相似，向量间的夹角就会越大，组成的平行多面体的体积也就越大，矩阵的行列式也就越大，对应的推荐集合的多样性也就越高。通过引入核矩阵，DPP 将复杂的概率计算转换成简单的行列式计算。

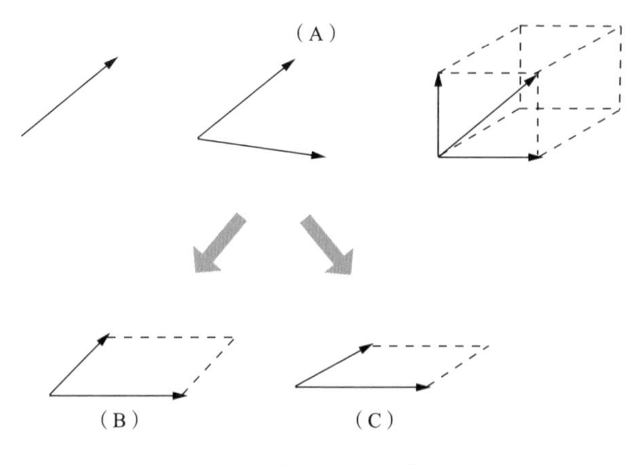

图 6-14　矩阵行列式的物理意义

已知精排 TopN 候选物品集合的精排得分及相似度度量距离，DPP 核矩阵 $\boldsymbol{L}$ 的定义如式（6-9）所示。其中 q_i 为第 i 物品的精排分值，D_{ij} 为物品 i 和 j 的相似度，α 和 δ 为平衡相关性和多样性的两个超参数。重排选择 TopK 结果的问题就转化为从 $N\times N$ 的矩阵中选出一个行列式值最大的 $K\times K$ 子矩阵。

$$\boldsymbol{L}_{ii}=q_i^2;\ \boldsymbol{L}_{ii}=\alpha q_i q_j\times\exp\left(-\frac{D_{ij}}{2\delta^2}\right)\tag{6-9}$$

3. 基于深度学习的 DPP（Deep Learning DPP）

基于深度学习的 DPP 和前面介绍的基于参数化的 DPP 的差异性主要在于核矩阵的生成方式。基于深度学习的 DPP 的核矩阵 $\boldsymbol{L}$ 定义如式（6-10）所示，这里不再需要人工去搜索设定超参数 α 和 δ 。f 和 g 可以采用一个浅层的神经网络来构建学习，如图 6-15 所示，用于计算 f 函数的神经网络可以相对浅一些，函数 g 侧的网络可以略深，以便将物品表征向量 $\boldsymbol{\phi}$ 重新映射到更有区分性的表征空间。

$$\boldsymbol{L}_{ii}=f\left(q_i\right)g\left(\boldsymbol{\phi}_i\right)^{\mathrm{T}}g\left(\boldsymbol{\phi}_j\right)f\left(q_j\right)+\delta\,\|_{i=j}\tag{6-10}$$

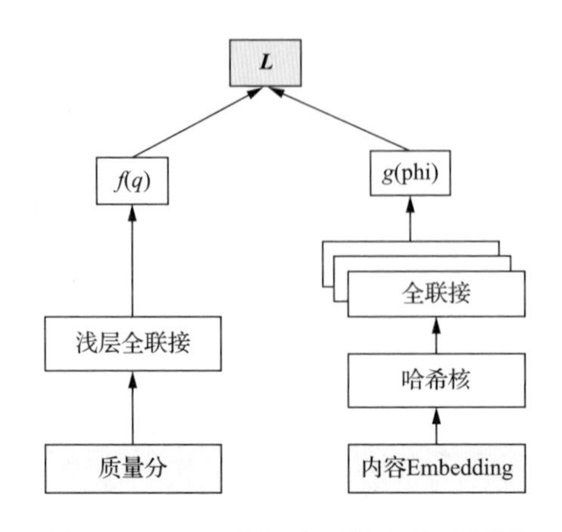

图 6-15 DPP 核矩阵网络参数示例图

4. Airbnb 的搜索多样性策略

Airbnb 搜索系统的架构流程和常规推荐系统大致相同，也主要分为召回、精排和重排等阶段。Airbnb 在搜索重排阶段采取了一系列多样性优化策略。

前面也曾提到，多样性问题最基础的问题是定义衡量多样性的指标。Airbnb 提出了一种 MLR（Mean Listing Relevance）指标来衡量列表结果的相关性和多样性的综合得分。MLR 的定义如式（6-11）所示，与 MMR 相比，MLR 将最大值函数替换为平均值函数，使得多样性的计算更加平滑。

$$\mathrm{MLR}(S)=\sum_{i=1}^{N}\left[(1-\lambda)c(i)P_Q(l_i)+\lambda\sum_{j<i}\frac{d(l_i,l_j)}{i}\right] \tag{6-11}$$

MLR 在相关性计算时，引入了位置衰减函数来消除位置偏差。位置衰减函数是一个对数函数，对位置的后验点击率做对数平滑后将结果作为衰减系数，Airbnb 位置衰减函数如图 6-16 所示。在重排阶段，Airbnb 使用了贪心的方法，每次选择使得当前列表 MLR 为最大的候选物品。

此外，Airbnb 还提出一种以分布距离作为列表结果多样性的衡量指标，通过统计重排结果的多样性分布和理想的多样性分布之间的海宁格距离（Hellinger Distance），来衡量重排结果的多样性，海宁格距离的计算方式如公式 6-6 所示。理想的多样性分布通过计算用户的搜索下单数据来获得。

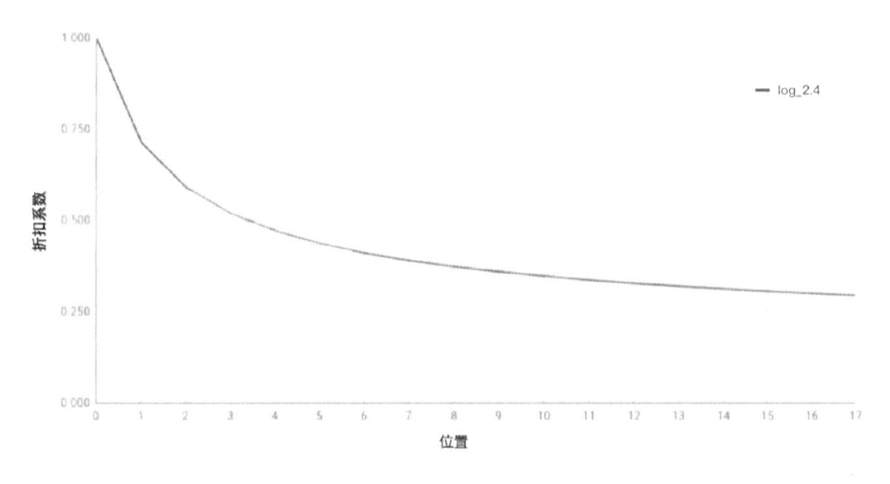

图 6-16 Airbnb 位置衰减函数

以位置分布多样性为例，对于每个查询词，理想的位置多样性分布是基于这个查询词下用户的订单行为反馈统计获得的。作者根据地理位置使用 KD-Tree 来对用户订单行为做等密度划分。然后统计每个查询词下用户下单行为的分布，交将此作为该查询词理想的位置多样性分布。

作者定义了融合相关性和位置分布多样性的损失函数，如公式 6-12 所示。

$$\text{Loss}_{\text{locDiv}}(S)=\left(1-\text{NDCG}_F(S)\right)+\lambda_{\text{loc}}H(L_Q \,\|\, L_S) \qquad (公式 6-12)$$

在重排阶段结合损失函数，采用模拟退火贪心算法生成重排序结果。计算的大致过程如下面伪代码所示：

```
初始化输入：L：精排 TopN 集合，S：精排 TopK 集合，e：迭代终止条件
while !e:
    随机交换 L\S 和 S 中的结果
    if loss 下降，接受交换
    else 以一定概率接受交换
返回 S 作为重排结果
```

6.4 重排中的业务规则

除了要兼顾推荐效率和多样性，重排阶段还承担了很多产品运营策略相

关的工作。其中常见的有流量调控、固定内容插入、不同品类或者不同模版的内容混合等。

其中，流量调控是一种非常重要的内容流量扶持手段，也是推荐系统中十分重要的功能模块。很多推荐业务除通过最大化推荐效果满足用户消费需求外，还需要承担内容生态、产品商业建设等。其中对新热物品、热门创作者新发布的内容、热门话题、活动运营等相关内容给予一定流量的扶持。

流量调控需要兼顾流量分配效果的实时性和准确性，对扶持的内容需要做到定量、均匀的流量控制效果。越靠近展示环节，对流量的控制越精准。所以流量调控的重任就责无旁贷地落在了重排环节。

常用的流量调控方式主要有以下两种。

（1）保量类：保量扶持的实现方式有在重排阶段制定规则实现保量，或者通过 E-Greedy、汤普森采样、UCB 等 EE 类方式试探分发要保量的物品。

（2）调权类：这类调控一般是配合业务运营需求，对内容的分发进行快速、实时的干预。如三八妇女节当天，电商平台临时对女性类商品做提权，增加其分发的力度。

此外，在很多推荐场景中，推荐展示的内容并不是单一形态的，需要融合多种类型、多重模态的内容。如很多信息流推荐场景，会有图文类内容，也会有视频或者合集类内容，还会有广告等商业化内容。对于不同类型的内容，其业务目标和建模目标也不尽相同。而且多数情况下，不同类型的内容一般分属不同的业务团队，需要独立进行建模和优化。在最终展示前的重排阶段，需要对多重内容进行混排融合。

混排时一般会有一些业务规则的约束，比如广告出现的频次、内容穿插比例的约束等。这些都是需要满足的硬规则，在这些硬规则之外，再通过一些策略算法去实现整体收益最大化。常用的策略有以下三种。

（1）通过设置计分公式统一度量不同类型的内容，按照得分进行流量分配。

（2）约束某些指标，最大化其他指标。如当广告内容和自然结果内容混排时，在保障用户侧指标不低于某个阈值约束的情况下，最大化商业化指标。

（3）也可以通过强化学习，根据用户在不同状态下的行为，寻求收益最大的转移状态。

总结

本章介绍了推荐系统的最后一环——重排序相关的工作。开篇先介绍了重排序的作用和必要性，然后着重介绍了重排序环节的模型策略。此外，还花费很大的篇幅介绍了重排阶段的多样性策略。重排序是规则和策略聚集的环节，除了要优化用户整体的感知体验，还需要兼顾各种产品运营策略。精排阶段侧重的是单个物品的价值最大化，而重排阶段需要组合优化全局目标，并关注更长期的业务收益。

第7章 如若初见冷启动

冷启动问题是推荐系统中非常重要又棘手的问题，好的冷启动推荐体验牵涉到产品、运营、数据、算法、工程等多方面的工作。本章，笔者会从冷启动的定义与挑战、解决冷启动问题的重要性，以及解决冷启动推荐常用的方法和策略等方面来探讨推荐系统冷启动。

7.1 推荐冷启动的定义与挑战

前面介绍的推荐算法，不论是召回、排序还是重排，都比较依赖用户的历史行为数据。但任何良性的互联网信息平台，其用户和内容都是不断增长变化的，推荐系统会面临源源不断的新用户和新内容加入。如何为新用户推荐合适的内容，以及如何将创作者生产的新内容分发出去，这些都属于推荐冷启动的范畴。

冷启动是推荐系统的重要挑战之一，也是推荐系统需要考虑和解决的重要问题之一。很多互联网产品将推荐放在产品首页的核心位置，如今日头条、抖音、快手、小红书等。对新用户来说，冷启动推荐的内容决定了用户对产品的第一印象，是用户留存的关键因素。而对内容生产者来说，如果新发布的内容没有得到及时且足量的展示和反馈，就会影响生产者的积极性，从而影响信息平台内容供给生态的健康发展。

根据作用对象的不同，推荐冷启动问题可以分为新用户冷启动和新内容冷启动。很多文章在介绍推荐冷启动时，也将系统冷启动考虑了进来。系统冷启动是指一个产品在开发上线的初期，如何搭建一个推荐系统。系统冷启动的设计要重点考虑产品早期的定位和重点面向的用户人群，需要更多产品战略层面的设计和考量，在这里不做展开介绍。

新用户冷启动的难点在于推荐系统对于新用户知之甚少，无法确定用户的真实兴趣，推荐的准确性也会大打折扣。而新内容由于缺少用户行为的真实反馈，无法明确判定内容的质量度和目标用户，给推荐系统的分发带来很大的挑战。

推荐冷启动关系到产品定位、用户留存及内容生态等多重关键的产品战略，同时推荐冷启动也是一个需要由产品、运营、算法及工程等多个团队共同协作来解决和优化的事情。不过根据产品定位、内容形态及具体的推荐场景的不同，冷启动的方案也不尽相同。下面结合冷启动问题的特性，给出一些工业界常用的解决思路和方案。

7.2 冷启动一般解决思路

为了更好地优化和解决推荐冷启动，从产品或者运营的角度可以协助做好以下工作：

（1）设计有效的产品功能，收集用户的属性信息、社交信息、兴趣偏好等。

（2）做好用户画像标签体系和平台内容标签体系的建设，并做好内容标注和审核等相关工作。

（3）完善内容制作模板，引导创作者完善内容标题、摘要、标签等信息。

（4）与技术人员共同完善平台热门内容或者优质内容的筛选计算规则。

如图 7-1 所示，从技术角度来看，冷启动推荐的出发点是提升推荐的泛化性和实时性，或者利用迁移学习和少样本学习技术缓解冷启动场景数据稀疏的问题。

（1）泛化的本质是在获取不到用户或者内容个体维度的行为反馈数据时，可以泛化到用户或者内容更粗粒度的特征。如用户所属群体，或者内容的类别、主题、创作者等。

（2）实时性的本质是高效地利用有限的用户交互数据，不论是隐式还是显式的、正向的还是负向的，推荐系统都要及时地捕捉这些交互反馈数据，及时调整分发策略。

（3）迁移学习要解决的问题本身就是在某领域知识不足的情况下，迁移其他领域的数据或知识，用于本领域的学习。所以，将迁移学习应用于推荐冷启动问题是常见的一种解决方案。

（4）少样本学习旨在解决数据极少的情况下模型的训练和学习问题，以及数据稀缺的推荐冷启动问题。

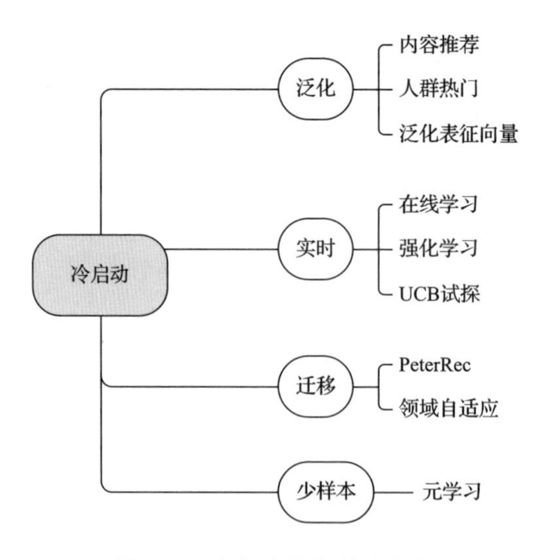

图 7-1　冷启动推荐策略方向

不过，新用户推荐冷启动和新物品分发冷启动不论在业务目标、算法策略还是工程实践上都有很大的不同。接下来，我们会分别阐述工业界在新用户推荐冷启动和新物品分发冷启动中常用的方法和策略。

7.3 新用户推荐冷启动

新用户推荐的流程与一般用户推荐的流程大致相同，也需要考虑新用户推荐的召回、排序及重排等多个环节的算法策略。

7.3.1 新用户召回策略

如图 7-2 所示，新用户冷启动推荐的常规召回策略有热门召回、人口属性召回、来源素材召回、精品池召回，以及 Embedding 个性化向量召回。

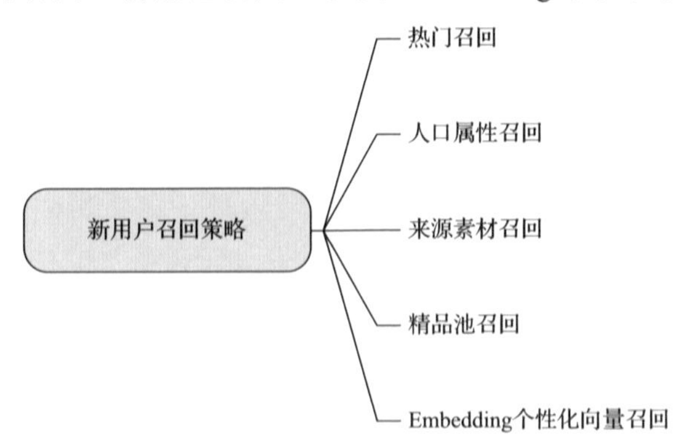

图 7-2　新用户召回策略

热门召回一般通过统计用户历史行为得到，是经过后验验证被平台内大多数用户认可的优质内容。如长视频中的热播剧、高分剧，音乐中的流行榜单等。基于流量分配的二八定律，20%的头部内容大约会占 80%的流量，在平台用户结构相对均匀的情况下，热门推荐在新用户冷启动时通常表现不错。

因为历史行为数据的缺失，使得推荐系统无法判定新用户的兴趣。推荐冷启动的过程其实就是利用新用户有限的信息，去猜测用户兴趣的过程。多项工作验证增加新用户推荐结果的多样性，对新用户的消费和留存都有一定程度的正向作用。所以，新用户冷启动召回要保证召回结果的多样性，要覆盖平台多种类型/品类的优质内容，以保证后续推荐环节选择的多样性。

为了保障新用户冷启动召回结果的多样性，可以增加推荐物品每个分类维度的热门列表作为冷启动召回。以游戏推荐为例，新用户的召回结果应该覆盖“RPG”“射击”“塔防”“卡牌”“益智”等常见大众类别的游戏。可以生成每个类别下的热门游戏作为新用户冷启动召回结果，提升冷启动推荐的品类多样性，也可以避免推荐内容过度集中在单个或极少数类别上。

此外，也可以利用用户注册时提供的年龄、性别、地域等信息，基于全平台用户的用户属性统计不同属性下的用户行为，得到基于用户属性的热门召回。如不同性别属性的热门偏好、不同年龄段的流行热门、不同地域的热点热门等。

热门推荐可以解决新用户冷启动的基础需求，Netflix 也有研究表明，新用户在冷启动阶段确实是更倾向于热门排行榜的，老用户会更加需要长尾精准推荐。不过，基于热门的召回本质还是以平台大众的喜好去迎合新用户，这在一定程度上加剧了平台流量向头部高热内容倾斜的马太效应。当平台内当前用户结构失衡时，也会导致用户增长结构进一步失调。

提供基于业务规则或者运营目的挑选的精品池也是常用的冷启动召回策略。这种策略可以在产品早期或者推广期，帮助树立产品的品牌和调性。此外，新用户的来源渠道及用户增长使用的拉新素材，也是初始化新用户冷启动召回重要的考量因素。

Embedding 强大的表征能力使得它成为目前召回策略的主流技术方案。用户行为数据是训练生成 Embedding 的基础，新用户或者新物品同样面临着 Embedding 冷启动问题。解决 Embedding 冷启动常用的方法是，加入更泛化的用户或者物品维度辅助信息，如用户侧人口属性信息或者物品侧分类信息等。相关的工作有 DropNet、MAML、MWUF 等。此外，对用户做聚类，利用新用户所在类簇的其他用户的 Embedding 聚合初始化新用户 Embedding，也是工业界常用的一种方法。

7.3.2 新用户排序模型

在排序阶段，排序模型的训练样本基本依赖于用户行为日志，而这也是新用户所缺失的。排序模型会被高频活跃用户的行为和消费所主导。而对新用户比较友好的泛化类特征（用户的性别、年龄、地域等），也会被更细粒度的行为序列类特征淹没。

为了使排序模型对新用户更友好，缓解新用户数据缺失及新老用户样本分布不均衡等问题，可以采取的措施有：

（1）新老用户模型分家，单独拆分新用户模型。

（2）引入先验知识，挖掘新用户强相关特征。

（3）调整排序模型结构，使其对新老用户具备差异化学习能力。

拆分出新用户模型的好处是，可以避免新用户模型被高频活跃用户主导带偏，不过需要考虑新用户数据量偏少，模型训练容易欠拟合等问题。一个解决方案是使用简单模型和泛化特征，目前动辄百亿千亿量级的复杂网络在新用户上未必有好的效果，用户标识 Id 这类高维细粒度特征在新用户上也难以被充分训练，发挥其价值。

另一个可以考虑的解决方案是，通过预训练或者迁移学习的方式，给新用户模型初始化一组相对比较合理的 Embedding 参数。如腾讯的 PeterRec，就提出了一种迁移学习的框架来解决新用户冷启动推荐的问题。PeterRec 利用比较成熟的业务场景的数据（如腾讯视频、QQ 浏览器的用户行为数据）学习到一种通用的用户表征，用于其他场景的推荐任务。如图 7-3 所示，使用源域用户行为训练模型，用于在目标域对新用户或者冷启动用户做预测。这里源域和目标域需要有公共的用户标识 Id。

也可以参考 Airbnb 的做法，按照用户属性划分用户群组，用群组 Id 代替新用户 Id。或者也可以用 K-means 等聚类算法对用户群体做聚类，将新用户所属的聚类 Id 代替新用户 Id 加入模型中，以群体代替个体来缓解单个新用户行为稀疏的问题。

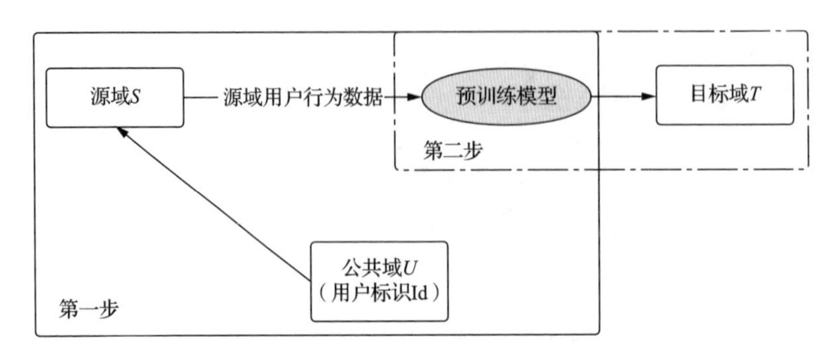

图 7-3　PeterRec 迁移学习冷启动推荐

常见的新用户相关特征有，是否是新用户标识、用户首次登录时间、有效交互过的物品数量，以及新用户友好的年龄、性别等人口属性特征。这些低维度泛化类的特征很容易淹没在用户 Id、用户行为序列等高维度特征里。可以通过调整排序模型的结构，同时配合新用户特征添加的方式，来加强新用户特征的作用。

参考起源于语音识别领域的 LHUC 算法（Learning Hidden Unit Contributions），该算法通过为用户学习一个特定的隐式单元，优化不同用户的语音识别效果。如图 7-4 所示，借鉴 LHUC 的思想，可以将新用户相关的特征作为 LHUC 的输入，来增强新用户特征。

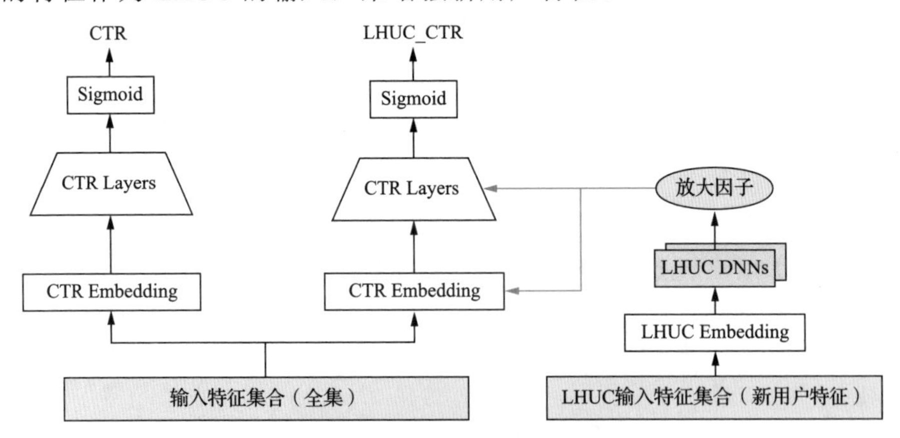

图 7-4　带 LHUC 的 CTR 模型

也可以参考快手的 POSO，在模型中引入个性化冷启动模块，增强排序模型对用户个性化的响应，去学习新老用户的差异。POSO 的设计思路是对用户进行分群，每个用户群学习其对应模型网络参数，避免被其他用户群体主导或带偏。如冷启动问题就可以将用户群体分为新用户群体和老用户群体，从模型结构上对新老用户进行差异化学习，从而缓解排序模型被老用户主导的问题。

POSO 的设计和实现十分简单，适用于各种模型结构。图 7-5 给出了 POSO 模块在全联接 DNN 结构和 MMoE 结构中的使用。

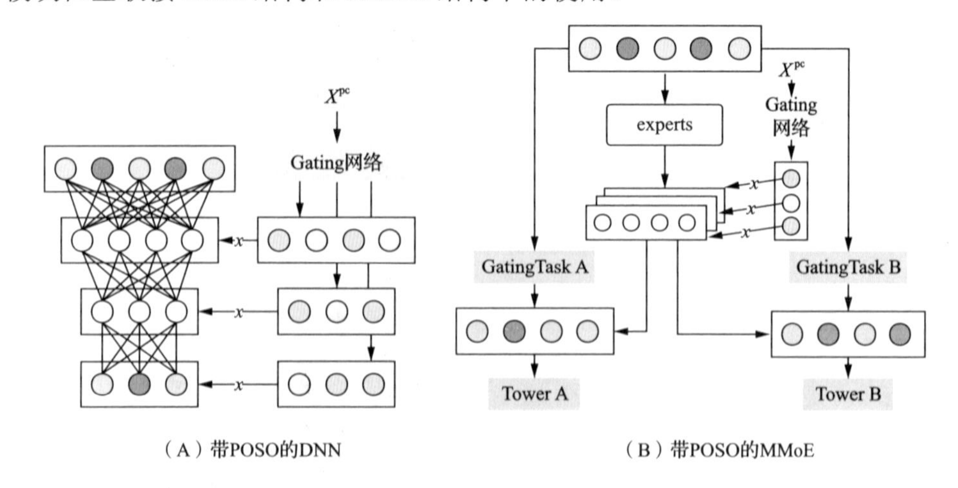

图 7-5　POSO 模块在全联接 DNN 结构和 MMOE 结构中的使用

7.3.3　新用户重排策略

前面讲过，新用户冷启动推荐需要保障推荐结果的多样性。在重排环节需要对冷启动推荐结果做更精细的多样性调控。在重排环节，常见的新用户冷启动策略有：

（1）新用户独立的多样性打散配置：新用户一般会通过更严格的打散策略来增强新用户推荐结果的多样性。

（2）新用户独立的商业化策略：为了保障新用户的用户体验，提升新用户留存，新用户一般也会有独立的商业化策略。针对新用户应该减少或者免除商业化广告投放。

（3）针对新用户的产品或运营策略：为了收集用户的基础属性或者兴趣

偏好而定制的产品策略或者运营活动。如图 7-6 所示，既可以针对新用户首次使用设置性别属性和初始兴趣选择，也可以投放有明显年龄差异性或者性别差异性的内容去试探用户的年龄、性别等。

图 7-6　新用户初始性别和兴趣选择

7.4　新物品分发冷启动

新物品分发冷启动的出发点是将创作者生产的最新内容及时有效地分发出去。新物品分发冷启动主要产生两方面的影响：一方面能通过给予流量的反馈激励，刺激提升创作者的生产和消费留存，是能干预平台作者和内容池结构的一种手段；另一方面可以为平台长期提供优质内容，促进更多优质内容成为平台热门爆款内容，从而提升用户消费体验。

7.4.1 新物品冷启动召回策略

由于新物品缺少用户交互行为，推荐系统常用的基于物品属性的召回是对新物品比较友好的召回策略。如基于用户的浏览历史召回同品类的商品，或者根据用户观看或互动历史召回同作者或者相同主题的视频。这类召回利用物品本身的属性信息作为衡量物品相似性的一种手段，本质上属于传统的基于内容的召回方法，更详细的介绍可以参考4.2.1节。

除了物品的属性信息，还可以利用物品的文本、图片、视频等信息，生成物品多维度内容的Embedding向量，然后做相似向量召回。关于这方面的技术可以参考第2章。

参考新用户Embedding冷启动，我们可以知道新物品Embedding是如何在缺少用户行为交互的情况下，学习到一个比较合理的新物品Embedding表征的。同样地，我们可以使用DropNet、MAML、MWUF等技术，通过高效地利用物品属性等泛化特征来生成新物品的Embedding向量表征。此外，可以充分利用冷启动物品有限的用户反馈数据，将近期在冷启动物品上完成正向反馈的用户Id记录下来，并联合其他特征通过一个前向网络预测新物品Embedding。另一种思路是使用数据增强的方法，通过伪标签做样本增强，比如，通过知识图谱增强未观测样本来缓解新物品样本稀疏问题。

此外，还可以参考GME（Graph Meta Embedding）模型，该模型利用图神经网络和元学习快速学习并生成冷启动物品的初始Embedding。GME一方面考虑物品自身的属性信息，另一方面考虑新旧物品之间的关系。通过新物品自身的属性信息，以及与其关联的旧物品的Embedding向量，最终得到新物品的Embedding。图7-7是GME模型示意图。

上述的物品冷启动召回方法实际上都还是基于常规召回方法的，针对新物品行为不充分的问题做出改进，本质上都属于从用户角度出发去匹配最感兴趣的新物品，是用户视角的贪心解法。这类方案会导致冷启动曝光向头部物品集中，使得头部物品展现速度过快而不好控制，容易产生超发，挤占系统整体冷启动流量。并且，长尾冷启动物品容易缺乏曝光机会，难以控制展现时机，虽然可以用展现控速等机制进行缓解，但效果未达最优。基于这些不足点，业界头部公司在近两年也在逐渐探索全局最优化的冷启动物品匹配方案。理论上，针对所有<用户，物品>计算兴趣分数，然后求解一个带约束的二分图匹配问题，使得全局受益最大，就能得到最优的用户到冷启动物品的匹配关系。但这一方案在计算量、模型泛化和计算实时性方面都存在巨大挑战，在实践过程中很难落地，这里不做过多展开。

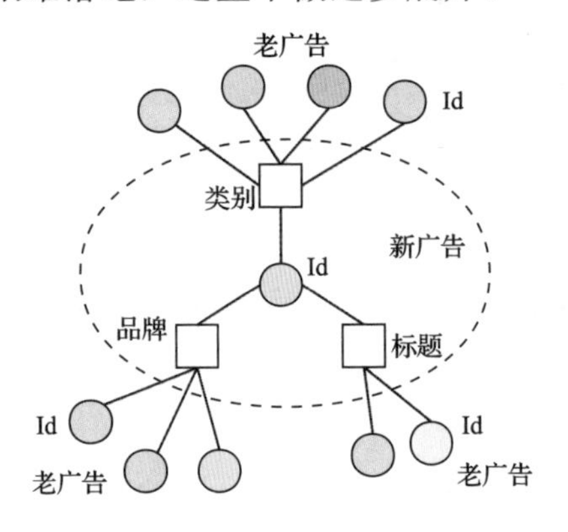

图 7-7　GME 模型示意图

7.4.2　新物品冷启动排序策略

推荐系统对冷启动物品的分发在链路上与正常物品类似，都要经过召回、精排、重排等环节。其中物品冷启动的召回环节在 7.4.1 节已经有所介绍。这里主要说明一下冷启动物品在排序阶段与正常物品的不同之处。

在粗排和精排环节，对于排序模型，冷启动物品可以和正常物品共用相同模型进行打分预估，也可以搭建针对冷启动物品的独立排序模型。在对模型输出进行多目标融合的时候，冷启动内容与正常内容会有较大不同。首先，由于冷启动物品的后验指标如 Ctr 分布和全局分布通常不一样，所以使用独立的融合公式和参数进行融合打分会更加合理。其次，冷启动内容的内部排序还需要结合保量展现控速的系数，最终按照“融合分×展现控速系数”来进行冷启动物品内部排序，冷启动的保量展现控速机制后面会详细介绍。

为了保证推荐系统中有相对稳定的冷启动流量，在重排阶段会将冷启动物品队列和自然物品队列进行排序融合：通常会将冷启动队列内排序后的头部物品强插到正常物品队列的指定位置。

7.4.3 新物品冷启动流量分配机制

冷启动中有效的个性化特征难以构建，因此冷启动更多靠曝光来捕捉信息。对于如何给冷启动物品分配曝光流量是冷启动业务中的关键问题，主流的做法有基于保量机制和基于探索与利用机制（E&E）两种，两种做法各有优劣。

E&E的原理和经典方法在本书第4章已经有过详细介绍，冷启动中的E&E方法（如 UCB）的优点是更多关注消费侧收益，可以降低冷启动对消费指标的负向影响，策略作用范围大，能够覆盖所有低曝光物品。而缺点是没有考虑作者侧指标，可能对尾部作者不友好，而对物品曝光的控制力差，难以对物品的曝光量进行精准干预。

保量机制的优势是对作者侧指标友好，对物品曝光的控制力更强，在做一些作者或物品侧策略如“展现下限”“运营流量倾斜”时会更加方便，在某些设置下也更能容错，比如，对头部作者的物品设置较高阈值，达到容错效果。保量机制的劣势是用户侧消费损失较大，保量阈值过大会导致垃圾物品强行展现，而且策略作用范围较小，阈值过小可能会导致优质物品过了保量阈值便没有了曝光。

目前业内头部公司主流的方案是基于保量机制为主线进行迭代，物品冷启动保量机制流程图如图 7-8 所示。差异化保量模块根据物品的当前表现给物品计算分配保量预算，保量展现控速模块针对给定的流量预算完成流量的最优分配，损失计算模块记录物品的实际曝光情况和消费损失收益，帮助差异化保量模块完成训练和下一次分配。接下来，笔者介绍一下保量机制下的两个关键模块：差异化保量和保量展现控速。

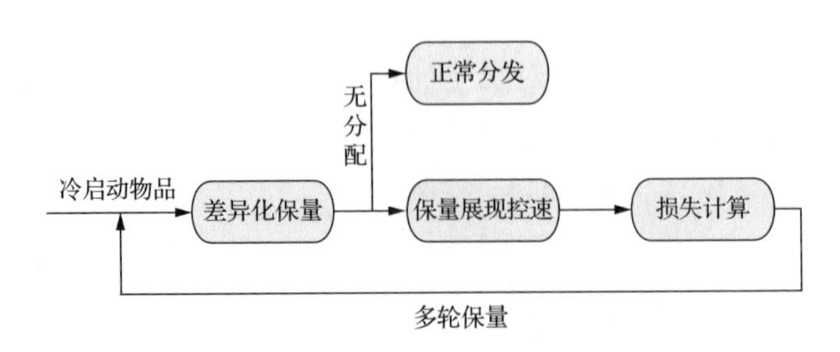

图 7-8　物品冷启动保量机制流程图

1. 差异化保量

差异化保量的目的是，在新物品产生时，基于物品的基本特征，对物品质量进行判断，预测该物品未来能“火”的概率。根据概率值进行差异化保量，给予“好”的物品更高的保量，给予“差”的物品较少的保量，充分利用保量流量，从而提升冷启动物品成为热门物品的占比，并减少保量对消费侧的负向影响。

通常可以通过训练高热预估模型来预估新物品未来能“火”的概率。模型可以使用历史冷启动物品的曝光结果作为样本，比如，使用物品发布后两日的曝光量，曝光大于 10000 的为正例，曝光小于 1000 的为负例。在特征上可以使用物品侧的统计特征和内容理解特征，以及作者侧的基础特征和统计类特征。模型会离线使用最近一段时间的全量数据进行预测，获取预测值的分布区间，在线可以根据预测值的分布区间进行差异化保量流量分配，计算差异化保量的高中低档阈值，保证当天的保量流量总体基本稳定。同时，差异化保量服务也需要支持保量阈值相关策略的调整，所以冷启动物品最终的保量阈值是由模型和策略共同决定的。

对于差异化保量有一些长期的优化方向：

首先是多轮保量机制。上述方案中保量阈值一旦确定就不会更改，如果预估物品会“火”，但是实际表现较差，就会导致消费指标有损；对于预估不会“火”，实际应该“火”的物品，会导致冷启动失败。可以考虑采用多轮保量的方式，在分发的过程中利用物品的后验动作率，实时调整保量阈值，从而提高整体的冷启动分发质量。

其次是优化冷启动流量的杠杆效率。对于非常优质或者非常低质的物品实际上都不需要进行保量，或者保量流量可以极低。可以通过模型预估每个物品的保量价值，比如 A 物品给 x 保量流量，最终获得流量为 $2x$，给 $2x$ 保量流量，最终流量达到 $50x$；而 B 物品给 x 保量流量，最终流量达到 $100x$，给 $2x$ 保量流量时达到 $105x$。给 A 物品 $2x$ 的保量流量的价值会比给 B 要大。

高热预估模型的主要特征均为作者侧的统计类特征，这会导致一个作者如果有“火”的物品，之后发布的物品被预估“火”的概率会变大，相当于保量流量会倾斜向头部。所以在模型迭代中需要加入更多的内容理解类特征，以减少对作者历史战绩的依赖。或者对没有“火”过的用户设计脉冲刺激策略，从而提高保量阈值，使得每个创作者都有“火”的机会。

2. 保量展现控速

我们希望对于给定保量阈值的冷启动物品，在冷启动时间周期内相对均匀地完成其曝光保量目标。这样做的好处是：提高冷启动样本的利用率，保障作者侧的发布反馈体验，避免集中曝光导致的动作率差损失消费指标。

从应用的技术上看，保量展现控速类似计算广告领域的 Budget Pacing 机制，将保量展现目标按照平台实际流量曲线分配在保量周期内，且根据具体曝光情况动态调整展现控速系数，影响物品在推荐系统中的排序和最终曝光概率，使物品在保量周期内均匀分发，完成保量目标。这里面的核心点是如何根据冷启动物品当前的预期累计曝光和实际累计曝光之间的误差来计算展现控速系数，在物品超发的情况下，展现控速系数要小于 1，在曝光不足的情况下，展现控速系数要大于 1。比较典型的是 PID 控制算法，PID（Proportion Integration Differentiation）算法是一种基于比例、积分、微分进行控制的算法。PID 的计算方法如式（7-1）所示，第一部分是比例项，考虑当前误差；第二部分是积分项，考虑系统稳态误差；最后一部分是微分项，用以减少控制过程中的震荡。

$$u(k)=K_p e(k)+K_i\sum_{n=0}^{k}e(n)+K_d\left(e(k)-e(k-1)\right) \tag{7-1}$$

总结

本章主要介绍了推荐系统冷启动的概念和意义，以及业界对于新用户冷启动和新物品冷启动的常见算法策略。除了算法策略层面的优化，从工程框架层面提升推荐系统的实时性，对新用户冷启动及新物品冷启动都至关重要。新用户对初始推荐结果的每一个正向/负向行为都弥足珍贵，冷启动物品的每一次展示反馈也需要快速地收集。推荐系统需要实时地捕捉到这些信号，并及时地调整推荐策略，帮助新用户或者新物品更好地度过冷启动阶段。另外，需要了解的一点是，以保量机制为基础的物品冷启动策略迭代中的 AB 实验方法和推荐系统常规的策略迭代有很大区别，笔者将在第 9 章介绍物品冷启动相关的实验方法。

第8章 推荐系统中的魔术手

前面几章分模块介绍了推荐系统链路中的各个环节，如内容理解、用户画像、召回、排序等。有针对性地介绍了每个模块的作用和技术方案。本章将着重介绍一些贯穿于推荐系统各环节的技术，如特征工程、样本加工的艺术和推荐系统实效性等。此外，还会进一步探讨推荐系统中存在的各种偏差问题和对应的消偏技术。

8.1 特征工程

有效的特征是模型发挥作用的前提。即使在深度模型时代，特征工程仍然需要算法工程师投入精力去重点优化。但凡需要用到模型的地方就离不开特征工程，推荐系统的各个环节都离不开特征工程相关的工作。本节着重介绍特征工程中的一些通用技巧。首先，介绍特征的含义；其次，介绍推荐场景下常用的特征挖掘维度及需要考虑的工程性问题；然后，介绍不同项目阶段下的特征设计和开发；最后，介绍一些常见的特征提取、处理、清洗及降维等特征工程方法。

8.1.1 特征的理解和分类

在机器学习和模式识别中，特征是被观测对象的可测量性能或特性。推荐业务的核心是完成用户偏好与推荐物品之间的有效匹配。因此，在实际开发中，通常从特征归属角度，将特征分为用户特征、物品特征、上下文特征和交叉特征。以视频推荐场景为例，根据用户在晚上（上下文）曾经观看过体育类的视频（用户行为），匹配更多体育类（视频分类）的视频推荐给用户。而在购物场景中，<女性，化妆品>（用户性别和商品类别交叉）一般会有较高的权重。

此外，还可以从其他视角来刻画特征本身的性质和信息：从数量角度，可以分为单值特征和多值特征；从数值类型角度，可以分为稠密特征和离散特征；从产出方式上，可以分为统计类特征和非统计类特征。表 8-1 以多种视角列举了部分特征的例子。

表 8-1 不同类型特征示例

特征	取值示例	归属维度	数值类型	数量	产出方式
手机型号	iPhone	用户	离散	单值	非统计
物品 7 天点击率	0.32	物品	连续	单值	统计
用户点击物品序列	$[Id_1,Id_2,...,Id_n]$	用户	离散	多值	非统计
物品标签	[搞笑、动漫]	物品	离散	多值	非统计
地理位置	北京	上下文	离散	单值	非统计

8.1.2 特征挖掘维度

在进行特征挖掘时，通常按照特征归属的维度进行开发。如图 8-1 所示，通常的划分维度为用户侧、物品侧、交叉和上下文。用户侧维度按照用户属性、物品属性、时间范围、行为类型对不同目标应用不同的统计方法。例如，收集用户在过去 1 小时内点击过的视频、标签、作者列表，统计用户在具有美食标签视频上的点击次数、点击率和观看时长，统计用户一年内在面膜上的购买金额占总购买金额的占比等。物品侧维度特征与用户侧维度特征计算的方法基本一致。交叉维度除模型自动交叉外，可以加入手动交叉特征，例如，统计<女性，化妆品>在过去 3 个月内的点击率。除此之外，还可以加入天气、地点、时间等上下文特征，例如，根据是否是冬季来辅助模型判断是否推荐羽绒服。

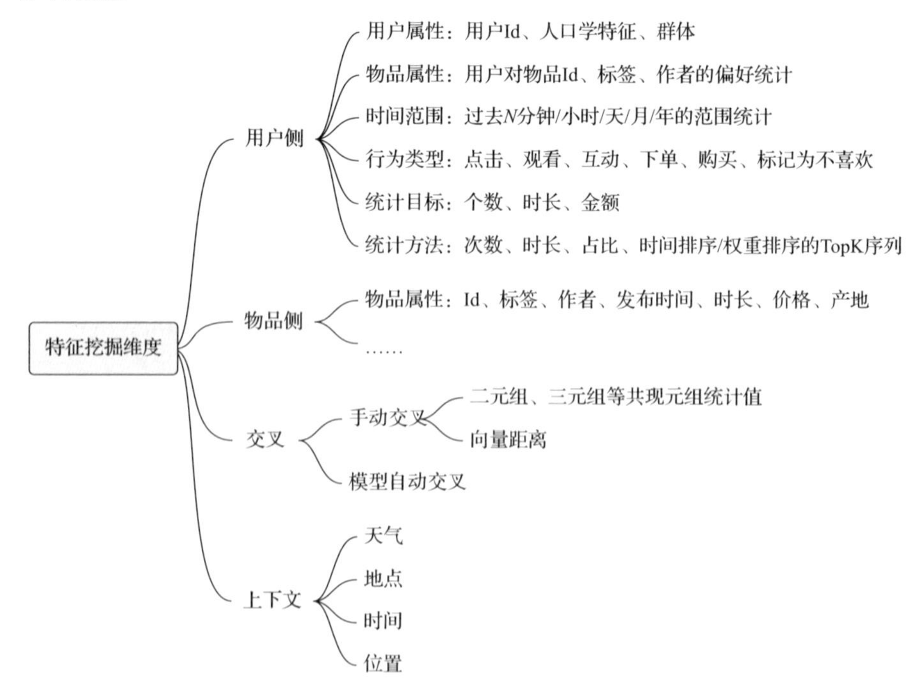

图 8-1 推荐场景下特征挖掘维度

8.1.3 工程视角下的特征工程开发

特征工程开发是业务理解的重要一步，不过在实际的开发过程中，还需要结合一些工程性问题综合考虑。如图 8-2 所示，开发具体的特征时，还需要考虑模型适配和一致性、置信度、计算复杂度等因素。

特征开发第一个需要考虑的因素是模型适配和一致性。模型适配和一致性是指，在进行模型离线训练及部署模型的推理服务后，模型可接受的输入形式是否兼容及特征值的一致性。例如，XGBoost 对于标签等具有类别属性的特征而言无法直接作为输入，需要经过独热编码（One-Hot）后才能使用。

同时，线上的模型推理服务也需要同步独热编码的映射文件，以防止在模型更新时新旧模型映射不一致带来的推理错误问题。而对于目前普遍使用的深度模型，工业界常用的 TensorFllow 训练框架及其线上推理的 TensorFllow Serving 是兼容大部分输入形式的，比如原始的视频标签、用户点过的物品 Id 序列等。

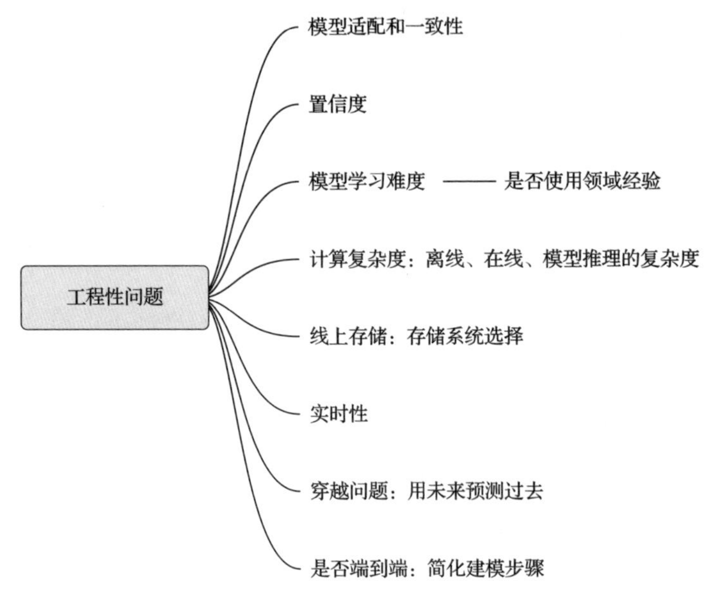

图 8-2　特征开发中的工程性问题

第二个需要考虑的因素是特征的置信度。由于推荐中的长尾效应和新物品在统计区间内的行为数过少，通常需要进行过滤或者平滑等处理。例如，对于物品的点击率（CTR）等统计类特征，如果该物品的曝光行为数只有几个或者几十个，那么统计结果可能会出现很大的波动，不足以代表真实的 CTR。

第三个需要考虑的因素是模型学习难度。在前深度学习时代，工程师经常需要开发大量的统计类特征，但深度模型可以支持大量的特征并以原始值直接输入。例如，模型可以直接接收用户点过的物品 Id 序列类特征。虽然这简化了特征挖掘的难度和复杂度，但缺少业务领域经验知识的加持，在一定程度上增加了模型的学习难度。

第四个需要考虑的因素是特征的计算复杂度，主要包括离线计算复杂度、在线计算复杂度和模型推理复杂度。如物品点击率 CTR 特征一般通过离线任务进行计算，将计算结果导入 KV 存储供线上直接获取。对于存在映射关系的特征，例如标签的独热编码，需要在线上加载映射文件，并将获取的原始标签映射成数值后再输入模型，或者对于可接收原始值序列类特征的 TensorFlow 及 TF Serving，通常需要借助 HashBuckt 等步骤进行映射，这都会加剧线上推理系统的负担。

第五个需要考虑的因素是线上存储。特征存储系统的选择取决于特征的规模与实时性要求。例如，对于用户量远多于物品量的推荐场景，为每个用户存储序列特征需要巨大的内存类 KV 系统的存储开销。

第六个需要考虑的因素是特征实时性。例如，在淘宝首页的信息流场景中，能够根据用户点击的物品及其之后的行为及时更新用户兴趣偏好特征，并在用户返回首页时立即变换下面的推荐结果，或者及时更新物品的热度信息和新入库的物品信息等。例如，物品在过去 *N* 小时的点击率能够及时反映出热度陡然上升的物品，以及及时分发新入库的物品。

第七个需要考虑的因素是是否存在特征穿越问题。特征穿越是指用未来预测过去。例如，在实际样本生成时，依赖的特征现场一般分为实时现场和回放现场。实时现场是指将推荐引擎在判断是否推荐某个物品时用到的所有特征进行实时落地，而回放现场则是指通过<用户，物品，时间戳>与离线处理后的特征拼接后形成样本。回放可能会导致“用户购买了冰墩墩”这个特征出现在用户是否点击“冰墩墩”这个商品的样本中，造成特征穿越，严重影响模型性能。

第八个需要考虑的因素是是否采用端到端的模式学习。端到端的模式能够有效简化模型建模步骤、提速模型上线。例如，在 TensorFlow 中可以借助 HashBuckt 来避免需要前置步骤将类别类特征映射成数值类型，同时也解决了潜在的模型更新与映射文件的不一致问题。

8.1.4 特征工程的流程和方法

特征工程是数据获取和模型的中间一环，主要包含三个部分：（1）对清洗后的数据进行特征提取；（2）根据模型输入的需要进行转换，并且对可能出现的缺失值、异常值进行处理；（3）进行特征筛选或者降维，最后送入模型进行训练。特征工程处理流程如图 8-3 所示。

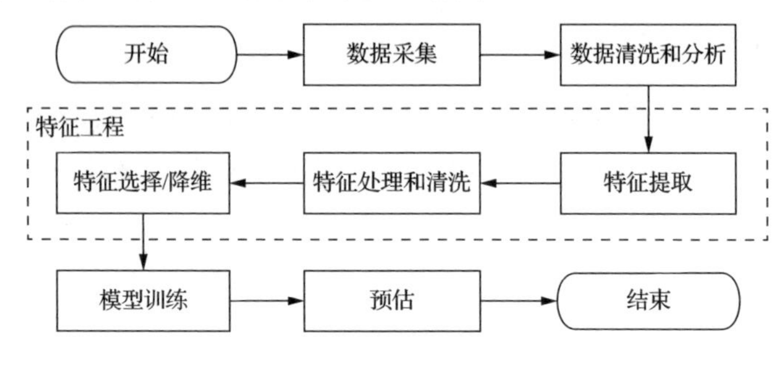

图 8-3 特征工程处理流程

1. 特征提取

特征提取是指利用领域经验，通过统计和分析添加先验知识，增强数据表达能力。如图 8-4 所示，特征提取方式有基于数据分析的统计量构造、基于模型的提取和手动特征组合。

统计量构造是指根据领域经验和数据分析的结果构造多种类型的特征，比如，视频点击的次数、点赞数、点击率、完播率、所属标签的 Unique 数量等。

基于模型的提取是利用 Word2Vec、Bert、DeepWalk、GNN 等监督或无监督学习进行特征的提取，用于下游任务的初始化或者作为基础特征使用，能够有效提升下游任务学习的准确性。

手动特征组合是指将现有特征进行一阶、二阶或更高阶的组合，例如，根据统计分析结果将女性愿意买化妆品、男性喜欢球类产品等特征加入样本中。特征组合极大地增强了模型的记忆能力，提升了线上效果，但是需要进行大量的关联关系分析及特征开发工作。

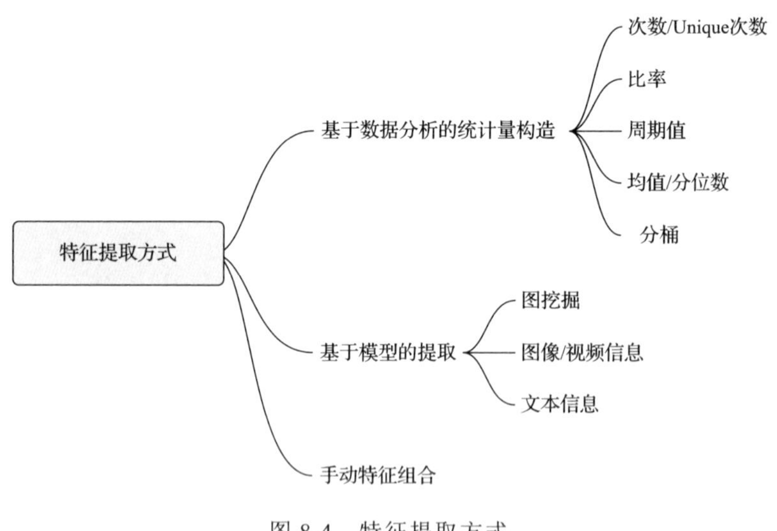

图 8-4　特征提取方式

2. 特征处理和清洗

通过特征提取，开发人员可以得到较为原始的特征，但是可能存在如下问题。

（1）量纲不同：相同特征的单位或数值类型不同，不同特征范围差别大，难以进行比较或加权。

（2）模型接受的输入不同：大部分模型不支持直接将特征原始值作为模型的输入，例如商品标签，需要对标签进行哑编码后再输入模型。

（3）存在缺失值或异常值：缺失值或异常值可能影响模型的学习过程。

特征处理和清洗主要针对以上三个方面进行处理。在特征转换过程中，通过归一化或标准化等去量纲化方法使得特征具有可比性，并且加速求解过程，通过哑编码适应模型输入和增加模型非线性。缺失值和异常值则通常使用默认值进行处理。常见的特征处理和清洗方法如图 8-5 所示。

3. 降维

在推荐、广告、搜索等场景下，数据具有高维稀疏的特点，在原始的高维空间中，可能包含噪音或者冗余的信息，直接应用可能会降低算法的准确性，通过对数据集应用降维，能够有效减少计算或者训练的复杂度，并提升有效信息的利用和无效信息的过滤。

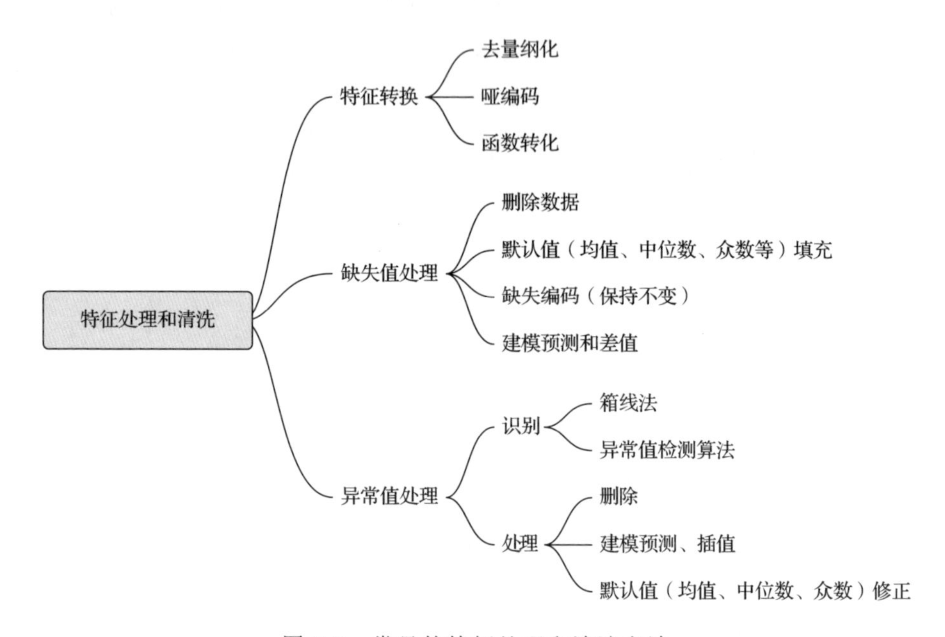

图 8-5 常见的特征处理和清洗方法

如图 8-6 所示，降维包含特征选择和特征降维。特征选择是从大的特征集合中选择一个最相关特征的子集，不会改变特征的性质，而特征降维则是将特征映射到低维空间，需要改变特征性质。

特征选择方法分为三类：过滤式、包裹式和嵌入式。过滤式是先进行特征选择，再进行后续的学习器训练；包裹式将学习器的性能作为特征子集进行度量，需要通过多次训练进行筛选；嵌入式是将特征选择过程和学习器学习过程合二为一，两者在同一个优化过程中进行，学习器训练完成后自动进行特征选择。

特征降维分为线性映射和非线性映射。线性映射常用的方法包括主成分分析（PCA）和线性判别分析（LDA），非线性映射常用的方法包括核方法、流形学习和神经网络。

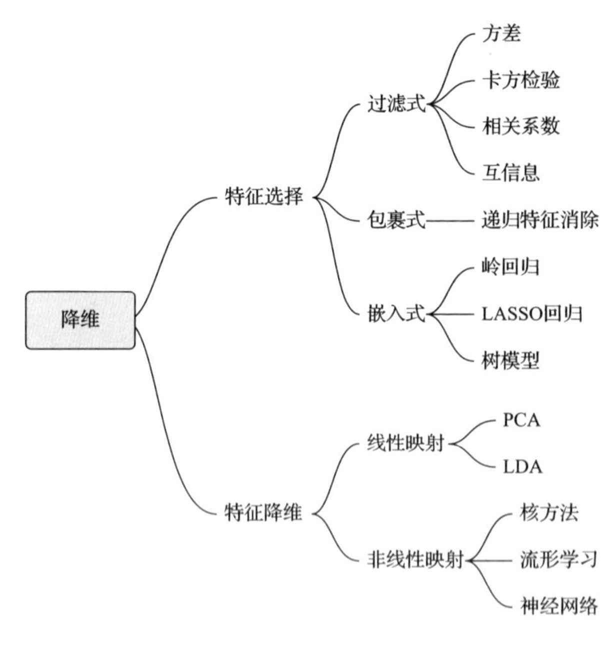

图 8-6　特征降维

8.2　样本加工艺术

推荐模型的优化一般集中在特征、样本、模型结构和模型时效性这四个方向。特征和样本可以统一看作模型的输入数据，共同决定了模型的上限。一条样本一般是由<标签，特征>或者<权重，标签，特征>构成的二元组或者三元组。模型的输入数据则是由许多这样的样本数据构成的超大矩阵。准确而丰富的样本数据是提升推荐模型准确性的基石，也是算法工程师应该集中力量去解决和优化的重点方向。

8.2.1　如何提取有效样本

提取有效样本可以从两个维度出发，一个是异常样本处理，另一个是结合场景特点设计有效样本的选择规则。异常样本处理包括过滤作弊用户数据、爬虫数据、异常标签数据等。而结合具体的推荐业务场景设计提取样本的规则是算法工程师需要重点考虑的问题。不同产品形态下，样本提取的方式和规则也不尽相同，下面结合常见的推荐产品形态给出一些相应的样本处理技巧。

目前短视频产品比较常见的是单视频竖全屏自动开播样式，如快手、抖音等，这种产品形态的特点是无需用户主动点击，视频自动开播，曝光即播放。自动播放短视频产品样本标签及提取过程如图 8-7 所示。这种推荐样式下的一般样本提取规则是，一次曝光/播放即为一条样本。常见的样本标签及提取示例如表 8-2 所示。

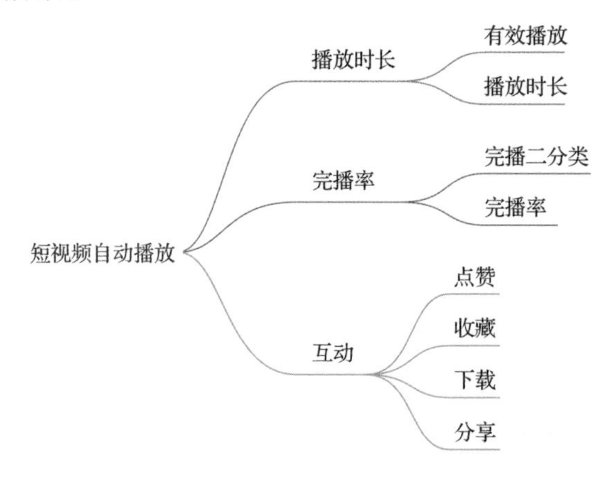

图 8-7　自动播放短视频产品样本标签及提取过程

表 8-2　样本标签及提取示例

标签类型	标签定义	标签取值	权重
播放时长	有效播放	视频播放时长>某阈值为正样本，否则为负样本	结合实际观看时长和视频本身的时长调整样本权重
	播放时长	直接回归播放时长或者时长的函数变种，如回归时长的对数值	
完播率	完播二分类	按照完播阈值划分正负样本，完播率>某阈值为正样本，否则为负样本	结合实际完播率和视频本身的时长调节样本权重
	完播率	直接回归视频完播率	
互动	用户点赞、收藏、下载、分享等互动行为	点赞：有点赞行为的曝光样本为正样本，否则为负样本 收藏：有收藏行为的曝光样本为正样本，否则为负样本	

另外一种常见的推荐产品形态是列表信息流样式，如今日头条首页推荐、美团首页推荐等。这种产品形态推荐物品一般以卡片形式存在，需要用户主动点击触发后续消费。在这种产品形态下，开发人员需要很多规则和技巧来提取和处理有效曝光样本。

（1）提取曝光样本应该使用客户端日志，而不是服务器返回日志，对于服务器返回的推荐列表，前端未必展示。

（2）无点击用户曝光样本过滤。如果一个用户只有曝光数据，无任何点击行为，那么这种情况不适合将用户所有的样本都作为负样本，应该考虑过滤掉该用户的曝光样本。

（3）假曝光过滤。推荐物品的卡片并未完全展示，或者用户快速划过物品卡片的停留时间很短等，这样的曝光，可以采用过滤方法。

（4）当存在同一物品向同一用户曝光多次的情况时，需要考虑合并曝光时间间隔比较短的样本。

（5）美团在首页推荐场景中使用了 Skip-Above 策略来提高曝光样本的准确度。Skip-Above 策略的具体处理逻辑如图 8-8 所示，只保留用户最后一次点击物品之上的曝光样本，过滤掉最后一次点击之后展示的物品曝光样本。

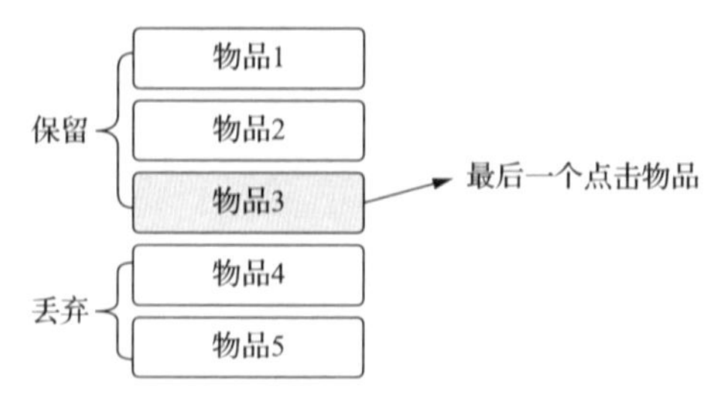

图 8-8　Skip-Above 策略的具体处理逻辑

8.2.2　负样本优化

在推荐场景中，正样本的定义相对比较明确，如用户的点击、收藏、分享、购买等行为反馈都是明确的正样本，负样本的构造才是模型学习样本空间的关键和天花板。召回模型和排序模型由于实际在线推理空间不同，负样本的构造和优化方式也有很大的不同。

排序模型学习的负样本一般都是“真负”样本。以点击率预告模型为例，模型的负样本是线上真实曝光未点击样本。这里“真负”样本要满足两个条件：一个是真曝光，另一个是真未点击。关于曝光样本的处理可以参考 8.2.1 节。在基于用户点击行为构造样本时，由于用户的行为存在天然串行化的关系，用户点击行为会滞后于曝光行为。点击行为的延迟上报，会出现将曝光未点击数据误判为负样本的情况。尤其用户行为的转化漏斗越深，延迟的时间会越长。工业界修正这类负样本常用的方法一般有以下三种。

（1）对用户反馈行为和行为延迟时间单独建模。以反馈延时比较久的转化率（CVR）模型为例，将 CVR 预估拆分为转化预估和延迟预估两个模型，分别预估用户的转化率和转化时间。总体的建模思路还是值得借鉴的。

（2）参考 Facebook 的解决方案，预先缓存最先到达的曝光样本，等待潜在的正反馈（点击等）到达，若后续有正反馈到达，则修正曝光样本为正样本。缓存曝光样本等待时间需要结合业务分析去设置。这种方法由于需要缓存等待，所以样本生成的实时性会略受损失，不过样本的准确性较高。

（3）参考 Twitter 的解决方案，正负样本都保留，都会进行模型更新。曝光样本在到达后，会先作为负样本去更新模型。当有用户正向反馈到达时，除了使用正样本更新梯度，还会对之前相应的负样本进行反梯度更新，抵消之前作为错误负样本带来的影响。这种方法的实时性较高，但需要牺牲部分准确性。

召回模型的筛选空间一般是比排序模型大很多的物品库集合。而推荐曝光数据是经过召回、粗排、精排、重排等层层算法策略筛选过的比较贴合用户兴趣的推荐结果。只用这些真实曝光数据生成的样本训练召回模型，与召回需要预测的候选空间相去甚远。召回模型需要引入更多曝光之前的负样本来扩大召回模型的学习空间，让召回模型有机会“见识”到曝光空间之外的物品。负样本的选择对召回模型的效果具有决定性的影响，实践中常用的召回负采样方法有如下几种。

（1）全局随机负采样：参考 YouTube 的做法，从全局候选物品库中随机选择部分物品作为召回模型的负样本。这种方法保证了训练数据和预估数据分布的一致性，但随机选择的负例和正例的差异性较大，模型只能学习到粗力度的差异，无法感知细粒度的差异，准确度上会有欠缺。此外，为了打压热门物品，随机采样时还可以将采样概率设置为与物品流行度相关，流行度越高的物品，被选择为负样本的概率越大。具体的采样方法可以参考 Word2Vec 中样本采样的方式。

（2）同批次（Inbatch）内随机负采样：模型样本输入都是按批次（Batch）的，每次训练时从正样本所在的批次样本中随机采样部分样本作为负样本。采样概率也需要考虑物品流行度。

（3）曝光数据内随机负采样：从全局曝光样本中随机采样部分样本作为负样本。

（4）难样本（Hard Negative）增强：使用难样本的目的是增加模型训练的难度，让模型能学习到更细微的差别。难样本的选择方法很多，可以结合具体的业务逻辑设计难样本选择的方法和策略。以 Airbnb 为例，他们选择难样本的方法是：a.选择其他与正样本同城的房间作为负样本，增强正负样本地域上的相似性；b.增加被用户拒绝的房间作为负样本，增强正负样本在匹配用户兴趣度上的相似性。

8.2.3 样本迁移

样本迁移是推荐业务常用的样本优化方法之一。多数内容产品都会有不止一个推荐业务场景。样本迁移的一个朴素的出发点就是将目标和产品形态相同或者相近的场景样本融合。当然，并不是简单地将两个场景的样本加到一起训练，就会有正向的效果。

样本迁移常见的思路是调整源场景的样本权重分布，使其匹配目标场景的样本分布。比如，对源场景的样本进行样本采样，使其正负样本的分布和目标场景保持一致。除了样本分布的调整，常用的策略还有，在模型中引入场景相关的特征，如样本所属场景的标识、场景独有的上下文特征（如搜索场景用户的搜索词）等，去刻画不同场景间的差异，让模型学习到场景偏差影响。

此外，样本迁移策略的一个基本的方法是将用户行为丰富、噪音少的场景样本迁移到用户行为偏少的小场景或者刚起步的业务场景中，从而获得收益和提升。

8.2.4 其他样本优化技巧

为模型找到真正有用的样本，是模型策略优化的重要工作之一。挖掘真正有效的样本无论是对提升模型的效率还是准确性都是意义重大的。除了上述样本加工的技巧，还收集了以下常用的样本处理技巧，供读者们参考。

（1）按照用户活跃度进行样本采样，参考 YouTube 的做法，每个用户保留相同数量级的样本，防止模型被活跃用户所主导。

（2）引入精排得分比较高的"灰度正样本"，在召回模型或者粗排模型中，可以将精排模型得分队列 TopK 的样本作为召回模型或者粗排模型的正样本。有助于在召回阶段和粗排阶段优选出精排模型认为比较好的候选物品。

（3）样本调权优于样本采样，可以通过调权调节来实现在样本分布时以调权策略为主。

8.3 推荐系统实效性

对用户交互频繁的内容平台来说，推荐系统的实效性至关重要。平台持续会有新用户和新内容注入，在交互过程中用户的兴趣也在不断地发生变化。尤其有突发事件时，会有用户喜好和数据分布的突变。提升推荐系统的实效性，可以使得推荐系统更快速地捕捉到用户兴趣的变化，发现平台数据的流行趋势迁移，及时响应突发的热点事件。在第 7 章也有提到，推荐系统的响应速度对于新用户和新物品的冷启动推荐也至关重要。影响推荐系统实效性的关键因素是推荐数据的更新速度和推荐模型的更新速度。本节将从推荐数据实效性、推荐模型实效性及在线学习机制来逐步展开介绍如何实现推荐系统全面实时化。

8.3.1 推荐数据实效性

推荐数据实效性又可以分为特征数据实效性和样本数据实效性。特征数据实效性是指特征计算和更新的速度，结合用户最新的日志数据更新相关特征，让推荐系统能够及时地使用最新的特征进行预测和推荐。

图 8-9 是常见的特征处理框架，主要包括日志系统、流式计算平台、批量计算平台、特征存储和推荐引擎。基于批量计算平台的特征体系更新频率一般是天级或者小时级，适合分布变化缓慢对实效性不那么敏感的批量统计特征，流式计算平台可以将特征的更新延迟控制在分钟级别，是目前推荐系统处理准实时特征的主流方案。

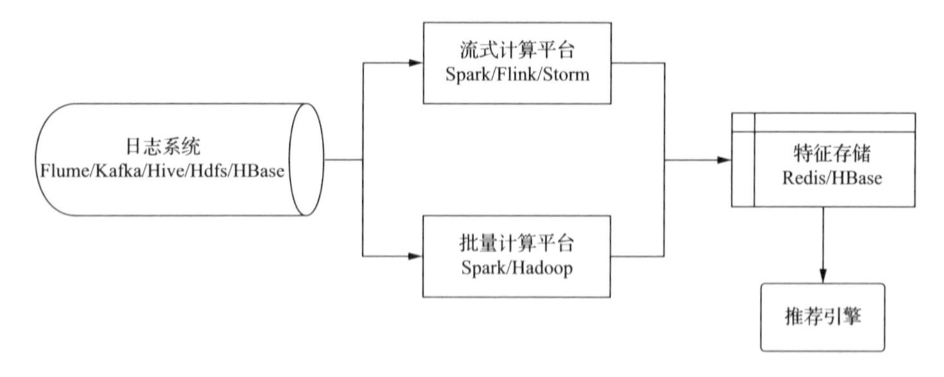

图 8-9 常见的特征处理框架

除特征的实效性外，实时样本流建设是提升推荐系统实效性的关键环节。样本的实时性是模型实时性的前提。实时样本流建设的关键是在线进行多路实时数据的拼接，包括多路用户行为数据、特征数据等。常用的拼接样本归因的方法有 Facebook 的负样本缓存法和 Twitter 的实时预更新方法。

负样本缓存法需要结合业务数据分析确定负样本的缓存时间窗口，一般要保证 90%+以上的正样本能拼接成功。以 8 分钟缓存时间窗口为例，基于缓存窗口样本拼接样本的逻辑如图 8-10 所示。同一个用户对同一个推荐物品可能会产生多条用户行为日志，基于 Flink 的实时样本归因步骤如下。

（1）当接收一条新的用户行为日志时，如果 value state 为空，就创建一个新的 value state，并为这条数据注册一个定时器 timer。

（2）当系统时间戳达到 timer 设定的时间时，触发拼接策略。

（3）过滤并输出合法样本。

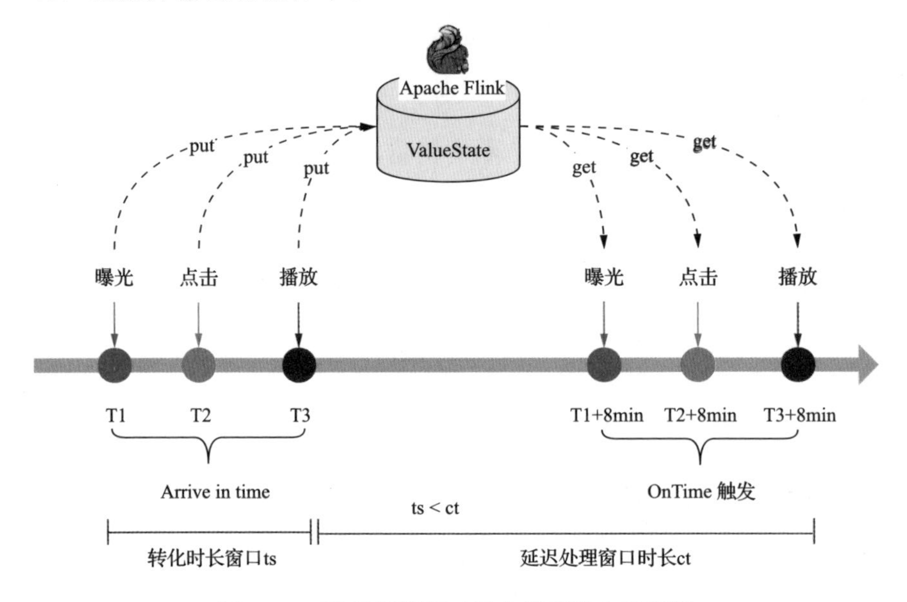

图 8-10　基于缓存窗口样本拼接样本的逻辑

Twitter 的做法是不做负样本缓存，每到达一条样本就更新模型。这种做法存在使用错误样本更新模型的情况。Twitter 也提出了一系列的方法对这种情况进行纠正，列举以下几种方法供读者参考。

（1）样本重要性采样：实时样本流由于引入了错误的负样本，使得样本分布偏离原定的数据分布。样本重要性采样给予每个观察到的样本权重进行纠正，使其尽量趋近于真实的数据分布。

（2）错误预估值纠正：经推导验证，包含错误负样本的有偏预测 $b(y|x)$和无偏预测 $p(y|x)$的关系如式（8-1）所示。可以利用该公式对实时样本流训练模型的预估值进行纠正。

$$p(y=1|x)=\frac{b(y=1|x)}{1-b(y=1|x)} \quad (8-1)$$

（3）PU Loss：该方法的核心思想是，在观察到一个实例的正样本到达时，除了使用正样本进行梯度下降，还会对相应的负样本进行一个反向的梯度调整，以抵消该条错误的负样本对 Loss 的错误影响。

8.3.2 推荐模型实效性

实时特征的作用范围是单个用户级别，想要推荐系统快速地抓住整体的数据分布变化和规律，就必须提升模型的实效性。模型的实效性与模型训练更新方式有关，如图 8-11 所示，从左向右模型训练更新方式有全量更新、增量更新和在线学习三种，模型实效性也逐渐增强。

全量更新的模型使用一段时间窗内的所有训练样本进行训练，再用训练好的新版本模型替换老版本模型。全量更新的训练时长较长，模型更新延时性高，一般是天级别的延时。不过全量更新的优点是样本的准确性高，错误样本率低。

增量更新是在全量样本训练得到的模型基础上，输入更多更新的样本数据进行持续训练。根据增量样本的实效性和模型部署上线的实效性的不同，增量更新的实效性粒度也不同。而流式训练+实时更新的在线学习是增量学习的终极方案。

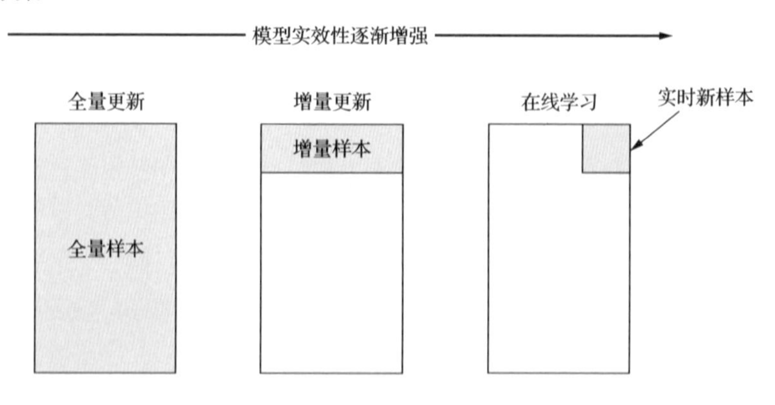

图 8-11　模型训练更新方式

8.3.3 在线学习整体机制

提高模型更新频率的终极解决方案就是在线学习。线上模型进行服务的同时，利用线上实时样本实时地训练模型，并实时地利用最新模型部署服务的方案。在线学习可以将模型的更新频率提升到分钟级甚至秒级。

实时在线学习的整体架构流程如图 8-12 所示。推荐服务接收用户的推荐请求，将模型的预测结果展现给用户，然后收集用户的行为反馈数据和推荐服务器日志记录的特征快照，在线拼接实时样本，样本再用来训练更新模型，从而形成一个闭环系统。

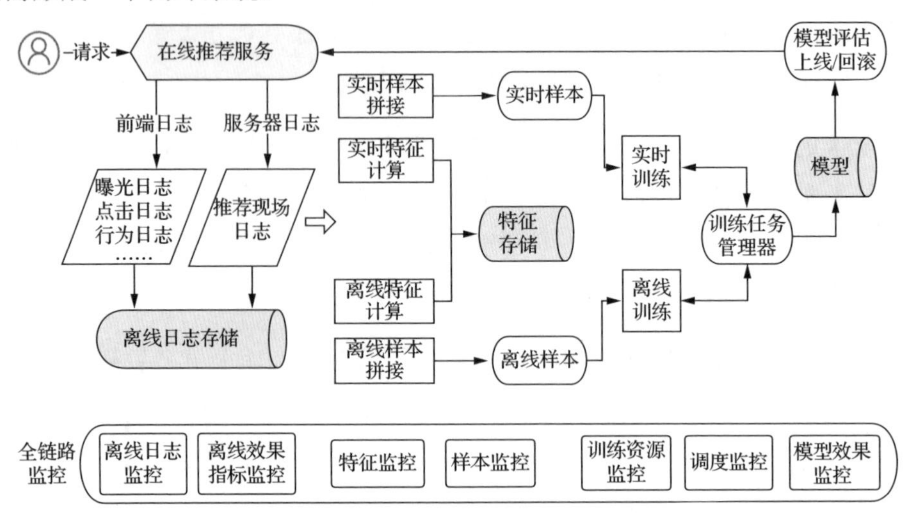

图 8-12 实时在线学习的整体架构流程

8.4 推荐中的偏差与消偏策略

由于各种各样的原因，推荐系统中的偏差问题无处不在。这些客观或者主观原因造成的偏差对推荐展示效果及推荐系统的生态发展都会造成负面的影响。本节将对造成推荐偏差的原因、推荐系统中常见偏差及消偏策略进行介绍。

8.4.1 推荐偏差的缘由

推荐算法的出发点基本都致力于更好地拟合用户行为数据。推荐系统工作流程如图 8-13 所示，基于用户行为反馈数据训练得到推荐模型，将模型预估 TopN 结果返回用户展示，再收集用户对展示结果的行为反馈并调整推荐模型。用户和推荐系统之间通过用户数据链接形成反馈循环回路。在这个过程中，会受以下偏差的影响。

（1）数据收集引入的偏差：造成这类偏差的主要原因是用户行为数据的产生依赖于物品的曝光，而推荐系统的分发策略、物品的曝光位置等，都是影响用户实际反馈和喜好偏差的因素。

（2）推荐策略带来的偏差：如数据分布不均匀造成的推荐结果有偏，或者热门推荐带来的长尾物品曝光不足和马太效应等。

（3）上述偏差会在“用户→数据→推荐系统→用户”的反馈循环中不断地被放大，加剧强者愈强的马太效应，严重的会导致推荐生态逐步恶化。

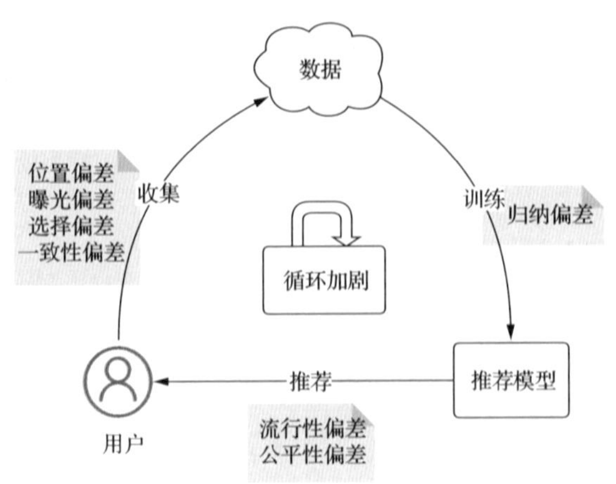

图 8-13 推荐系统工作流程

8.4.2 推荐系统常见偏差

如图 8-14 所示，根据引入偏差的环节和原因，可以将推荐系统偏差分为数据偏差（Data Bias）、模型偏差（Model Bias）和结果偏差（Result Bias）。

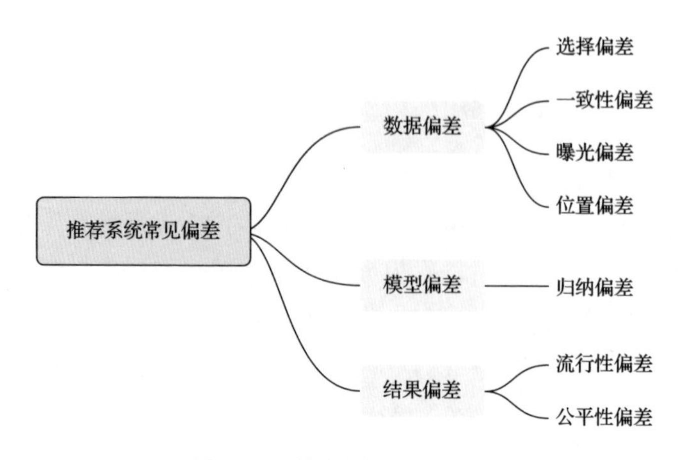

图 8-14　推荐系统常见偏差

数据偏差是指观测采集的训练数据和理想的数据分布之间的差异。常见的数据偏差有选择偏差、一致性偏差、曝光偏差和位置偏差。

（1）选择偏差（Selection Bias）：选择偏差主要来自用户的显式反馈，发生在用户给物品打分的时候，收集到的用户反馈数据的分布不能代表整体的数据分布。偏差存在的主要原因是，用户的打分行为不是随机的，而是存在主观偏好。用户倾向于给自己喜欢或者讨厌的物品打分，打分数据是不随机缺失的。

（2）一致性偏差（Conformity Bias）：一致性偏差又称从众偏差，是指人的从众心理会使用户的行为反馈受到其他用户的影响而带来的用户行为偏差。

（3）曝光偏差（Exposure Bias）：用户行为只能作用于曝光用户的物品上，收集的用户行为数据只能基于曝光数据。对于未交互的物品不一定是用户不喜欢的，也可能是未曝光的。造成曝光偏差的原因主要有：

a. 当前曝光的物品会受之前推荐结果的影响；

b. 用户的搜索等主动行为对推荐结果的影响；

c. 用户自身的属性，如地理位置、社交关系、所属群体等，对推荐曝光的影响；

d. 物品的流行度导致的曝光偏差。

（4）位置偏差（Position Bias）：在多数推荐业务场景中，展示物品的关注度会受展示位置的影响。如列表式推荐，展示位置靠前的物品会比位置靠后的物品更容易获得用户的注意力，也更容易获得用户的点击等行为交互。这种由于展示位置带来的用户交互偏差就是位置偏差。位置偏差使得占据位置优势的物品容易获得偏高的后验点击率，位置偏差在搜索场景中更常见，影响也更大。

模型中最主要的偏差就是归纳偏差（Inductive Bias）。归纳偏差的目的是更好地拟合数据预设的各种假设。比如，为了提升模型泛化性对模型做的各种假设，针对损失函数做的一些相关假设，特征表示的假设，以及模型结构相关的 RNN 时间依赖性假设、注意力机制假设等。

结果偏差是指推荐结果中隐含的偏差，最常见的结果偏差就是流行性偏差和推荐系统不公平性造成的偏差。

（1）流行性偏差（Popularity Bias）：长尾现象在推荐系统中普遍存在，一小部分高热物品占据了推荐数据中大部分的曝光、点击等交互。流行性偏差是指长尾分布的训练数据使得模型倾向于给流行物品更高的分值，这会导致系统推荐更倾向于高热流行的物品。研究表明，高热物品的推荐频率甚至会超过他们原始的受欢迎程度。

（2）不公平性（Unfairness）：不公平性是指推荐系统为了一部分用户或者群体而给特定的用户或者群体以不公平的对待。这是一个比较宽泛的偏差，任何用户组信息（如年龄、性别、地域、教育背景等）都有可能在数据中被不平等地表示。这种数据不平衡就会被模型学到，从而偏向表示性较高的群体。

8.4.3 常用的消偏技术和策略

针对数据偏差，常用的消偏技术有如下三类。

（1）重调权（Re-Weighting）：该类方法的出发点是通过样本权重来调控每一条样本对模型训练的影响。

（2）重标注（Re-Labeling）：该类方法的出发点是为缺失或者有偏的数据重新设置一个伪标签（label）。

（3）生成模型（Generative Modeling）：假设偏差数据的生成过程，通过模型策略消除偏差影响。

图 8-15 给出了一些数据偏差消偏常用的策略和方法。选择偏差常用的消偏方法有数据填充、倾向打分、双重鲁棒模型及生成模型等。其中数据填充属于重标注，倾向打分属于重调权，双重鲁棒模型是结合了重标注和重调权的消偏方法。针对一致性偏差也可以将用户行为和打分分解为用户兴趣和从众心理影响两部分，通过引入特定的参数对一致性偏差进行消偏。还有最近几年比较火的基于逆倾向分（Inverse Propensity Score，IPS）的建模思路可以解决多种偏差问题。关于这些消偏技术在此不做展开介绍，感兴趣的读者可以查阅相关的参考文献。

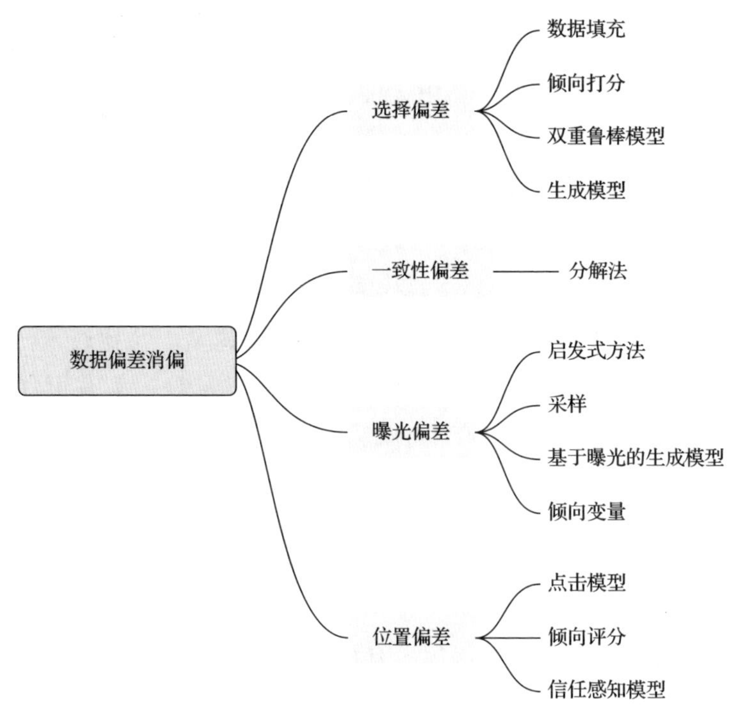

图 8-15　数据偏差消偏常用的策略和方法

前文所述的偏差问题很多时候是没有严格的区别或者划分界限的，相应的消偏策略和方法很多时候也是相通的。下面以推荐中最典型的位置偏差为例，介绍一些工业界最常使用的方法。

位置消偏最常用的方法之一是将位置信息作为模型特征加入点击率预估模型中，这是最简单且代价最小的位置消偏策略。将位置编码作为模型特征，在训练时输入实际曝光的位置信息。在预测时，因为曝光位置还未确定，位置特征统一取默认值。借由位置特征学习到的后验信息纠正位置偏差的影响。

华为发表在 RecSys2019 上的 PAL 是位置消偏比较经典的工作之一。首先，PAL 将用户点击广告的概率拆分为广告被看到的概率和看到后被点击的概率，如式（8-2）所示。

$$p\left(y=1|x,\text{pos}\right)=p\left(\text{seen}|x,\text{pos}\right)P(y=1\,|\,x,\text{pos},\text{seen}) \tag{8-2}$$

然后，作者又做了进一步的假设：（1）用户是否看到广告只与广告的位置有关；（2）用户看到广告后，是否点击广告与广告的位置无关。于是式（8-2）可以进一步简化为式（8-3），基于此，我们就可以单独建模位置的影响。

$$p\left(y=1|x,\text{pos}\right)=p\left(\text{seen}|\text{pos}\right)P(y=1\,|\,x,\text{seen}) \tag{8-3}$$

如图 8-16 所示，通过单独的网络建模位置信息，可以得到广告被看到的概率 ProbSeen。pCTR 部分是广告被看到后的点击概率。如式（8-4）所示，PAL 的损失函数是两者的结合。当线上预估广告的曝光点击率时，只使用黑框部分的网络模型预估 pCTR 即可。

$$L\left(\theta_{\text{ProbSeen}},\theta_{\text{pCTR}}\right)=\frac{1}{N}\sum_{i=1}^{N}l\left(y_i,\text{bCTR}_i\right)=\frac{1}{N}\sum_{i=1}^{N}l\left(y_i,\text{ProbSeen}_i\times\text{pCTR}_i\right) \tag{8-4}$$

第三种常用的位置消偏方法是将位置信息单独建模成浅层偏差网络，比较经典的做法是 Google 发表在 RecSys2019 上的浅层消偏模型，如图 8-17 所示。该模型是在主模型的基础上，另外添加一个浅层偏差网络。浅层偏差网络的输入是包括位置信息、设备信息等影响用户选择偏差的特征。线上预测时也只使用主网络部分。

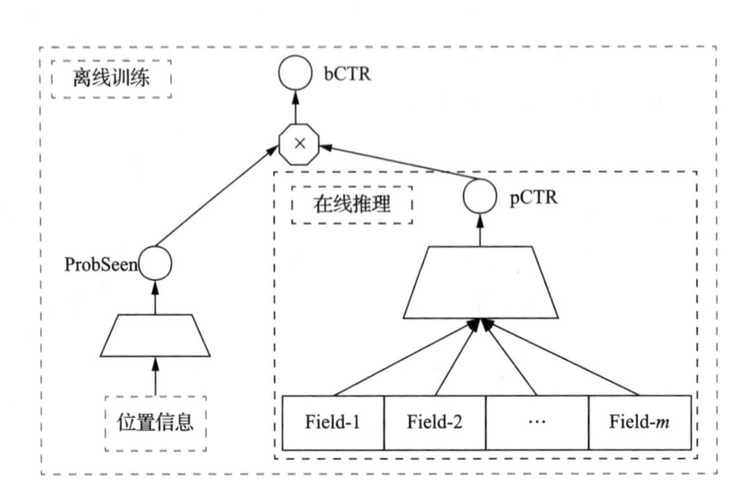

图 8-16 PAL 模型结构

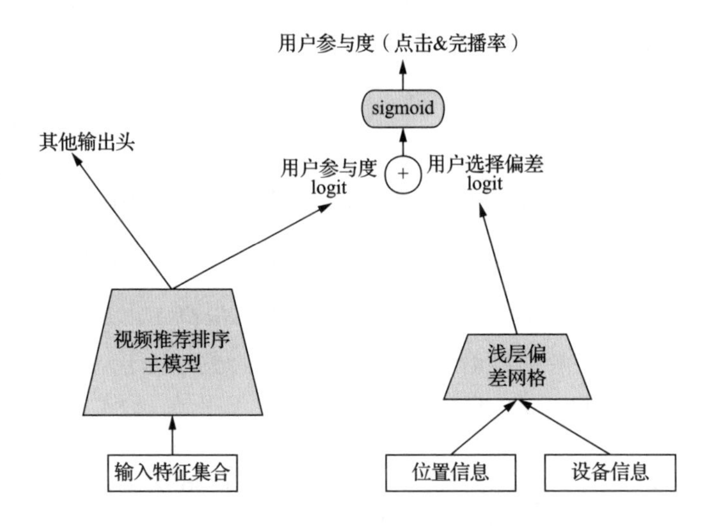

图 8-17 Google 浅层消偏模型

对于推荐结果中的流行性偏差和不公平性造成的偏差，常用的消偏策略有正则化、对抗学习、因果图、因果模型等。推荐偏差和消偏技术是各大顶会的热门课题，相关的研究成果层出不穷，感兴趣的读者可以查阅相应的参考文献。

总结

本章首先介绍了推荐系统中各模块算法模型通用的特征工程技术和推荐场景下的样本加工艺术。然后从数据和模型的角度探讨了如何提升推荐系统的实效性。最后以推荐系统中普遍存在的偏差问题为结尾，希望可以启发读者思考如何构建一个良性循环的推荐系统。

第 9 章 系统进化的利器——AB 实验平台

前面已经介绍了推荐系统技术与应用，笔者相信排序的精妙、召回的丰富、画像的全面，以及内容理解的嵌入思想、重排的权衡等都给读者留下了深刻的印象。但推荐系统的设计者与应用者同时需要一个成熟且精巧的关于推荐系统评价与指标的系统来指导推荐系统技术的进化，而它就是本章的主角——AB 实验平台。

9.1 什么是 AB 实验

东汉思想家王充在《论衡》中的遭虎篇驳论的结尾做了一个点睛之笔“等类众多，行事比肩，略举较著，以定实验也”，第一次引出“实验”二字。实验用实际的显著示例，具有独特的说服力，实验结果胜于雄辩，在众多实验中 AB 实验可以算作鹤立鸡群应用深广的一员。AB 实验在生物医学上又名为“双盲实验”。在双盲实验中病人被随机分成两组，在不知情的情况下分别给予安慰剂和实验用药，经过一段时间的实验，再比较这两组病人的表现是否具有显著的差异，从而决定实验用药是否有效。

如图 9-1 所示，AB 实验（桶测试或分流测试）是一个随机实验，通常有两个变量：A 和 B。利用控制变量法，在保持有单一变量的前提下，将 A、B

数据进行对比，得出实验结论。AB 实验是一种科学的利用数据证明方案可行性的手段，通常在网站测试中广泛使用。

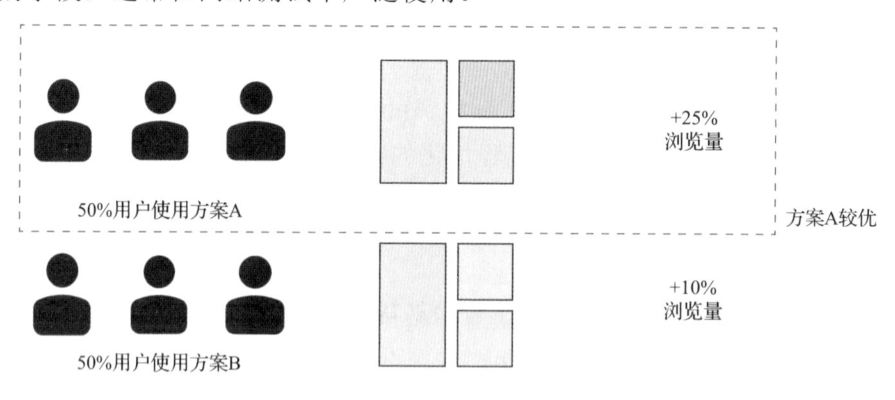

图 9-1　AB 实验意义

AB 实验往往具有以下三种特性：

（1）先验性：AB 实验用有限的资源模拟真实的环境，就是为了判断变化产生的结果是否符合预期，以便及时发现问题，科学决策减少损失。避免经验主义，减少后验成本。

（2）并行性：AB 实验的目的是测试 AB 之间的变化产生的结果。实验组之间需要保证只有一个变化因素，并且要做到时间与空间的统一，这就是并行性。并行性是 AB 实验成败优劣的关键。避免忽视细节，控制变化因素的唯一性。

（3）科学性：具有科学性的 AB 实验需要符合理论逻辑的实验设计、严格的实验流程、客观的数据分析，以及反复的验证和不断的迭代。实验结果反映的实际情况往往比主观臆断更加科学。

AB 实验在互联网产品中主要有两个应用场景：一是前端（UI 页面）测试；二是后端（算法）测试。AB 实验应用最经典的案例之一是著名的民宿互联网公司 Airbnb，它在创业初期举步维艰，用户流量增长停滞。幸运的是，Airbnb 通过一个简单的实验重新焕发生机。用专业的摄影师统一拍摄的干净舒适的图片替换房主们杂乱无章的图片，房主们拙劣的拍照技术和糟糕的文案，掩盖了房屋本身的优势。Airbnb 首先在纽约进行了 AB 实验，纽约的订房量涨了两三倍。当月，公司在当地收入整整增长了一倍。这一做法很快被复制到巴黎、伦敦、迈阿密等地。

如本章开始提出的推荐系统性能衡量问题，无法衡量就无法优化，对互联网产品而言，不仅是推荐系统，整个 App 的更新迭代都需要建立一套完整的衡量与迭代系统，来把控整个流程优化的方向。而 AB 实验就是一个很好的进行变量控制和优化方向选取的工具，AB 实验往往会让技术走入正向循环：衡量—发现—迭代—验证。

所谓精细化迭代是一种建立在数据基础上的思维方式——用较少的成本获得较好的效果。无数据，不优化，线上分流实验是进行推荐算法优化的必由之路。AB 实验不仅是推荐迭代的利器，它还可以服务于所有需要逐步完善的产品迭代。

有人问，为什么需要 AB 实验，为什么不能前后进行实验比较？同时期测试的 AB 实验非常有必要的原因是，不同时间的测试无法说明 B 比 A 好。

通过 AB 实验平台对迭代方案进行实验，并结合数据进行分析，再反向验证和驱动方案，是一个发现问题、提出假设、印证猜想、不断优化的过程。合适的推荐方法是，经过不断的实验去验证，验证的过程也是在校验数据，从而优化推荐系统策略，最终提升用户新增和留存。

9.2 AB 实验平台框架

在互联网企业的日常业务中，有大量 AB 实验落地场景，具体可分为以下三类。

（1）算法类：算法类 AB 实验广泛地应用在搜索、推荐、广告等场景。算法工程师通过 AB 实验来验证每一个新的策略（例如召回、排序等）对业务的提升。

（2）产品功能类：互联网产品形态的改动是可以被用户最直观感知的部分，一个错误的产品改动会对公司带来巨大的损失。通过 AB 实验小流量试错，在验证效果后进行全量上线，可以降低产品迭代带来的风险。

（3）运营类：在提倡精细化运营的时代，运营团队需要大量的运营策略，例如用户运营（新用户免广，沉默用户召回）、会员运营（到期会员复购策略）、内容运营（重点内容位置）。这些策略均可通过 AB 实验来判断哪一类运营策略是更有效的。

基于以上广泛的应用场景需求，往往需要搭建具有可扩展性与兼容性的 AB 实验平台，该平台包含实验管理、流量分流和效果展示等功能。图 9-2 是 AB 实验平台整体架构图，可以看到，整体架构分为四层。

（1）Web 层：提供平台 UI，负责应用参数配置、实验配置、实验效果查看等功能。

（2）服务层：提供权限控制、实验管理、拉取实验效果等功能。

（3）存储层：提供数据存储功能。

（4）业务层：业务层结合 SDK 完成获取实验参数和获取应用参数的功能。

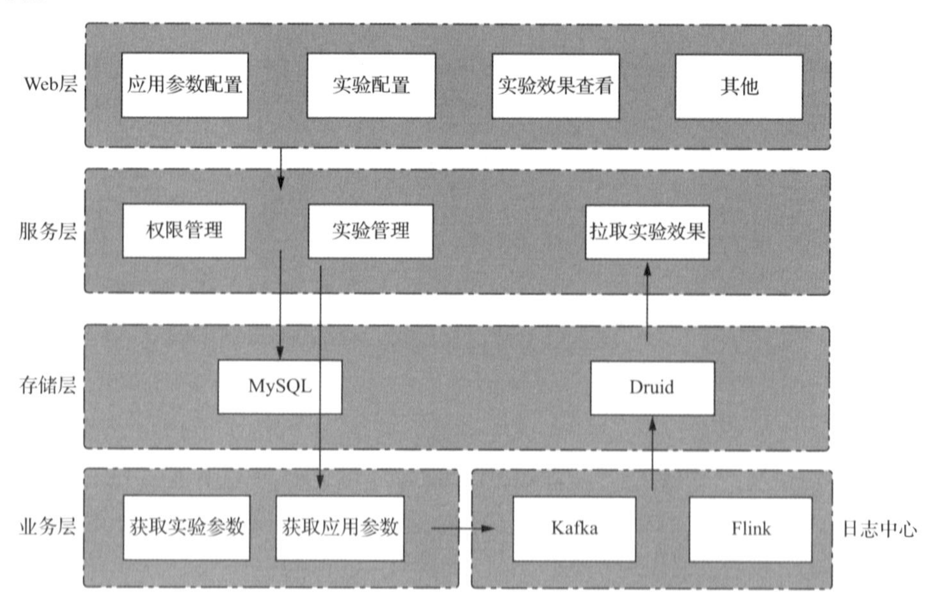

图 9-2 AB 实验平台整体架构图

9.3 AB 实验分流机制&实验类型

AB 实验平台的建设核心是分流方案。当前业界主流的实验分流设计都源自 Google 在 KDD 2010 发表的分层实验框架。总体来说，分流方案的设计要尽量满足三个核心目标。

（1）高度并行可扩展，能支持更多的实验，同时保证实验的灵活性。

（2）确保实验结果的准确性和合理性。

（3）能迅速创建实验及快速获取实验分析结果。

分流机制中较为重要的特性是支持不同的流量过滤规则和流量划分规则。

流量过滤规则通常是为了让实验在指定的目标用户群体上进行，实际的实现方式是在调用分流服务时传入用户相关的请求参数，过滤规则的设定依赖于传入的参数执行筛选，对于符合条件的流量返回命中实验，否则返回不命中。所以开发人员需要保证过滤规则中使用的上游请求参数被正确设置。

业界常见的流量划分规则有随机分流和按照用户分流两种，随机分流是指按照用户请求将用户分到不同的流量桶里；而用户分流则是按照用户粒度切分，通常会使用用户尾号、用户 Id、日期等信息通过散列取模来实现。在需要保证用户体验一致性的场景中，按照用户分流的流量划分规则更加常见，能够保证同一用户的不同请求在同一种实验策略中有效。除了基本的流量划分方式，还存在特殊的需求，在进行实验时需要指定若干用户命中指定的实验。这时，开发人员可以辅以白名单的方式，为实验平台的流量划分规则提供补充。

基于上述的流量过滤和流量划分规则，实验平台对于上游请求的流量根据用户参数先进行过滤判定，再对圈定的人群包进行流量分桶，分成实验桶和对照桶。最后通过效果数据比对评估出不同实验策略对于同样属性人群的不同效果。

一个完善的 AB 实验平台是能够支持大量实验高度并行的。流量的分层机制可以保证实验流量的充足。不同的实验层之间的流量是相互正交的，可以简单理解为当前某个流量桶的流量是随机均匀分布在另一实验层的所有流量单元中的，这样层与层之间的实验就不会受到相互的影响，每一层的理论可使用流量都是 100%。我们在新建立一个实验的时候，会先把该实验关联到某一有剩余空闲流量的实验层，新建实验的相关参数只在这一实验层生效，不允许出现在其他实验层中。而对于用户的服务请求，开发人员会在不同实验层通过流量划分规则命中该层关联的实验策略。从而实现在同一用户上同时测试多种实验策略的目的。除了多层的 AB 流量设计，还有独占流量的测试需求，所以在分层之外，还有若干独立域。

如图 9-3 所示，开发人员把流量在纵向上进行了划分，首先，流量请求从纵向判断开始，域 1 和域 2 拆分用户流量，如果域 1 占 30%的用户流量，则域 2 占 70%的用户流量，域 1 和域 2 是互斥的。然后，从横向上划分为 B1、B2、B3 等多层。在同一层中，不同的实验组是隔离区分开的。一个实验策略可以被多层控制，每层都可以有多个实验。对于域 2 中的 B1、B2、B3 层，占用的用户流量就是域 2 的用户流量，而当用户流量经过 B1 层时，会被 B1-1、B1-2、B1-3 拆分，并且 B1-1、B1-2、B1-3 是互斥的。流量在每层都会被打散，并重新分配。

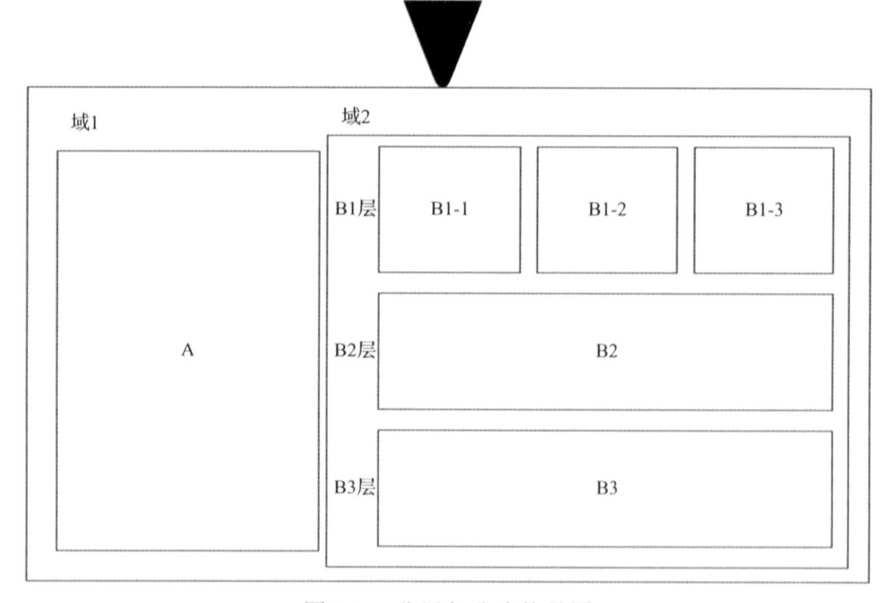

图 9-3　分层与分流简易图

上面介绍了相对通用的AB实验分流机制，下面笔者介绍一下视频推荐产品中的几种实验类型：用户侧实验、视频侧实验和小世界实验。在大部分针对用户侧的优化迭代中，实际上研发人员只需要掌握最简单的用户侧实验就可以满足绝大部分的业务需求。另外，两种实验方式仅在面向生产者的业务方向中比较常见，比如第 7 章介绍过的物品冷启动业务。为了方便说明几种实验方式的特点，下面结合物品冷启动业务来进行介绍，读者可以结合图9-4来辅助理解。

1. 用户侧实验

视频冷启动业务中的用户侧实验就是只对用户进行划分分桶，与消费侧的常规优化实验方式没有区别。在视频冷启动业务中，用户侧实验常用来测试冷启动模型的效果，或者开反转实验来看冷启动策略对系统的指标影响。适合用于对冷启动视频分发量影响较小的实验。

冷启动业务中的用户侧实验需要重点关注实验策略在小流量、大流量和全量环境下的效果差异问题。产生这种问题的原因是，冷启动策略对冷启动视频的分发是有保量阈值限制的，一旦冷启动视频的曝光量超过设定的阈值，冷启动策略就会停止对该视频生效。所以冷启动内容池是有状态的，而大盘内容池是无状态的，当冷启动策略在当前实验桶中改变冷启动视频的状态时，就会影响该视频在其他实验桶中的冷启动流量分发，导致最终的实验数据无法反映真实效果。

2. 视频侧实验

视频侧实验顾名思义，只对视频进行分桶划分，在用户实验层的所有用户上生效，同一用户看到的不同分桶中的视频会使不同的实验策略生效。既然是针对视频侧的实验，那么AB实验平台也需要提供针对视频的分流服务和实验参数配置功能。视频侧的实验策略通常从召回环节就开始生效，所以业界的主流做法是，在召回服务中周期性轮询所有候选视频，请求分流服务，并为所有候选视频记录实验命中标记，然后通过召回服务将视频对应的实验标记带到推荐全流程中。

冷启动业务中的视频侧实验适用于整体冷启动流量影响不大的离线策略调整，如对多级保量阈值进行划分、对新作者冷启动视频进行提权阈值调整等。

3. 小世界实验

小世界实验也叫用户视频侧实验，既划分用户也划分视频。AB 两组视频内容在用户流量中也完全隔离，宛如两个独立的小世界。

绝大多数视频冷启动策略迭代均使用该实验方法。为了保证隔离环境的纯净性，小世界实验在同一时间只能有一个作者流量层和一个用户流量层。而且与前两种实验类型不同的是，小世界实验需要开启占位实验组，如图 9-4 所示，目的是防止剩余用户流量请求对照组和实验组中的视频。如果不开占位组就会导致实验指标不可信。比如，开发人员做展现控速策略实验，A 组为对照组，B 组为实验组，B 组的优质视频展现较慢，如果不开占位实验，则剩余用户组便会消费掉 B 组的视频，导致 B 组的指标变差。

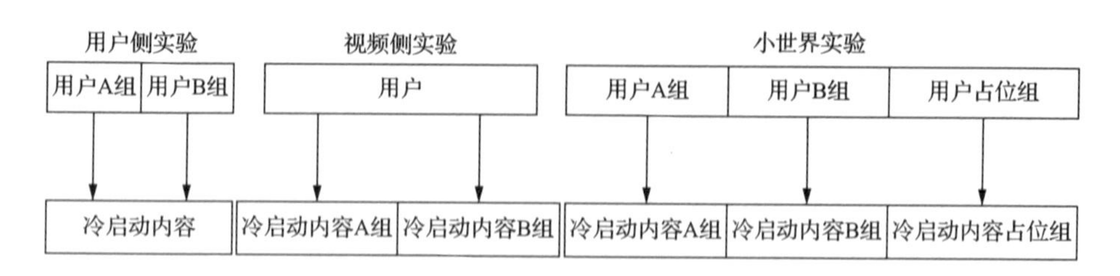

图 9-4　常见实验类型示意图

9.4　AB 实验效果评估

本节对 AB 实验常见的效果评估方法进行简单介绍。主要包括推荐系统中常见的 AB 指标，AB 实验中的假设检验原理和 AB 实验的流量分配原则。

9.4.1 推荐系统常见的 AB 指标

如何评价一个推荐系统的好坏，或者如何评价一个推荐系统的策略好不好呢？在第 1 章曾经阐述了推荐系统对于平台的价值，该价值主要体现在提升平台用户规模和营收规模。从最核心的指标上看，用户规模对应 DAU（Daily Active User，日活跃用户数），营收规模仅以电商场景为例对应 GMV（Gross Merchandise Volume，商品交易总额）。所以基于平台的核心目标，DAU 或 GMV 是推荐系统最应该关注的终极指标。但在业界推荐系统的实际迭代中，以 DAU 为例，大多数单个推荐策略迭代很难在短期内观察到实验组的显著变化，所以为了兼顾推荐系统的迭代效率，通常会选择观察与 DAU 相关性较高的一些次级指标是否有显著提升来帮助判断实验策略的有效性。以下简单列举几类常见的 AB 指标。

1. 点击率（Click Through Rate，Ctr）

点击率 = 点击量/曝光量。Ctr 是推荐系统中最常见的用于评估浅层转化效率的指标，广泛用于新闻资讯、短视频、电商等推荐场景的效果评估中。通常意义下，我们可以假设，推荐系统的效果越好，推荐内容的 Ctr 越高。与 Ctr 类似的浅层转化率指标还有播放率、点赞率、关注率、收藏率等。与浅层转化相对应的，还有以购买率为代表的深度转化指标。深度转化行为依赖于用户发生前置的浅度转化行为，比如，购买行为通常在用户发生点击物品行为并进入物品详情页后才会发生，所以深度转化目标根据行为链路的深度也被称为二跳或多跳转化目标。

2. 用户点击率（User Click Through Rate，UCtr）

用户点击率 = 有点击行为的用户/访问用户。Ctr 指标是一个曝光维度等权重的指标，而 UCtr 是一个用户维度等权重的指标，更侧重于评估推荐效果对于全体用户的普适性。如果一个推荐策略从指标上看到 Ctr 提升，而 UCtr 却反方向降低，则大概率意味着该实验策略对部分曝光内容较多的资深用户友好，但对曝光较少的部分用户不友好，这样的推荐策略上线可能会导致低活跃的平台用户流失。

3. 覆盖率

覆盖率 = 有曝光的内容量/总内容量，比如，推荐系统内容池中总的视频数是 100 万个，而真正有曝光量的视频只有 2 万个，那么覆盖率就是 2%。在所有依赖内容生产者和消费者构成的双边网络的推荐产品中（如抖音），如果覆盖率比较低，则对大量长尾生产者来说，他们的作品长期缺乏曝光及其他用户的反馈激励，将会直接导致生产活跃度下降，进而导致推荐内容池逐渐萎缩，最终长期影响平台全体用户的消费满意度和留存率。此外，推荐系统对于用户兴趣的学习主要依赖于曝光的数据，长尾内容缺乏曝光会使得推荐系统无法学习到用户的其他兴趣最终进入信息茧房。所以覆盖率也是衡量推荐系统生态是否健康的重要指标。

4. 人均时长

人均时长 = 总时长/用户数。目前的主流互联网产品的核心商业模式都是在做流量的生意，与其他竞品在争夺互联网用户的使用时间。互联网平台所拥有的流量可以近似等价于人均时长×用户数，而人均时长的提升与用户留存率的提升又存在很强的相关性。所以人均时长也常被用作推荐系统优化中除 DAU 外最重要的评估指标之一。

当然，随着互联网产业的发展，各类推荐系统都进化出越来越精巧复杂的评价指标体系，在此不一一列举。

9.4.2 AB 实验的假设检验

我们通过 AB 实验观测到的数据并不一定是客观真实的参数，而只是对真实参数的估计（例如极大似然估计）。这意味着，估计可能是不准确的，而 AB 实验的结果也可能是错误的。直观上看，样本越多，可能犯错的概率越小。下面我们梳理一下这部分知识。

1. 中心极限定理和正态分布，z 检验

中心极限定理是说，在适当的条件下，大量相互独立的随机变量的均值经适当标准化后依分布收敛于正态分布（具体推导参考大数定理、中心极限定理）。在样本数量比较大的情况下，可以采用 z 检验。AB 实验通常需要采用双样本对照的 z 检验公式。μ_1、μ_2 是双样本均值，σ_1、σ_2 是双样本标准差，n_1、n_2 是样本数目。z 检验公式如下。

$$z = \frac{\mu_1 - \mu_2}{\sqrt{\frac{\sigma_1^2}{n_1} + \frac{\sigma_2^2}{n_2}}} \tag{9-1}$$

2. H0、H1假设和显著性、置信区间、统计功效

现在假设有A、B两个组，无法确定A、B两个组的差异究竟是某种误差引起的，还是客观存在的。所以假设H0=A、B没有本质差异，H1=A、B确实存在差异。

显著性：根据 z 检验算出 p 值，通常会用 p 值和0.05比较，如果 $p<0.05$，就接受H0，并认为AB没有显著差异。

置信区间：是用来对一个概率样本的总体参数进行区间估计的样本均值范围，它展现了这个均值范围包含总体参数的概率，这个概率称为置信水平。双样本的均值差置信区间估算公式如下：

$$(\rho_1 - \rho_2) \pm z_{\alpha/2} \cdot \sqrt{\frac{\sigma_1^2}{n_1} + \frac{\sigma_2^2}{n_2}} \tag{9-2}$$

ρ_1、ρ_2统计功效power是指拒绝零假设（H0）后接受正确的H1假设概率。直观上说，AB即使有差异也不一定能被观测出来，必须保证一定的条件（比如样本要充足）才能观测出统计量之间的差异；否则，结果也是不置信的，假设检验概率分布如图9-5所示。

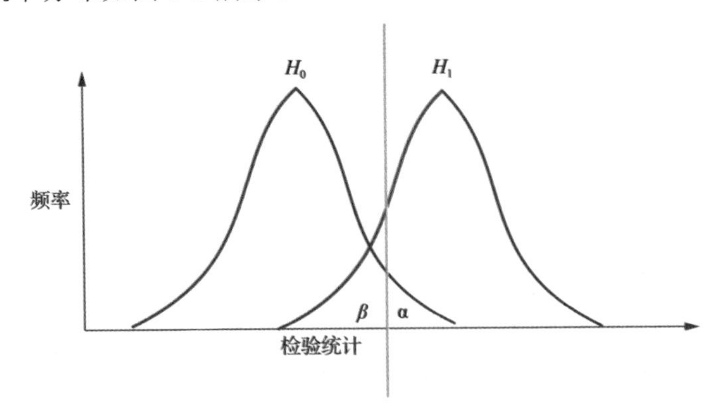

图9-5 假设检验概率分布

9.4.3 AB 实验的流量大小

一个 AB 实验计划需要多大样本量才合理？假设双样本都有相同的标准差 $\sigma_1=\sigma_2$，并已有估计值，知道 n_1 及双样本的均值差$(\rho_1-\rho_2)$；再假设 Power=0.8，α=0.05，那么可以根据公式推导出最低样本量 n_2：

$$\text{Power}=\phi\left(-z_{1-\alpha/2}\right)+\frac{\Delta}{\sqrt{\sigma_1^{\ 2}/n_1+\sigma_2^2/n_2}} \tag{9-3}$$

对于新加入的一组 AB 实验，通常会遵循以下流程，以及流量分配方案。

（1）判断是否开启独占测试，否则选择加入当前某个测试域。

（2）根据历史经验估算 σ_1、σ_2、ρ_1、ρ_2；如果不好估算，那么就做一次抽样测试，提取出大概值再估算。假设 Power=0.8，α=0.05，再采用前述的 AB 实验样本量估算方法，计算得出需要的最低样本量 n。

（3）根据最低样本量 n 判断是否需要扩充当前域的流量。由于新测试将减少旧测试所得样本量，所以简单起见，可以直接从主流桶中分配 r 个单位的流量进入当前域，使 sum(r) == n，从而满足新旧测试的量需求。

（4）完成配置，发布版本，上线新测试。

9.5 AB 实验并不是万能的

前面阐述了 AB 实验的原理、框架、评估等，但推荐系统的实践者发现 AB 实验往往不是万能的，如果只依赖于 AB 实验进行迭代决策，往往会被带入歧途。这是因为 AB 实验存在以下一些问题。

1. 证实偏差

人们会倾向于寻找支持自己假设或命题的证据，而忽略否定该假设或命题的证据，这种现象被称为证实偏差。这就导致了当实验的推荐策略表现出符合设计者预先设想的实验情况时，自然就会觉得此前的设计是非常正确的，得到的结果也是之前设想的，而不再继续进行深入的实验。

实验者一旦对统计有了足够的信心而停止实验，可能会给整个迭代过程带来误导性，因为它不适用于较长的业务周期，也会忽略重要的流量来源与当前的特殊线上情况。因此，实验应至少运行 2 至 4 周，具体时长取决于实验设计和业务周期。

2. 幸存偏差

实验设计者会倾向于关注最终幸存下来的人（比如重度用户或VIP用户），而忽视他们可能在某些过程中已经被影响，这种现象被称为幸存偏差。即便是重度用户，也不能代表他们从未遇到消极的用户体验。VIP 客户可能是经济状况更好的用户，但是他们并非固定群体，并且他们的预期往往也会高于普通用户。

因此，假如在登录页面的 AB 实验中加入重度用户，那么他们的行为与新用户行为往往截然不同，若只关注重度用户就会使得产品迭代陷入困境。因为 AB 实验是基于相似度比较高并且普遍的两个群体进行实验的，所以在针对现有用户的相关实验中，应该排除一些重度用户。

3. 统计功效不足

在实验中，识别先验概率分布和真实概率分布之间真正差异的概率往往需要高水平的统计功效。因此，必须建立足够多的样本量。但是，在商业公司的实验中，人们往往急于求成，以致得出错误的结论，很多时候这会破坏实验过程。

在开始实验之前，应该先估计达到高水平统计功效（通常为 90%）所需要的样本量，根据相关人员进行的一项关于 1700 次 AB 实验的分析，只有约10%的实验达到了统计学上的显著提升。人们往往没有耐心等待实验运行 1 个月以上的时间，往往在两周之后工程师便停止实验。这样就使得小样本降低了实验的统计功效，很可能从 90%减少到 30%或者更低。在运行实验之前，推荐系统的实践者最好使用样本量计算器，并预估获得你需要的统计功效的时间。即使真的决定缩短实验时间，也需预估时间缩短对实验带来的影响。

4. 辛普森悖论

开始实验后，不能更改设置、变量或对照组的设计，更不能在实验过程中更改已经分配到的流量。在实验期间调整变量的流量分配可能会破坏实验的结果。这就是辛普森悖论现象，即当两组数据合并时，常常会带来完全错误的结果。

微软的实验人员曾遇到过辛普森悖论的现象。某个周五，他们为实验中的变量仅分配了 1%流量，到周六那天，又将流量增加到 50%，这时辛普森悖论出现了。该网站每天有一百万访客。虽然在周五和周六这两天，实验组各种变量的转换率都高于对照组，但是当数据被汇总时，实验组变量得到的总体转换率相对于对照组却变低了。

发生这种现象的原因是会使用到加权平均数。周六的转换率更低，并且随着当天变量分配到的流量是周五的 50 倍，周六的转换率对整体结果的影响更大。如若采样不均匀，就会出现辛普森悖论问题。因此，实验者避免使用汇总数据对子组合（比如不同的流量源或设备类型）做决定。当需要为多个流量来源或用户部分运行实验时，最好也避免使用汇总数据，并且将每个来源/页面作为单独的实验变量进行处理。在实验期间更改流量分配往往也会使得结果偏离预期，因为它大概率会改变重度用户的抽样。由于流量分配只影响新用户，所以流量份额的变化将不会改变由初始流量分配引起的重度用户数量差异。

5. 均值回归

实验运行几天后，实验者可能会发现实验结果中出现大的提升（或下降），此时立即告诉老板或其他团队成员其实是一种相当不负责任的行为。每个人听到这样的好消息势必会燃起希望或期待，接着他们会要求你尽早结束实验，以从提升中获益或减少损失。但是，这种显著的早期提升往往会在之后的几天或几周的实验中逐渐消失，这就是均值回归现象。所以千万别掉入这个陷阱，如果某一指标在第一次评估时出现极端结果，则在后续的观察中，该指标会逐渐趋向于平均值。小样本尤其容易生产极端结果，因此，务必小心，不要在实验刚开始生产数据时就将所得到的结果解读成重大的成果。

6. 基于会话指标的谬误

大多数 AB 实验软件使用标准统计实验来确定变量的表现是否显著区别于对照组。

但是，如果使用会话（Session）级别的指标（比如每个会话的转化），就会遇到问题。AB 实验软件会将用户分配到 A 组或 B 组，来防止相同的访客看到两个变量，并确保用户一致。但由于用户可以拥有多个会话，用户可能会在不同的组之间横跳。

Skyscanner 的分析表明，假如访客有多个会话，他们的转化可能性更高。另一方面，如果用户为多会话用户，则其生成的单个会话的转换可能会比较低。随着 Skyscanner 模拟这一现象，他们发现，当他们随机选择用户而非会话时，方差要大于显著性计算中假定的方差。

Skyscanner 发现，由于平均会话次数较高，该影响在长期实验中更明显。这意味着，基于会话转换率（即用户随机化）且持续一个月时长的实验出现的误报率是正常预期的三倍。但是，当实验基于随机化的会话而不考虑用户时，方差符合通过显著性计算所预测的方差。

当使用未经过随机化定义的概率指标时，也会出现上述问题。如果采用用户随机化方式（例如每页浏览、每次点击或点击率指标等），则都会受到上述相同问题的影响。Skyscanner 的团队给出三种方式以避免实验结果受此统计现象的误导。

a. 在随机化用户时，务必遵守用户级别指标，这样可以避免错误结果。

b. 当不得不使用将会增加误报倾向的指标时，可以预测真实方差并计算准确的 p 值。

c. 当计算真实方差和准确的 p 值使得计算复杂且十分耗时、难以实现时，只能接受更高的误报率，此时可以使用 AA 检验来预测指标方差的误差。

总结

本章主要对 AB 实验进行基本的介绍，主要包括 AB 实验的具体含义、框架搭建、分流机制、效果评估，最后讨论了 AB 实验本身的局限性，供读者对 AB 实验有全面的了解与思考，希望读者能够避免歧途。AB 实验不仅是验证推荐系统模型与策略有效性的通用方法，更是促进推荐系统迭代进化的利器。

第 10 章 推荐系统中的前沿技术

推荐系统的技术发展日新月异，学术界在推荐系统领域的研究工作与推荐技术在工业界推荐场景的落地应用相互促进，共同推进了推荐系统技术的蓬勃发展。本章有针对性地选取了一些近年推荐系统领域比较热门的前沿技术，包括强化学习、因果推断、端上智能、动态算力分配和增益模型，介绍这些前沿技术的原理及它们是如何在推荐系统中应用落地的，并对未来的技术发展方向做一些展望。

10.1 强化学习

强化学习是机器学习重要的范式和方法论之一，与有监督学习、无监督学习并驾齐驱。有别于其他两种学习方法，强化学习是通过智能体（Agent）与环境的交互进行学习的。强化学习是最接近动物学习模式的一种学习范式。

在标准的强化学习框架中，智能体作为学习系统，会结合环境当前的状态信息，对环境进行行为试探，获取环境对此次行为的评价反馈和新的环境状态。如果智能体的行为获得环境正向奖赏，那么智能体后续产生该行为的趋势会加强。反之，智能体会减弱产生该行为的趋势。智能体通过与环境之间的“行为—反馈—状态更新”循环交互，学习从环境状态到行为的映射策略，以达到收益最大化或者实现特定目标。

智能体与环境交互的过程如图 10-1 所示，智能体感知当前的环境状态 s_t，从行为空间中选择执行行为 a_t。环境接收智能体选择的行为，转移到新的环境状态 s_{t+1}，并根据奖励函数给智能体相应的奖励 r_t，然后等待智能体做出新的决策。智能体学习的过程是一个行为试探评价过程，目标是在每个离散状态发现最优策略，以使期望的折扣奖赏和最大。

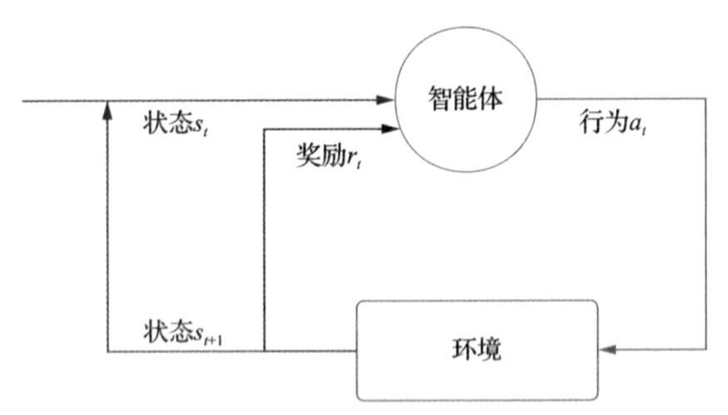

图 10-1 智能体与环境交互的过程

马尔可夫决策过程 MDP（Markov Decision Process）是强化学习最基本的理论模型。MDP 可以由四元组<S, A, R, P>来表示，其中：

（1）S 为状态空间（State Space），包含智能体所能感知的全部环境状态。

（2）A 为行为空间（Action Space），包含智能体在每个状态上可以采取的所有行为。

（3）R 为奖励函数（Reward Function），R（s, a, s'）表示在状态 s 上执行行为 a，转移到状态 s'时，智能体获得的奖赏值。

（4）P 为环境的状态转移概率（State Transition Function），P（s, a, s'）表示在状态 s 执行行为 a，转移到状态 s'的概率。

在利用 MDP 进行强化学习建模时，需要重点设计和考虑的问题如下。

（1）如何表示状态空间和行为空间。

（2）如何定义奖励函数，并通过学习来修正状态和行为的映射。

（3）如何进行合适的行为选择。

在推荐场景中，用户和推荐系统天然地会有多轮交互，推荐系统可以通过感知用户行为反馈，不断修正后续的推荐策略。将推荐系统看作智能体，用户和推荐物品是智能体所处的环境，整个推荐交互过程也可以通过 MDP 进行建模。下面以微软的 DRN 新闻推荐系统为例，介绍一下强化学习在推荐系统的应用，其构建方法也可以指导强化学习落地到其他领域。

在 DRN 深度强化推荐系统中，智能体就是推荐系统本身，环境由新闻推荐产品的用户和新闻组成。状态定义是用户特征表示，行为定义是新闻的特征表示。当用户请求智能体进行新闻推荐时，会将状态信息（用户特征）和行为信息（候选新闻特征）发送给智能体，智能体依据状态信息选择最优行为（新闻推荐列表），同时依据用户对推荐列表的行为作为奖励反馈，更新后续的推荐策略。DRN 深度强化推荐系统流程如图 10-2 所示，不难看出，这是一个强化学习框架下的在线学习推荐系统。

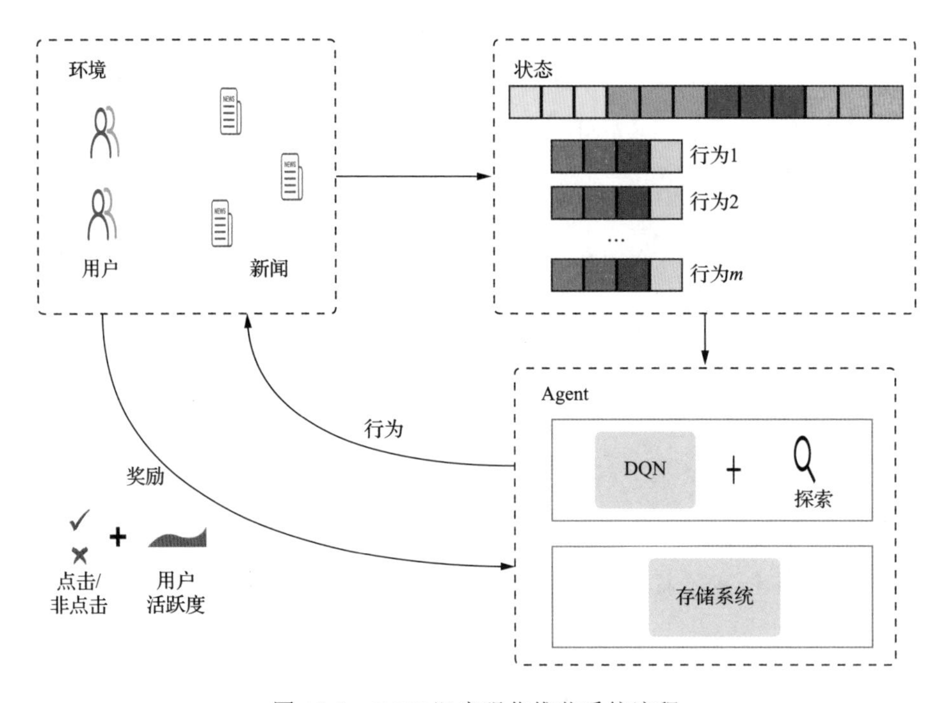

图 10-2　DRN 深度强化推荐系统流程

DRN 使用一种深度价值网络 DQN（Deep Quality Network）对行为进行价值评估，根据评估得分进行行为决策。如图 10-3 所示，DQN 的网络结构是一个典型的双塔结构。其中用户塔表示用户当前所处的状态，被视为状态向量，输入是用户特征和上下文特征。物品塔是待推荐的候选新闻，推荐新闻的选择就是智能体的行为，所以物品塔特征向量就是行为向量，物品塔的输入包括用户特征、上下文特征、用户-新闻交叉特征及新闻特征。智能体最终根据 DQN 的输出 Q(*s*, *a*)来决定要选择哪些行为，即要推荐哪些新闻给用户。

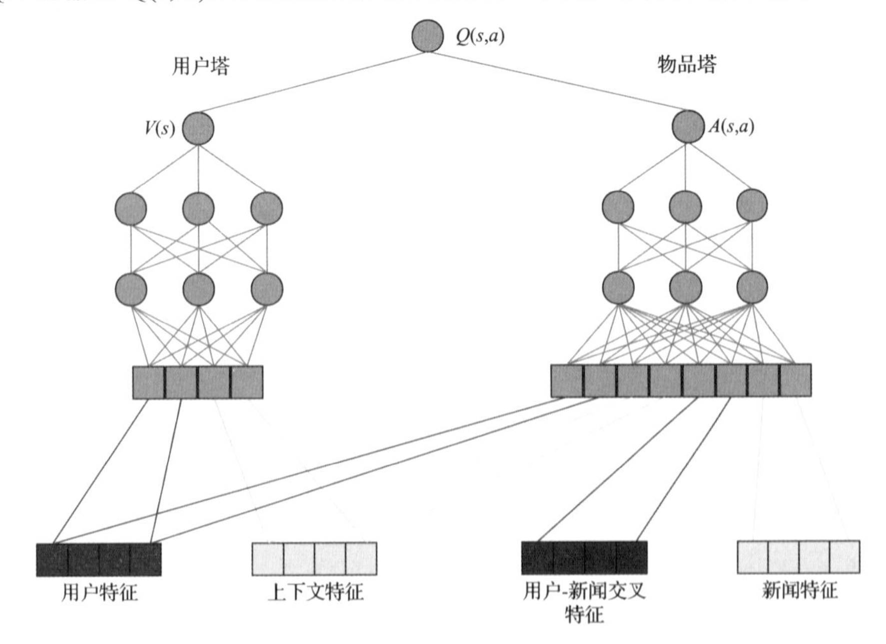

图 10-3 DQN 网络结构

除 DQN 价值网络外，DRN 另外一个重要的部分是模型的学习框架。DRN 是在线学习更新模型，使得模型更具实时性。DRN 模型更新学习框架如图 10-4 所示，分为离线部分和在线部分。离线部分利用用户的历史数据训练初始版本 DQN 模型，在线部分智能体通过与环境的“行为—反馈—状态更新”循环交互更新 DQN 模型。在线更新 DQN 模型的步骤如下。

（1）推送（行为）：当用户请求新闻推荐时，智能体根据用户特征和候选新闻特征生成 TopK 篇新闻列表推荐给用户。

（2）反馈：收集用户对新闻列表的点击反馈。

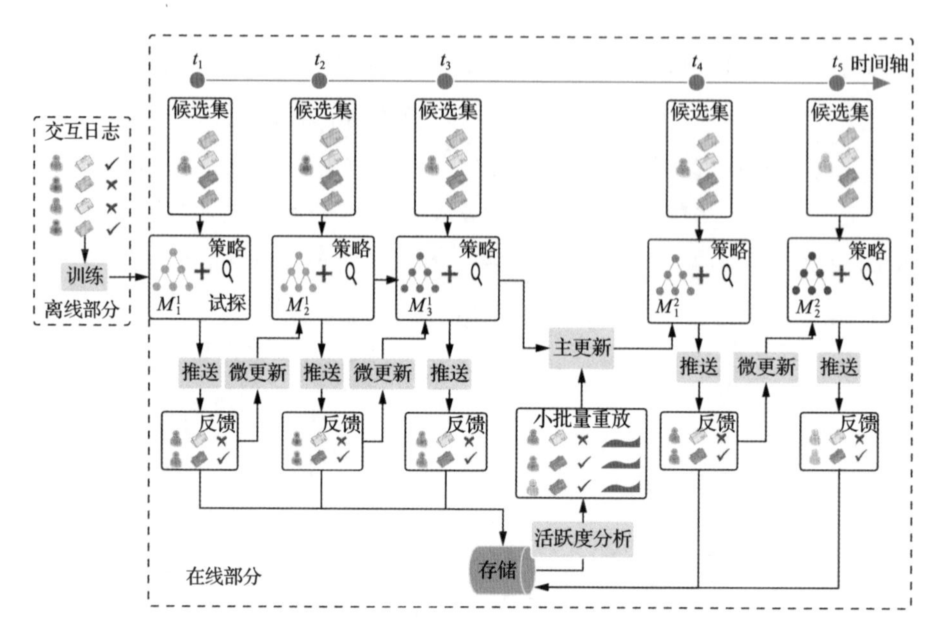

图 10-4 DRN 模型更新学习框架

（3）微更新：在 t_2、t_3、t_5 等时间跨度节点上，利用阶段积累的用户点击数据，进行模型微更新。DRN 微更新频率是指每次推荐曝光时触发一次微更新。这里 DRN 还提出了一种竞争梯度下降算法（Dueling Bandit Gradient Descent Algorithm）进行模型微更新操作。

（4）主更新：在 t_4 时间节点，利用 t_1-t_4 时间范围内积累的用户点击日志和用户活跃度数据进行模型的主更新。主更新要比微更新低频许多，可以控制在每小时进行一次主更新。

（5）重复（1）～（4）步骤。

DRN 深度强化学习系统被成功应用到微软的新闻推荐业务中，并为业务带来了 25%的点击率提升，证明了强化学习在推荐系统中的可行性和巨大的增长潜力。此外，在 ICML 2019 强化学习应用研讨会上，推荐系统也被提出认为是强化学习最有前景的应用方向之一。

10.2 因果推断

因果推断是统计学和数据科学的核心问题之一。判断导致某种现象的原因，推导出原因和结果之间因果关系结论的过程，就是因果推断。因果推断可以揭示变量之间的因果关系，发现现象背后的深层原因。因果推断也被认为是人工智能领域的一次范式革命，是当前学术界和工业界的研究热点之一。

关联统计是当前人工智能技术的基础。主流的人工智能方法多数都要求数据满足独立同分布的假设，利用数据间的相关性进行建模。数据相关性的来源主要有三种：因果、混淆和选择偏差。用 T 表示原因，Y 表示结果，三种数据相关性的结构如图 10-5 所示。

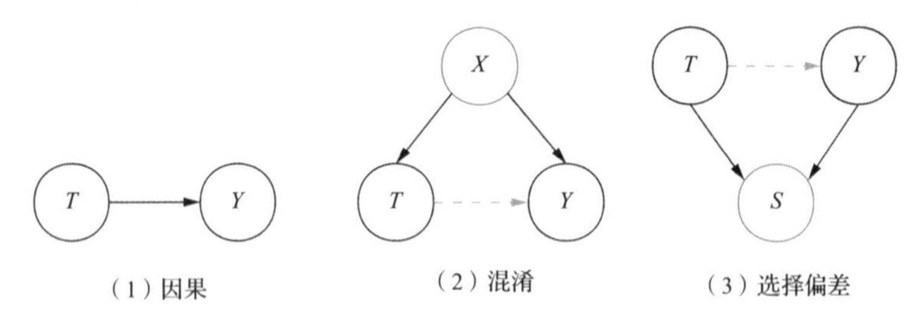

图 10-5　三种数据相关性的结构

（1）因果：即因果关系，变量 T 是直接导致 Y 的原因。因果关系是一种稳定可解释的关系，不会随着环境改变而改变。

（2）混淆：混淆关系存在一个变量 X，该变量是导致 T 和 Y 发生的共同原因。忽略 X 的影响，T 和 Y 之间存在假性相关性，但 T 并非导致 Y 的直接原因。如夏天气温升高，冰淇淋的销量会增加，同时游泳溺水的人数也会增加。如果忽略气温的影响，仅凭冰淇淋销量与溺水人数呈现出的统计正相关，会得出吃冰淇淋导致游泳溺水的错误结论。

（3）选择偏差：数据选择存在偏差时也会导致假性相关性。假设独立变量 T 和 Y 会导致共同的结果变量 S，在统计样本存在偏差时，也会得出 T 和 Y 存在相关性的错误结论。如勤奋的人，由于比较勤奋，很多人会参加英语口语培训班，同时因为他们比较勤奋，所以都找到了比较好的工作。如果数据统计时，只考虑了这部分比较勤奋的人，就会得出参加英语口语培训班会得到更好的工作的结论。而真实的情况可能是，参加英语口语培训班和找到好的工作并无关联。

所以相关性并不等同于因果关系。基于关联统计的机器学习模型并没有区分这三种数据关联的方式，这会导致模型学习到很多虚假关联。此外，过度依赖数据拟合的机器学习模型就是一个黑盒，缺乏可解释性。而结合因果推断，在机器学习模型中加入因果机制，可以从理论上提升机器学习模型的稳定性和可解释性。目前，因果推断有如下两个主要的研究方向。

（1）因果发现：因果发现旨在发现变量之间的因果关系，从统计变量中找到可以描述变量间因果关系的图结构，又称因果图。

（2）因果效应：因果效应是在因果关系的基础上，进一步探究原因变量对结果变量的影响程度。本质上就是在建立因果图的基础上，预测具体的影响值。

如图 10-6 所示，目前因果推断方法有重加权（Re-Weighting）、分层法（Stratification）、匹配法（Matching）、基于树的方法、表征学习法、多任务学习及元学习等。因果推断在现实世界中的应用场景也很多元化，按方向划分大致可以分为决策评估、选择偏差处理和反事实估计三个方向。应用场景覆盖广告、营销、推荐、健康等。

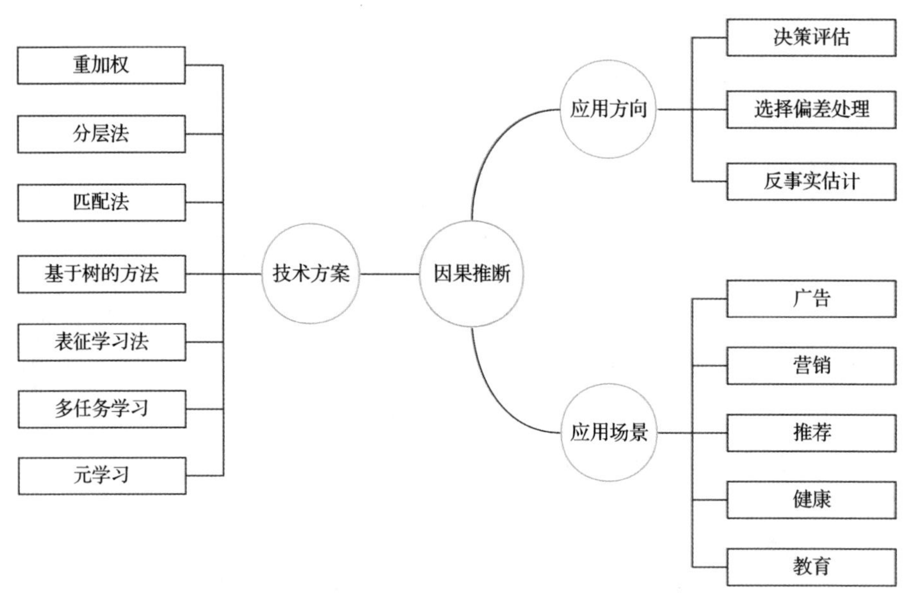

图 10-6 因果推断方法和应用

针对相关性范式驱动的推荐系统的痛点，因果推断技术可以协助解决推荐中的以下问题：

（1）推荐消偏：8.4 节介绍了在推荐系统中存在多种原因造成偏差，因果理论可以帮助推荐系统识别造成偏差的根本原因，借助因果推断技术进行消偏。

（2）数据增强：通过构建因果关系增强模型来收集缺失数据。

（3）推荐系统可解释性：因果关系可以帮助建立可解释的模型，实现模型本身和推荐结果的可解释性。

下面以推荐偏差消偏为例，介绍一下因果推断在推荐系统中的具体落地方案。推荐消偏是因果推断技术在推荐系统中应用最广泛的领域之一，相关的工作成果也是硕果累累。其中最具代表性和实践性的成果之一就是发表在 WWW2021 上的通用消偏框架 DICE。

DICE 是一种基于因果推断的消偏框架，首次从用户和物品交叉的维度对流行性偏差进行建模，消除因为用户从众心理带来的选择偏差。关于推荐流行性偏差/从众偏差的定义可以参考 8.4 节。

用户点击某个物品，会受用户自身的兴趣和用户的从众心理的共同影响，可以构建点击因果图，如图 10-7 所示。如果对用户的点击交互不做区分，用户的从众性就会干扰模型识别用户的真实兴趣。DICE 将用户产生交互的原因进行分离，并分别学习用户兴趣和从众性的表示，结合因果推断构建推荐系统模型，消除流行性偏差对推荐系统的影响。同时，DICE 框架具有比较好的可解释性，并在非独立同分布的数据上有很好的鲁棒性。

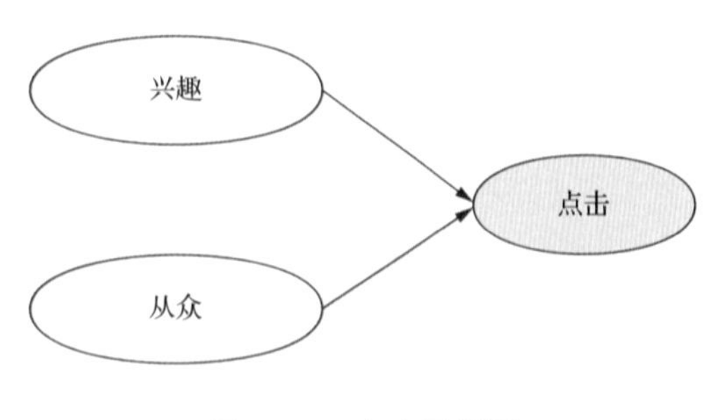

图 10-7　点击因果图

DICE 框架由三部分组成：因果嵌入向量（Causal Embedding）、解构表征学习（Disentangled Representation Learning）和多任务课程学习（Multi-Task Curriculum Learning）。

DICE 采用独立的嵌入向量来分别学习用户的兴趣和从众性。如图 10-8 所示，每个用户 u 都有一个兴趣向量 u^{interest} 和一个从众性向量 $u^{\text{conformity}}$，每个物品 i 也对应地有 i^{interest} 和 $i^{\text{conformity}}$。同时，DICE 将推荐匹配度得分分为兴趣得分 $s_{\text{ui}}^{\text{interest}}$ 和从众得分 $s_{\text{ui}}^{\text{conformity}}$，最终的点击预估得分 $s_{\text{ui}}^{\text{click}} = s_{\text{ui}}^{\text{interest}} + s_{\text{ui}}^{\text{conformity}}$。

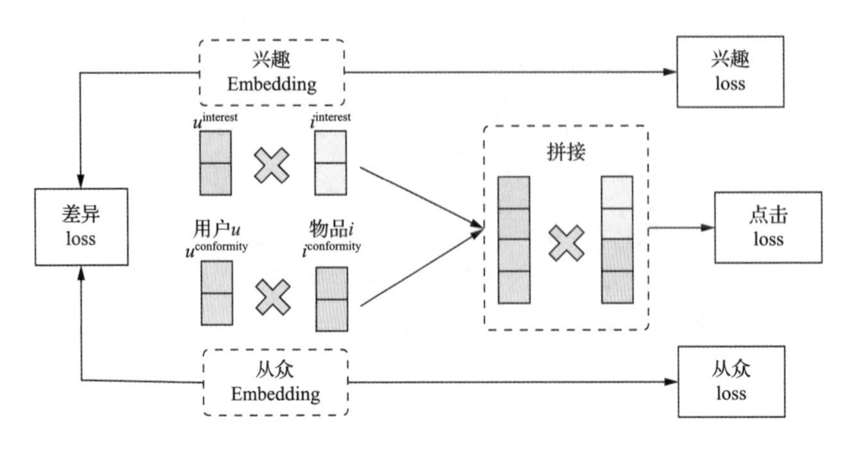

图 10-8　因果 Embedding

想要分别训练出用户/物品的兴趣向量和从众向量需要从原始数据中分离出各自的训练数据，利用特定因果（Cause-Specific）的样本数据来训练不同的嵌入向量。DICE 通过构建 Pair-Wise 样本，根据用户点击物品（Positive）和未点击物品（Negative）的流行度来挖掘特定因果样本。具体地，可以使用<用户，点击物品，未点击物品>三元组来构建 Pair-Wise 样本，当用户点击物品的流行度比未点击物品更小时，就认为交互行为是基于兴趣的；如果点击物品的流行度大于未点击物品，那么这次交互是由从众心理和用户兴趣叠加促成的。

最后，作者使用多任务学习框架来分别学习兴趣嵌入向量和从众嵌入向量。作者将训练任务拆解为从众建模 $L_{\text{conformity}}$、兴趣建模 L_{interest}、点击预估 L_{click} 和差异建模 $L_{\text{discrepancy}}$ 四个学习任务，并利用多任务学习优化 4 个任务的联合损失函数，如式（10-1）所示，其中 O_1 和 O_2 是根据上述规则划分的两份数据集。

$$L = L_{\text{click}}^{O_1+O_2} + \alpha\left(L_{\text{interest}}^{O_2} + L_{\text{conformity}}^{O_1+O_2}\right) + \beta L_{\text{discrepancy}} \tag{10-1}$$

作者在真实的数据集上做了大量的实验，对比 IPS、CausE 等消偏方法，DICE 在召回率、命中率（Hit Rate）、NDCG 指标上都有较好的表现。此外，作者还有针对性地分析了 DICE 中的兴趣向量和从众向量。使用 DICE 中兴趣向量得到的推荐结果与头部热门物品集合交集很小。而使用从众向量得到推荐结果与头部热门物品交集比较大，但由于每个用户从众程度不同，基于从众向量的推荐结果也不完全相同。

基于因果推断的推荐系统在工业界和学术界都获得了广泛的关注，并在点击率预估、延迟反馈、数据增强、推荐消偏等任务中有所建树。基于因果图的推荐模型更可控、更具可解释性，也使得推荐系统更人性化。因果推断为推荐系统注入了新的活力，打开了更大的想象空间。

10.3 端上智能

在互联网及移动互联网时代，伴随着大数据的高速发展，云计算也得以盛行和发展。互联网应用每时每刻都会有大量高并发的请求，云计算承担着巨大的存储和计算压力。在云计算的体系架构下，终端负责信息收集和展现，需要与云端保持高速高量的数据通信。

随着智能手机、平板电脑等终端设备性能的提升，终端存储和计算成为可能。相对于云计算，端上计算具有稳定性高、延时低、数据隐私性好等优势。同时，数据的本地化存储和计算，可以大幅降低与云端的数据传输和通信，节约带宽成本。随着端计算能力的逐渐丰富和完善，越来越多的端云协同系统在工业界推荐系统中崭露头角。其中最具代表性的就是淘宝电商首页部署的端上推荐系统 EdgeRec。

淘宝电商首页商品推荐信息流是业界搜索推荐产品的主流展现形态。信息流推荐一般基于“分页请求”的机制。如图 10-9 所示，在用户浏览信息流推荐时，客户端会通过分页请求的机制请求个性化推荐系统，推荐系统经过召回、粗排、精排、重排各阶段的计算后，返回若干推荐结果给客户端进行展示。

信息流推荐的分页返回机制使得只有再次请求推荐服务时才能调整推荐策略和推荐结果，无法及时捕捉用户的实时兴趣或意图。EdgeRec 借力端计算的优势，重新定义了信息流推荐的体系架构，将负责展现决策的重排环节放到了距离用户交互最近的终端设备上，建立了 EdgeRec 端上推荐系统，如图 10-10 所示。此外，不同于以往固定的分页请求机制，EdgeRec 还建立了端上动态请求能力，根据用户实时的行为反馈和端上缓存推荐内容的状态，动态地调整请求云端推荐服务的时机。整体提升了推荐系统的实时感知和实时反馈能力。

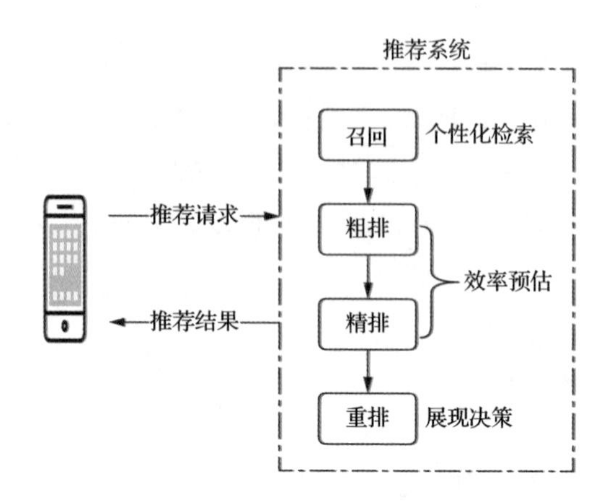

图 10-9 推荐请求计算流程

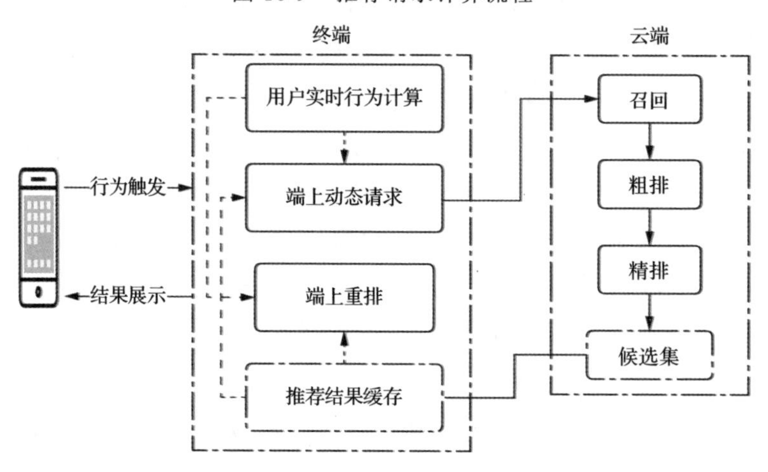

图 10-10 EdgeRec 端上推荐系统

EdgeRec 端上推荐系统在上线实践时将用户数据收集处理和决策模型解耦，设计了独立的用户感知模块，处理用户实时行为数据，支持下游的端上重排、动态请求、混排等多个决策模型。EdgeRec 用户感知模块提出一种异构用户行为序列模型 HUBSM 来对用户的实时行为序列进行建模。在淘宝商品推荐瀑布流场景下，作者建模了商品曝光和商品点击浏览两类行为序列特征。

端上推荐系统根据用户的实时反馈调整云端推荐服务返回结果的推荐顺序。为了高效地利用用户的实时上下文信息，EdgeRec 在重排阶段采用了一种 CRBAN（Context-Aware Reranking with Behavior Attention Networks）模型，CRBAN 模型可以在重排模型的框架下引入用户实时的异构行为序列信息。EdgeRec 端上重排的网络架构如图 10-11 所示。

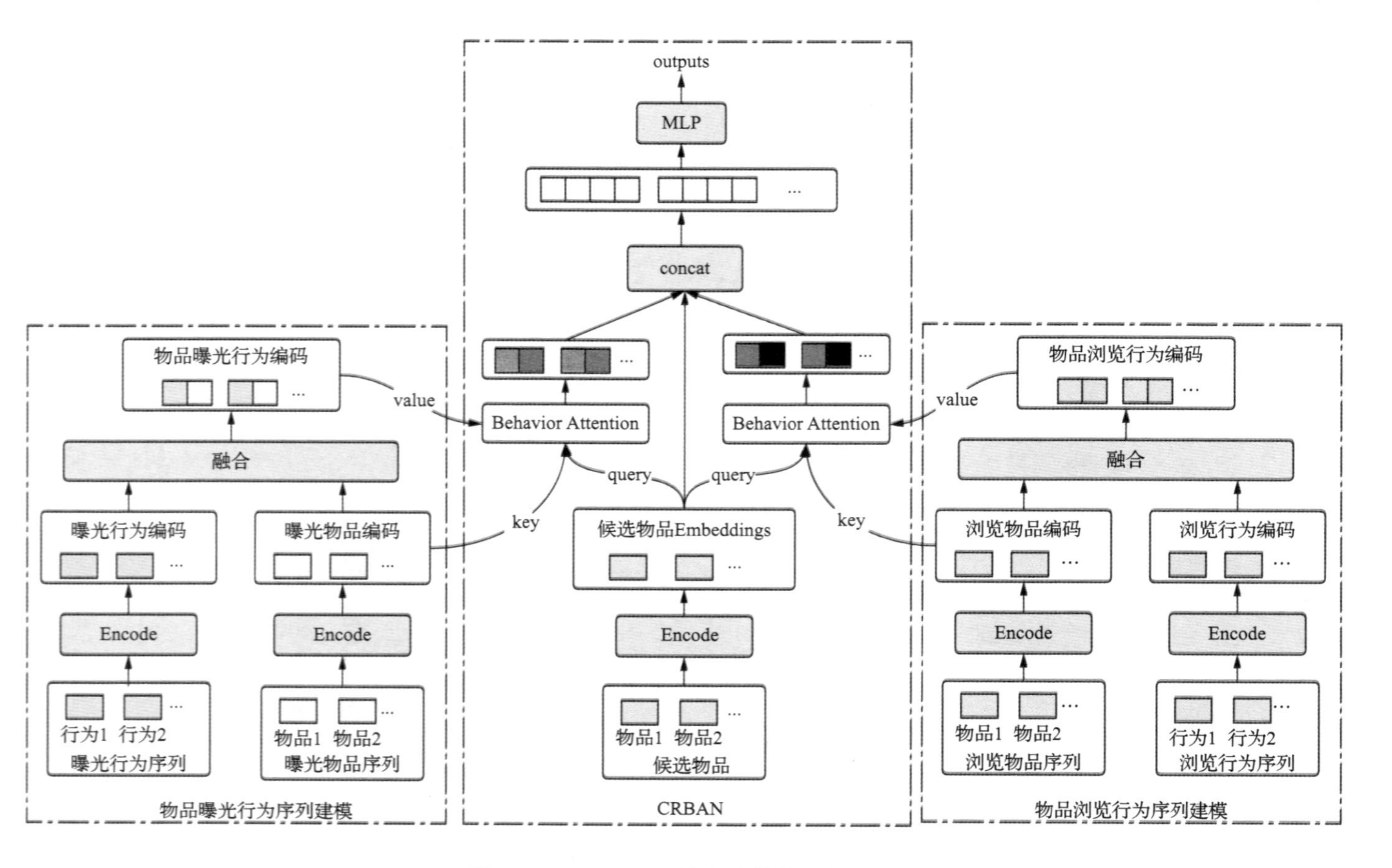

图 10-11 EdgeRec 端上重排的网络架构

除了端上重排，EdgeRec 还引入了端上动态混排。此外，同借助端计算的能力和优势，利用端向训练，EdgeRec 还尝试了在用户本机训练和部署专有的个性化模型，实现千人千模的极致个性化。EdgeRec 自上线以来，带来的 GMV 收益持续增加，体现了端上智能巨大的增长潜力。

智能设备的性能和计算能力正以惊人的速度发展，云计算也将在不同的行业持续发挥作用。未来端上智能需要与云上算法做更多的端云协同，端上发挥其信息量大、信息实时的优势，云端发挥其存储空间大、扩展性好的优点，通过端云协同更好地服务产品用户。

10.4 动态算力分配

近年来，工业界推荐系统技术迎来了大发展，这背后的一个重要驱动力就是历史“算力”发展的红利。基于大家熟知的“摩尔定律”，GPU、CPU 等硬件的不断演化积累了大量的算力空间，也为深度学习技术上的大量创新奠定了坚实的基础。但随着近年来深度学习技术的发展，搜广推等在线引擎系统的架构和算法复杂度迅速飙升，对算力的需求也出现几何式的爆发增长。以目前头部互联网公司的精排模型为例，其在线算力需求相比 5 年前的主流模型增长了近 2 个数量级。深度学习的高速发展虽然带来了模型效果的大幅增长，但是模型的算力需求增长也将过去多年来累积的算力成本下降的红利蚕食殆尽。即使未来硬件算力成本继续保持下降趋势（目前 CPU 已经无法维持摩尔定律），同等算力带来的算法效果增长也会显著收窄。这意味着算力可能很快会从过去支持算法进化的推动力变成阻力。

在算力已然成为发展瓶颈的大背景下，工业界和学术界都在积极探寻解决方案。产业界对于算力的优化经历了几个不同的阶段，从单点的工程优化和算法优化，到根据业务特点进行极致优化的算法工程 Co-Design，再到近年来不断发展的全局优化方向。如图 10-12 所示，推荐系统因受资源限制，通常会把最终展示结果的寻优过程分为召回、粗排、精排、重排等多个模块。各个模块的候选集大小如漏斗般依次递减。这种分治方案无疑是有效的，被业界广泛应用，但这并不是最优的。试想，每个模块分配的计算资源和响应时间以多少是最优呢？每个模块的候选集多大是最优呢？模块与模块之间的变量联合优化是不是会更优？

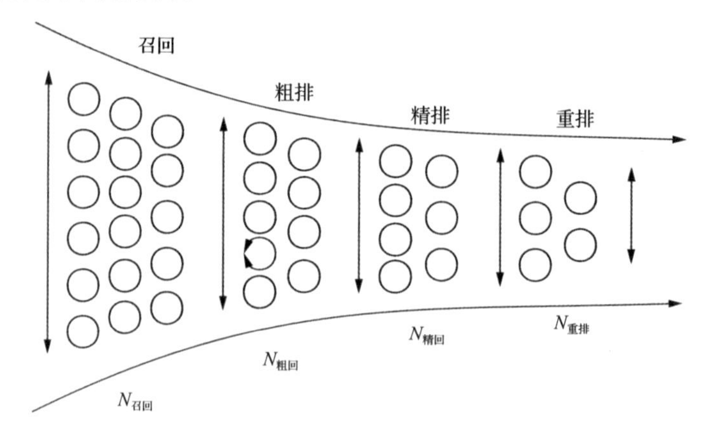

图 10-12　推荐系统级联架构示意图

从微观角度看每一次用户请求，其背后无论是广告商业价值，还是购买概率、浏览概率都不同。我们可以根据算力性价比，为每个流量分配更合理的算力，从而在系统总算力的约束下，实现业务收益的全局最优。从宏观层面来看，由于平台的流量大小和分布会随时间不断变化，所以在总算力的约束下，算力分配策略也需要动态调整，保持业务收益的动态最优。

阿里妈妈在 2020 年提出的动态算力分配算法 DCAF（Dynamic Computation Allocation Framework）是算力全局优化方向较为有代表性的算法。不同于传统的对流量一视同仁算力均衡分配的做法，DCAF 的观点是流量间存在流量价值差异，算力分配应该与流量价值相关。DCAF 的目标是在保障系统稳定的前提下，利用有限算力资源实现整体流量收益最大化。

在算法实现上，DCAF 将整个算力分配抽象成背包问题，即在整体算力约束下（背包总容量），对每条请求流量根据其流量价值（物品价值）动态地分配算力资源（物品容量），从而使整体流量价值（物品价值）最大化。假设有 N 条请求流量 $\{i = 1\text{->}N\}$，每条请求可选择的行为有 M 个 $\{j = 1\text{->}M\}$，每条请求采用不同的行为获得的收益不同，消耗的算力也不同，那么整个算力分配问题定义如下：

$$\max_{j} \sum_{ij} x_{ij} Q_{ij}$$

$$s.t. \sum_{ij} x_{ij} q_{j} \leqslant C$$

$$\sum_{j} x_{ij} \leqslant 1$$

$$x_{ij} \in \{0,1\}$$

其中，q_j 为采取行为 j 需要消耗的算力，Q_{ij} 为请求 i 采取行为 j 可获得的收益，x_{ij} 为请求 i 采取行为 j 对应的索引，对于每次请求 i，系统会分配唯一的行为 j。至此，DCAF 就将动态算力分配问题转化为在满足整体算力 C 的约束下，最大化所有请求流量收益之和。

对于上述定义的动态算力背包问题，DCAF 通过构建其对偶问题，将全局最优问题转化为单次请求的最优行为选择，得到最终的算力分配公式如式（10-2）所示。具体推导过程在此不做展开，感兴趣的读者可以阅读对应的文献。公式中的流量预期收益 Q_{ij} 可以通过对用户行为、上下文信息、系统状态等特征建模进行预估；q_j 通过线上引擎统计获取；基于算力分配与平台收益边际效益递减的假设，通过二分法搜索离线数据，获取拉格朗日因子 λ 的全局最优解。

$$j = \underset{j}{\operatorname{argmax}} \left(Q_{ij} - \lambda q_{j} \right) \tag{10-2}$$

DCAF 系统架构可以分为在线和离线两部分，如图 10-13 所示。在线决策部分包括用户信息、请求价值在线预估、信息收集监控和策略执行四个模块。请求价值在线预估模块根据请求流量的上下文、用户行为等实时特征，对流量收益 Q_{ij} 进行预估。策略执行模块依据分配公式决定每次请求应该采取的最优行为。同时 DCAF 还部署了信息收集监控模块在线实时收集系统的延时、QPS、CPU/GPU 使用率等系统指标来动态地调整算力的上下限，保障系统在一个稳定可控的状态下运行。

DCAF 的离线部分包括请求价值离线预估模型和拉格朗日因子求解。请求价值离线预估模型利用离线日志训练 Q_{ij} 预估模型，模型定期更新到线上提供流量价值在线预估服务。拉格朗日因子根据离线日志求解全局最优的 λ。

淘宝的定向广告系统上线了 DCAF，并做了两组对比实验。一组在消耗算力持平的情况下，DCAF 可以带来 RPM（Revenue Per Mille）+0.42%的平台收益。另一组在 RPM 持平的情况下，DCAF 可以节约 20%的 GPU 计算资源。

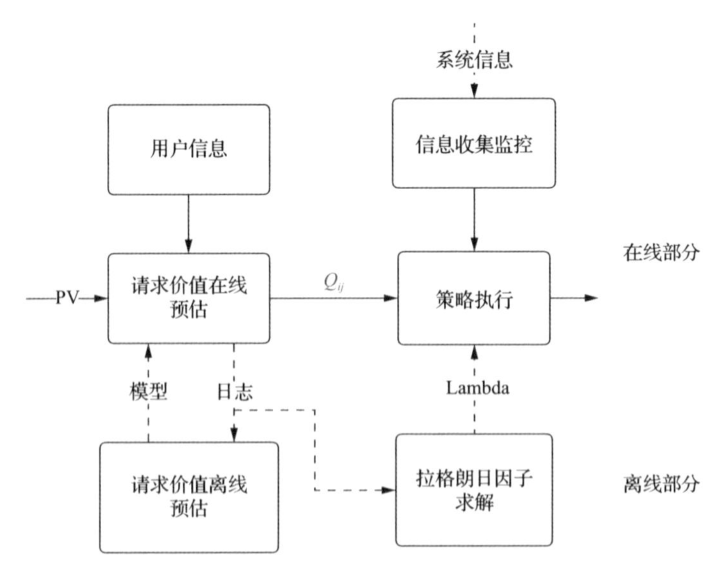

图 10-13　DCAF 系统架构

DCAF 结合流量价值个性化地分配每条流量的算力，在有限算力约束下提升了流量总体的价值收益。在流量价值预估时，用户维度信息的考量，不可避免地会引发用户粒度的"不公平"偏差，影响部分用户的产品体验。另外，DCAF 从理论上保证了单一模块下的算力最优分配，还未实现从全链路统一最优化分配。从单一模块调节到全系统链路统一调节，真正实现系统层面的全局最优，是 DCAF 未来发展的方向。

10.5　增益模型

增益模型（Uplift Model），又称增量模型，属于因果推断的分支课题之一，用于预估某种干预对个体行为或状态的因果效应。假设有 N 个用户样例，$Y_i(1)$ 表示用户 u_i 受到干预的效果，$Y_i(0)$ 表示该用户未受到干预的效果，则用户 u_i

的因果效应如式（10-3）所示。增益模型的目标就是最大化$\tau(i)$。

$$\tau(i)=Y_i(1)-Y_i(0) \tag{10-3}$$

$\tau(i)$是一个增量，是有干预策略相对于无干预策略的差值。一个用户无法同时满足干预和不干预两种状态，所以我们不能同时观测到$Y_i(1)$和$Y_i(0)$。在实际建模时，我们可以从个体所属同质人群的角度，计算同特征人群的条件平均因果效应 CATE（Conditional Average Treatment Effect），通过子人群的增益效果来推断个体的增益效果。CATE 的定义如式（10-4）所示，其中X_i为用户维度特征，也是条件平均因果效应中的条件（Conditional）。

$$\text{CATE}:\tau(i)=E\left[Y_i(1)|X_i\right]-E[Y_i(0)\,|\,X_i] \tag{10-4}$$

CATE 需要满足 CIA（Conditional Independence Assumption）条件独立的假设，即要求用户特征和干预策略是相互独立的。获取满足 CIA 的样本最简单的方式就是进行随机 AB 流量实验，随机流量实验可以保证样本在特征分布上是一致的，且和干预策略相互独立。因此随机 AB 实验是建模增益模型非常重要的基础设施，有关 AB 实验的详细介绍可以参阅第 9 章。

常见的增益模型建模方法有如下三种。

1. 基于双模型（Two-Model）的差分响应模型

基于双模型的差分响应模型建模思路很简单，就是用两个模型分别建模使用干预策略的用户和未使用干预策略的用户，即分别建模$E[Y_i(1)\,|\,X_i]$和$E[Y_i(0)\,|\,X_i]$，两个模型的差值就是预估增益。这种方法简单易用，可以直接使用传统的回归/分类模型。但缺点也显而易见，因为不是对增益进行建模，模型无法学习到增益相关的信号，对增益的识别能力有限。

2. 基于单模型（One-Model）的差分响应模型

基于单模型的差分响应模型和双模型版本最大的区别是在数据和模型层面进行了打通，打通方法可以使用一种叫作类变换的方法（Class Transformation Method）。通过类变换方法构造目标函数的公式如下：

$$Z_i=Y_i^{\text{obs}}W_i+\left(1-Y_i^{\text{obs}}\right)\left(1-W_i\right) \tag{10-5}$$

新目标 Z_i 在以下两种情况下取值为 1，其他情况取值都为 0：

（1）观测对象在实验组，且 $Y_i^{\text{obs}}=1$。

（2）观测对象在对照组，且 $Y_i^{\text{obs}}=0$。

当满足对于所有的用户特征 x，$p\left(X_i=x\right)=\frac{1}{2}$，即个体被分到实验组和对照组的概率相同，那么可以得到最终的增益计算如式（10-6）所示。此时，只需要对 $p(Z_i=1|X_i)$，也就是 $E(Z_i=1|X_i)$ 进行建模即可。这里只有 Z 一个变量，Z=1 就是实验组下单的用户和对照组未下单的用户。因此，可以直接将实验组和对照组用户合并，使用一个模型进行建模。

$$\tau\left(X_i\right)=2P\left(Z_i=1|X_i\right)-1 \tag{10-6}$$

3. 直接建模增益

这种建模方法通过对现有模型进行改造来直接对增益效果进行建模。目前主流改造的模型是树模型，通过修改树模型的分裂规则来刻画增益。如常用的特征分裂指标信息增益可以改造为式（10-7），其中 P^T 和 P^C 分别是实验组和对照组的效果概率分布，D(.)用来度量分裂前后效果概率分布的差异，本质上是将增益效果高和增益效果低的人群更好地区分开。D(.)可以使用 KL 散度、欧式距离、卡方距离等。

$$\Delta_{\text{gain}}=D_{\text{after\_split}}\left(P^T,P^C\right)-D_{\text{before\_split}}\left(P^T,P^C\right) \tag{10-7}$$

增益模型通常用在智能营销场景。在营销场景中有各种干预策略，如投放广告、发放优惠券等，这些干预策略都是需要花费成本的。营销活动覆盖的用户群体会有一部分自然转化率很高的用户，也有被干预策略打动而转化的用户。如图 10-14 所示，按照用户对有无营销干预的响应可以将用户大致分为四类人群。在有限成本的情况下最大化营销产出，最关键的就是准确找出能被干预策略转化的用户，也就是图 10-14 左上象限的营销敏感人群。而增益模型恰好可以识别这类营销敏感人群。

下面以阿里文娱的淘票票智能补贴场景为例，大致阐述增益模型如何在实际的业务场景中落地。淘票票智能票补的业务目标是对进入淘票票首页的用户个性化地发送补贴红包，在补贴预算和 ROI 的约束下，提升平台总体的购票转化率。首页的红包及红包的类型、金额和使用规则等都是干预策略，算法如式（10-8）所示，其作用是实现用户和干预策略的精准匹配。

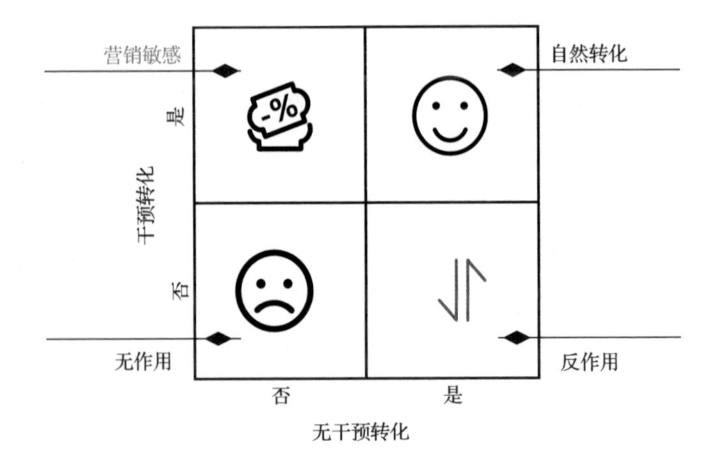

图 10-14　营销人群四象限

$$\underset{j}{\operatorname{argmax}} \sum_{i}\sum_{k} \Delta p_{ik} X_{ik} \tag{10-8}$$

$$\sum_{i}\sum_{k} \beta_{ik} X_{ik} w_k \leqslant B(\text{预算约束})$$

如果对智能票补业务规则做进一步的抽象，每个用户最多只能发放一个红包，同时红包面额固定几个分档，那么问题就可以细化为如何对用户进行个性化的红包面额发放上。该问题也可以抽象化为经典的背包问题，如式（10-9）所示：

$$s.t. \sum_{i}\sum_{k} \beta_{ik} X_{ik} A_{ik} / \sum_{i}\sum_{k} \beta_{ik} X_{ik} w_k \geqslant \text{ROI}(\text{ROI约束}) \tag{10-9}$$

其中：

Δp_{ik}：为用户 i 在红包 k 作用下的转化率增益，转化率增益=（红包干预转化率-自然转化率）。

$\boldsymbol{X}$：策略矩阵，X_{ik} 表示用户 i 是否发放红包 k，$\forall i,k,X_{ik} \in \{0,1\}$。

β_{ik}：用户 i 对红包 k 的核销率。

A_{ik}：用户 i 在红包 k 作用下的转化金额。

w_k：红包 k 的金额。

B：总体的红包预算上限。

该问题求解最重要的关键点就是建模用户红包敏感度，利用增益模型预测每个用户在不同的红包金额下的转化增益。增益模型建模流程如图 10-15 所示，其中最后一步是面向业务层的模型校准和优化，不具有普适性。在进行线上服务时，系统会结合用户特征及环境特征预测用户当前状态下的红包敏感度，并基于敏感度实施红包发放的策略。

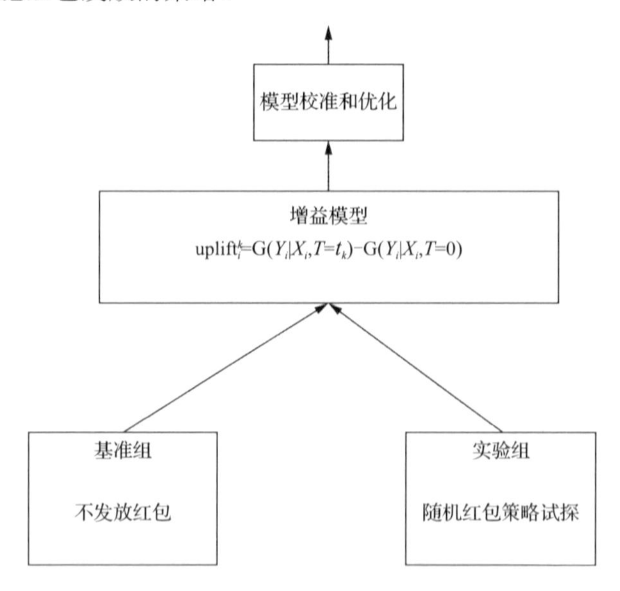

图 10-15　增益模型建模流程

增益模型在阿里文娱、淘宝、快手、抖音、美团、贝壳等各大平台的业务场景中都有落地，并取得了不错的效果。随着智能营销的快速发展，营销策略越来越多，手段也越来越复杂，给增益模型建模也带来了新的挑战。此外，目前增益模型在建模时更多考虑的是用户单次或短期的转化增益，而营销活动是常态化的，如何建模营销干预策略的长期增益也是值得探索的一个问题。

总结

推荐系统是商业化最成功的机器学习应用场景，无论是滴滴打车、美团外卖还是淘宝购物，亦或是刷视频、听音乐、下载应用，以及无处不在的广告，背后都有个性化推荐系统在起作用。推荐系统是学术界和工业界持续研究的热点，AI 技术的蓬勃发展也推动了推荐系统及算法的快速演进和迭代，各类新技术层出不穷。本章抛砖引玉地探讨了一些推荐系统领域目前比较热门的前沿技术，包括强化学习、因果推断、端上智能、动态算力分配和增益模型。推荐系统的研究课题不限于此，为了让推荐系统变得更加可信赖，我们还要不断研究新的技术和方法。

后　记

——ChatGPT 时代的推荐系统

ChatGPT 与推荐系统：自然语言处理与个性化推荐的结合[①]

随着互联网的普及和人们生活方式的改变，推荐系统在各行各业的应用越来越广泛。推荐系统的目标是为用户提供个性化、准确的推荐服务，从而提高用户的满意度和购买率。

在实现个性化推荐的过程中，用户与系统之间的交互和沟通是至关重要的，而自然语言处理技术则是实现这种交互和沟通的重要工具。在这个背景下，像 ChatGPT 这样的自然语言处理模型与推荐系统的结合具有很大的潜力，可以实现更加智能化、自然化的推荐服务。

ChatGPT 是一种基于深度学习技术的自然语言处理模型，它可以完成文本生成、对话生成、文本分类等任务。在推荐系统中，ChatGPT 可以通过分析用户的历史行为和语言表达，推测用户的偏好和需求，并为用户提供相应的推荐。例如，在电商领域，ChatGPT 可以通过分析用户的搜索历史和购买记录，来推测用户的商品偏好和购买意愿，为用户提供个性化的商品推荐；在社交媒体领域，ChatGPT 可以通过分析用户的社交网络和言论，推测用户的兴趣和需求，为用户提供个性化的内容推荐。

除了分析用户的历史行为和语言表达，ChatGPT 还可以与用户进行自然对话，了解用户的实时需求和反馈。例如，在电商领域，ChatGPT 可以与用户进行实时对话，了解用户的商品需求和偏好，为用户提供更加准确的推荐；在社交媒体领域，ChatGPT 可以与用户进行实时对话，了解用户的观点和情感，为用户提供更加符合他们的兴趣和需求的内容推荐。

---

① 以下楷体部分内容来自 ChatGPT。

ChatGPT 与推荐系统的结合，不仅可以提高推荐的准确性和个性化程度，还可以实现更加智能化和自然化的交互和沟通，为用户提供更好的使用体验。然而，这种结合也面临着一些挑战，例如，如何保护用户的隐私和数据安全，如何处理用户的复杂需求和多样化的语言表达等。

ChatGPT 一经发布就以前所未有的速度火爆出圈，网上剖析 ChatGPT 的文章也是铺天盖地的。笔者也借这股东风探讨一下，对推荐系统而言，ChatGPT 会带来哪些影响。

正如上文 ChatGPT 所言，它和推荐系统是 AI 技术的两个不同应用分支。ChatGPT 作为强大的自然语言处理模型，可以完成文本生成、自动摘要、问答等任务。同时也可以用于完成写博客、剧本、论文等更高阶的任务。例如，上述文章就是由 ChatGPT 生成的，我们需要做的就是简单地告诉 ChatGPT“写一篇关于 ChatGPT 与推荐系统的文章”。从这个角度看，ChatGPT 可以极大地提升推荐内容制作的效率，降低内容生产的门槛。尤其是，结合 Diffusion Model 等模型可以生成图文、视频等更丰富的多模态内容。

目前工业界广泛使用的推荐模型都是基于用户的交互历史识别用户的偏好进行推荐的，而且这些交互行为数据大多是隐式反馈数据，缺乏用户的实时反馈和显式指导。近年来，对话式推荐系统一直在尝试优化和解决这些问题。对话式推荐系统通过与用户进行询问和对话，从用户的反馈中识别用户的偏好，从而进行更精准的推荐。这里就可以借助 ChatGPT，与用户进行简单自然的对话，分析用户对话中的语义和情感，获取用户当下更准确的需求和偏好。

ChatGPT 的出现为推荐系统带来了更多的可能性和更大的想象空间。也许在不久的未来，人人都可以拥有自己的贾维斯（钢铁侠的人工智能助手）。它足够了解你，你也足够信任它。你会借由它来帮你完成日常大部分的选择和决策。人是社会生产的第一要素，AI 智能是这一生产要素的孪生。AI 智能化还有很长的路要走，可以确信的是，这一定是一条“长坡厚雪”之路。

反侵权盗版声明

举报电话：(010)88254396；(010)88258888

传　　真：(010)88254397

E - mail　：dbqq@phei.com.cn

通信地址：北京市万寿路 173 信箱　电子工业出版社总编办公室

邮　　编：100036